一流本科专业一流本科课程建设系列教材

新形态·高等院校安全工程类特色专业系列教材

安全心理学

主　编　栗继祖　王　茜

副主编　聂百胜　李祥春　张雅萍

参　编　张韶红　徐丽丽　庞晓华　汪　澍　马池香

机械工业出版社

本书将心理学的基础知识和安全中与人的因素相关的问题相结合，系统介绍了安全心理学的基本研究内容与方法，展现了安全心理学的实际应用。主要内容包括认知、情绪、个性、社会性等基本心理现象，涉及人失误的预防、职业压力管理与心理救援、不安全行为管理与安全行为动机激发、安全文化与氛围、作业环境安全等具体的安全问题。

本书各章内容既相对独立，又逐步深入；既注重心理学知识的系统性，又关注解决安全问题的实践性；既为学习者提供安全心理的基本知识，又为相关研究提供心理测量和分析研究方法的指导。

太原理工大学的国家级一流本科课程（线上线下混合课程）"安全心理学"已在"爱课程"网站的"中国大学 MOOC"模块发布了全程教学视频，读者可通过国家高等教育智慧教育平台获取线上课程资源。

本书配有 PPT、教学大纲、试卷习题及答案、微课程视频等辅助教学资源，选用本书作为教材的教师，可登录机械工业出版社教育服务网（www.cmpedu.com）免费下载使用。

本书主要作为高等教育安全学与工程专业的本科教材，也可以作为教育、心理、管理、设计等相关专业的教学参考书，并可供上述领域的实际工作者学习参考。

图书在版编目（CIP）数据

安全心理学/栗继祖，王茜主编. —北京：机械工业出版社，2024.6
一流本科专业一流本科课程建设系列教材. 新形态·高等院校安全工程类特色专业系列教材
ISBN 978-7-111-75768-9

Ⅰ.①安…　Ⅱ.①栗…②王…　Ⅲ.①安全心理学-高等学校-教材
Ⅳ.①X911

中国国家版本馆 CIP 数据核字（2024）第 092530 号

机械工业出版社（北京市百万庄大街 22 号　邮政编码 100037）
策划编辑：冷　彬　　　　　责任编辑：冷　彬　单元花
责任校对：韩佳欣　牟丽英　　封面设计：张　静
责任印制：李　昂
河北泓景印刷有限公司印刷
2024 年 7 月第 1 版第 1 次印刷
184mm×260mm·17.5 印张·400 千字
标准书号：ISBN 978-7-111-75768-9
定价：58.00 元

电话服务　　　　　　　　　　网络服务
客服电话：010-88361066　　机　工　官　网：www.cmpbook.com
　　　　　010-88379833　　机　工　官　博：weibo.com/cmp1952
　　　　　010-68326294　　金　书　网：www.golden-book.com
封底无防伪标均为盗版　机工教育服务网：www.cmpedu.com

前　言

安全心理学是以人为研究对象，从保证生产安全、防止事故、减少人身伤害的角度研究人的心理活动规律的一门科学，在帮助工业生产企业改进安全条件和提高安全管理水平方面可以起到重要作用。安全心理学课程的开设对高等院校安全工程及相关专业人才培养和相关研究的开展具有非常重要的价值。随着我国在矿山、建筑、交通运输等领域智能化技术应用的推进及发展，安全心理学的应用领域将日趋广泛。

本书从安全工程及相关专业本科教学特点和"安全心理学"课程在线学习要求出发，系统介绍了安全心理学的基本理论和基本方法、安全心理学的实际应用，以及安全心理学的新理论、新方法。本书共分 10 章，主要内容包括：安全心理学概述，安全心理的生物学基础，认知与安全，情绪、压力与安全，个性与安全，社会心理与安全，作业环境与安全心理，生理、心理测量技术在安全生产中的应用，安全管理中的心理学策略，事故案例的心理分析。

本书还结合当前专业教学的特点，遵循人才培养的发展趋势和教学规律，在内容编排方面进行了精心设计，主要体现在以下几方面：①依据人的不同基本心理现象各自独立成章，分别系统介绍该现象的一般知识、与安全的关系、预防与该类心理现象相关的事故的措施；②单列"安全心理的生物学基础"一章，体现了心理现象的客观生物属性；③为反映安全心理学在安全生产管理中的应用，在"作业环境与安全心理"一章，既呼应了安全生产的实际环境，又补充完善了影响安全心理的环境因素，内容体系更加完善、合理。

由本书编写团队主持的"安全心理学"课程，被评为国家级一流本科课程（线上线下混合课程）以及山西省高等学校精品资源共享课，本书的编写也充分融合了课程建设的经验和相关教研成果。为满足当下高校专业教学对在线学习的需求，太原理工大学的国家级一流本科课程（线上线下混合课程）"安全心理学"已在"爱课程"网站的"中国大学 MOOC"模块发布了全程教学视频，读者可通过国家高等教育智慧教育平台获取线上课程资源。同时，本书还为任课教师免费提供 PPT、教学大纲、试卷习题及答案、微课程视频等辅助教学资源。

太原理工大学栗继祖和王茜担任本书主编，负责全书统稿及定稿工作。全书具体编写分工如下：第 1 章由栗继祖编写，第 2 章由长治医学院庞晓华编写，第 3 章由大同大学徐丽丽编写，第 4 章由北京航空航天大学张雅萍编写，第 5 章由青岛理工大学马池香编写，第 6 章由中国矿业大学（北京）李祥春编写，第 7 章由北京科技大学汪澍编写，第 8 章由重庆大学聂百胜编写，第 9 章由王茜编写，第 10 章由山西中医药大学张韶红编写。

受作者学术水平及编写时间所限，书中难免存在不当之处，衷心希望各位读者给予批评指正。

编　者

知识点视频（纸教材嵌套二维码）名称及教材位置明细

视频名称	章节位置	二维码	视频名称	章节位置	二维码
不同实验处理的效应分析	1.4.2节		气质、性格与职业的适配性	5.3.2节	
神经递质的语言	2.1.1节		从众心理及其影响	6.2.3节	
知觉加工的方式	3.1.2节		倍频带声压级	7.3.1节	
不随意注意与随意注意	3.2.2节		个性测量自陈量表法举例介绍	8.2.4节	
S-R-K 行为模型实例分析	3.4.1节		安全行为观察程序的要点	9.1.3节	
情绪的功能	4.1.4节		激励期望理论的应用	9.3.2节	
战斗或逃跑?——压力应对	4.3.4节		操作条件反射理论的基本概念	9.3.2节	
需要层次理论	5.2.1节				

目 录

第1章
安全心理学概述

1.1 安全心理学在事故预防中的作用

1.1.1 安全心理学研究与应用的必要性

按照现代安全科学理论的研究，事故的物理本质是一种意外释放的能量。随着科学技术的进步和生产工艺的改进，整个社会生产的机械化和现代化程度日渐提高，安全技术和设施装备不断改善，在实现物的本质安全化方面也取得长足进展，安全法制和管理制度日趋完善，但安全生产的状况仍不尽如人意。在我国，重特大事故仍时有发生，近几年每年因各类生产安全事故死亡人数仍达2万多人。工伤统计资料表明，工伤事故产生的原因有80%以上与人的不安全行为有关，生产活动中的各类事故基本上都是人的不当行为所致，即使在智能化技术推行的今天，仍然有人为事故发生。可以说，有人作业的场所，就有人为事故，就有人的因素。

与物的客观因素相比，人的因素具有更大的"自由度"。人的行为受多方面因素，如政治、经济、技术水平、安全素质、身体精神状态、家庭社会环境等的影响，变化很大，具有相当大的偶然性。因此，人的不安全行为比物的不安全状态更难预测、更难控制，控制人为事故始终是工业安全的重中之重。

从业人员的任何安全或不安全行为，都是在一定的心理活动指导下产生的，而各种心理活动又是错综复杂、相互作用，且受到个体各种内外部其他因素的影响的。因此，要认识和控制人因事故，首先要认识对行为具有支配作用的心理现象，开展安全心理学的研究，了解安全心理的发生、发展规律，揭示心理现象与安全/不安全行为的关系，进一步探究影响心理的其他因素及其作用过程，只有如此才能更有针对性地制定和推行预防和减少人因事故的各项安全措施。这是当前安全科学研究与企业安全管理工作所面临的前沿的、日益紧迫的重要课题。

1.1.2 安全心理学的研究与事故预防

1. 预防和减少人的失误、不安全行为

现代安全科学的研究认为尽管人的失误或不安全行为是事故的主要原因，但将生产安全事故的发生归责于个体是不合理的。人的失误的一个重要原因是工作条件设计中规定的可接受的界限不恰当，超出了人的能力范围。不良的作业环境或作业条件，也会成为不安全行为的诱发因素。心理学的研究能帮助我们认识人在作业过程中心理活动的规律性、人的能力和能力的阈限，熟悉人的行为的惯性，进行耐失误设计、人机匹配设计，采取防止人的失误的技术措施、设定警告阈值，创设安全的作业场景，制定更合理的作业标准和行为规范，这些都能有效地预防人的失误，减少人因事故。

2. 推动人的主动安全行为

虽然工业生产安全事故的发生绝大多数与人为因素有关，但事故是不符合人的利益的，人们希望能够免于工伤和职业病的危害，确保自身安全，这是一种客观的、基础的需要。那么，为什么还会有大量的人因事故发生呢？这应该与人的复杂性有关，也包括人的心理的复杂性。就安全需要而言，它既在生理上受自然需求的制约，又在社会上受人际关系、法律道德等因素的调节，由此需要支配的人的行为也易受环境和物质因素的影响。人们追求安全的行为稍遇挫折就会变正常反应为不安全行为，从而成为伤亡事故的一个因素。当管理者主要从引发事故的不安全行为视角看待问题时，更倾向于强调遵守规范和处罚违规者，而忽略了安全需要作为员工的基础心理需要以及归属需要、尊重需要等更高层次的心理需要对安全员工行为的内在推动作用。主动的、内在的动机对人的行为才有更强、更持久的推动力。心理学对人的行为动力的研究将有助于找到促使员工从"要我安全"到"我要安全"的根本性转变的管理手段，激发员工主动的安全行为，提高人的行为对安全的保障作用，而不仅是减少不安全行为。

3. 提高人员全过程管理水平

心理学所探明的知识有助于提高组织管理中对人员的全过程管理水平，通过管理有效地预防人因事故。人员对安全会产生什么样的影响并不是在其工作后、甚至事故发生后才能被认识的，管理者根据工作分析结果可以在用人之前按照岗位需求开展招聘、选拔活动，在员工进入岗位之前对其开展有针对性的教育、培训，从而使员工的能力、个性等方面与其岗位安全要求更为匹配，降低其进入岗位后的风险程度。在人员的日常管理中，管理方基于对员工心理的把握制定合理的人事考评、薪酬激励等制度，激发员工的安全积极性；通过组织安全文化、安全氛围的建设、群体心理的引导影响员工的安全态度、有利于安全的社会行为；管理者还可通过建立一定的管理制度或工作机制了解员工情绪、心理健康状态，及时把握员工情绪波动、进行心理疏导，预防员工心理健康原因引发的生产安全事故。此外，在应急管理中也可以加强员工对紧急状态的心理适应训练，提高员工的应急能力，降低突发事件后员工心理创伤事件发生的概率，维护员工的身心健康。

1.1.3 揭示安全心理的影响因素

人的各种心理活动或心理状态会影响其安全行为，但管理者很难对人的心理直接施加作用，如果想通过心理学的措施对人的安全行为施加影响，还需进一步了解人的心理受哪些因素的影响，通过作用于这些影响因素来改变人的心理，进而影响人的安全行为。

1. 作业环境对心理行为的影响

作业环境的好坏，对于员工的影响是多方面的，比如在通风照明不良、噪声强度较大、工作空间狭窄拥挤、作业环境脏乱差、高温高湿、作业场所粉尘、毒物等暴露的环境中工作，员工的心理和生理会受到不同程度的影响。调查表明，员工在作业环境恶劣的条件下工作，烦躁、易怒、情绪不稳定等表现会非常明显，而且其烦恼程度与作业环境的恶劣程度成正相关。

在存在有毒有害物质的作业环境中工作，接触时间的长短，工作轮班的不同安排对事故发生率都会产生影响。常规的工作班次事故率较低，而晚班事故的危险性最高，原因是受生物钟的影响，夜间工作的员工最易发生疲劳和困倦。在制定有关操作程序时，对于关键岗位人员的安排尤其应充分考虑这些因素。

2. 社会因素对心理行为的影响

人的心理除了受工作中环境条件因素的影响外，还会受社会因素的影响，如工作调动、职务变动、失业、家庭矛盾等都会使人的行为发生变化。大多数人在涉及个人切身利益的时候，精神会变得紧张，工作时注意力不集中，情绪波动起伏，如果在这个时候从事危险作业，就非常容易发生失误，造成事故。企业应考虑这些因素，发现员工因某些原因导致精神不振、情绪不稳、心理压力较大的，在安排其从事危险作业时要非常慎重。在相应的安全管理中，也应有关于这些方面的处理原则或具体措施。

3. 工作组织及劳动负荷对心理行为的影响

在某些行业，如冶金、煤矿等行业，从事炉前、井下作业的员工，因疲劳导致的事故时有发生。正常状态下本应予以注意的危险状态或进行维修的危险设备，疲劳状态下，由于惰性增强、警觉能力下降，没有注意到危险或不去维修，极易导致事故发生。此外，不当的劳动负荷还会造成心血管系统不同程度的损害。在机械行业中，有很多是按机械速率操作的单调重复性工作，在经常的单调重复状态下，大脑处于一种麻痹和抑制状态，最易发生误操作，导致断指事故。所以工作班中合理地安排工间休息，调节人的精神状态和疲劳程度，对于防止事故是非常重要的。

1.2 安全心理学的任务及研究内容

1.2.1 心理学的研究内容与研究领域

安全心理学是一门交叉学科，是安全科学及心理科学的一个分支，要了解安全心理学的研究范围，首先应当对心理学、安全科学及其相关分支学科有一定的了解。

1. 心理及其研究的可能性

"心理"一词，对许多人来说充满了神秘感。没有学过心理学的人，只要听说某人是学心理学的或教心理学的，总会急切地问一个问题："你知道我现在想什么吗？"人们也常说："人心难测"，"知人知面不知心"。那么，学了心理学，能不能知道别人的心理呢？实际上，心理现象和自然现象一样，是有规律可循的，人的心理是可以根据许多因素推知的。

（1）人的生理反应与心理活动同步

心理活动有其天然的生物基础。大脑、神经系统、内分泌系统的活动是心理活动的物质基础，组织着人的认知、语言、情绪，甚至性格等心理活动，一切心理的东西同时也是生物性的。我们可以通过电的、化学的或者磁的方式记录心理活动过程中脑的不同部位的反应，从而推论心理活动的发生，或者通过对内分泌系统化学递质水平的检测而推论人的情绪等心理活动和心理状态。例如，人在说谎时无论怎样伪装，紧张的情绪所产生的一系列生理变化由于不受人的意识控制，不可避免地会发生，如呼吸抑制、血压升高、面部皮肤苍白或发红、皮肤出汗、眼睛瞳孔放大、嘴舌干燥、肌肉颤抖等这些现象可以通过生物仪器进行测量，有些也可以直接观察发现。

（2）人的行为反应是心理的外化

人有所思才有所为，心理控制着行为。通过观察、研究人的行为，可以了解人的心理。通过研究刺激-反应性行为可以分析心理活动的过程，通过对行为的系统的观察还可以分析心理活动的稳定性特征。例如，人高兴时手舞足蹈，气愤时捶胸顿足。又如，一个人在公共场所挑选的座位，也在一定程度上表现出其心理。一般而言，选择前排入座者，希望倾听、受到注意和有机会表现自己，性格中不乏冲劲、敢于冒险并乐于与人交往；选择人群中间位置者，多数性格温和、外向，爱交朋友，愿意与人交谈；喜欢独坐一旁者，希望有人欣赏他们的与众不同之处，他们要么出类拔萃，要么自视清高；爱坐后排者，常有害羞、内向的特点，他们只是静静地聆听别人的交谈，不主动发表自己的意见。

心理现象虽然不能直接观察、测量，但是心理学家运用观察、实验、调查等各种方法收集特定条件下人的生理、行为数据，或者是研究对象主观报告的心理感受等数据，进行科学系统的分析，从而具备了对心理现象进行研究的可能性。

2. 心理学的研究内容

心理学的研究对象是人的心理现象，心理学的研究内容就是揭示这些心理现象发生、发展的客观规律，并用以指导人们的实践活动。

（1）个体心理

个体心理是指个别主体即具体的个人的心理。个体心理一般分为心理过程和个性心理两大类。

心理过程是指人的心理活动发生、发展的过程，即客观事物作用于人（主要是人脑），在一定的时间内大脑反映客观现实的过程，包括认识过程、情绪和情感过程、意志过程。认识、情感和意志这三个过程相互联系、相互促进，统一在一起。

个性心理是显示人们个别差异的一类心理现象。由于每个人的先天因素不同，生活条件不同，所受的教育影响不同，所从事的实践活动不同，使心理过程在每一个人身上产生时总是带有个人特征，这样就形成了每个人稳定的、具有倾向性的、可以区别于他人的心理。个性心理中的需要、动机、兴趣等称为个性心理倾向，而能力、气质和性格称为个性心理特征。

心理现象的各个方面并不是孤立的，而是彼此互相联系的。事实上，既没有不带个性特征的心理过程，也没有不表现在心理过程中的个性特征，两者是同一现象的两个不同方面。要深入了解人的心理现象就必须分别对这两个方面加以研究，但在掌握一个人的心理全貌时，需要将这两个方面结合起来进行考察。

心理学研究心理过程及其机制、个性心理特征的形成过程及其机制、心理过程和个性心理特征相互关系的规律性。人们常说的心理学，就是研究上述个体心理发生与发展规律的一门科学。

（2）群体心理

作为社会的人，彼此必然要发生一定的关系，进行社会交往，从而产生交往心理。交往心理既存在于个人与他人之间，也存在于群体之间。群体心理包括三大类型：交往心理、小群体心理、大众心理。

群体心理是心理学中一个重要的分支学科——社会心理学的研究对象，其他心理学分支学科（如管理心理学）也研究群体心理。

3. 心理学的研究领域

现代心理学是一个学科体系，它由众多的心理学分支组成，这些分支大致分为两大领域：基础研究领域和应用研究领域。

（1）基础研究领域

基础研究领域主要研究心理发生发展的基本规律，包括普通心理学、发展心理学、实验心理学、生理心理学、社会心理学、比较心理学、变态心理学等。

（2）应用研究领域

只要有人的活动，就会有心理学的应用。心理学的应用分支主要有教育心理学、管理心理学、医学心理学、工业心理学、安全心理学、商业心理学、军事心理学、司法心理学、运动心理学等。

1.2.2 安全心理学的产生、定义及其任务

1. 安全心理学的产生

20 世纪 80 年代以来，安全科学技术体系中产生了大量运用心理学的理论和方法开展事故预防的研究。区别于安全技术的研究，这类研究主要以人的不安全行为为主要对象，因为这是预防人为事故的重要方面。影响人的行为的因素有很多，大致有两大类：一类是个体的身心素质、社会地位、文化程度等个体状况；另一类是由社会的政治、经济、文化、道德等和具体的作业环境构成的环境系统。所以，对人的不安全行为的研究逐渐深入，目前已从心理学、生理学、社会学、人类工效学等更为广泛的学科角度进行不同研究，研究的内容也不仅针对行为本身，还包括了对行为内、外原因的探究，包括了安全管理、行为激励、安全教育等行为控制手段的研究，以及基于人机交互的工作环境优化设计的研究等众多领域。

2. 安全心理学的定义

安全心理学是以生产劳动中的人的心理和行为为研究对象，从保证生产安全、预防安全事故、减少人身伤害的角度，分析、认识、研究影响安全心理的因素及模式，掌握人的安全

心理的规律的一门科学。由于心理现象的特殊性，安全心理学建立在社会学、心理学、生理学、人类工效学、管理学、人机学、文化学、经济学、语言学、法学等学科基础上，是介于社会科学与自然科学之间的一门交叉学科。

3. 安全心理学的基本任务

安全心理学的基本任务是通过对安全活动中各种与安全相关的人的心理规律的揭示，有针对性和实用性地建立科学的安全心理的控制理论及方法，并应用于指导安全管理和安全教育等安全对策，从而实现高水平的安全生产和安全活动。

近年来，先进信息技术不断渗透应用于各个生产领域。随着煤炭行业智能化技术、智能装备的大规模使用，建筑行业智能建造及智慧产业的发展，人机系统中人员的职责发生了重大变化，对这些问题的研究，将会带来工业安全的重大变革，安全心理学将在设备的"智慧大脑"研发中发挥越来越重要的作用。

1.2.3 安全心理的基本内容

1. 影响安全的心理活动

心理活动也称心理过程。它是作业者在意识清醒状态下进行作业活动时，时刻都能体验到的一种客观存在。认知过程使作业者可以对作业所需的信息进行识别、编码、存储、提取和运用，但也可能在此过程中出现认知不全或认知偏差甚至错觉而影响作业的安全。一定的情绪状态或强度可能有利于安全作业，但另外的情绪则可能对安全行为产生破坏作用。有些个体具有克服不利因素，坚定安全目标，对行为进行自我监控、自我调节的意志品质，而有些个体却很容易因各种原因违反安全规范。这些认知、情感、意志活动对安全行为的影响有待更充分的研究。

2. 影响安全的个性心理

个性是指人在生活实践中经常表现出来的带有一定倾向性的各种心理特征的总和。它是基于人的生理素质，在一定的社会历史条件下，通过社会实践活动逐步形成和发展起来的。个性一旦形成，通常具有一定的稳定性，但在一定的条件下，也可以改变。是否存在不利于安全的"事故倾向性格"，性格对安全的影响是否受到其他因素的调节，是否可以或者如何通过对个性心理倾向施加影响而改变人的安全行为，也是安全心理学研究中一个主要内容。

3. 社会因素对安全心理的影响

（1）社会舆论对公众安全心理的影响

社会舆论又称公众意见。它是社会上大多数人对共同关心的事，用富于情感色彩的语言所表达的态度、意见的集合。公众对安全的态度、言论会影响一个行业或企业对安全工作的认知和态度，同时，一个行业或企业也应重视本行业或企业内安全舆论的引导，利用舆论手段构建行业或企业安全文化，影响业内员工安全心理与行为。

（2）风俗与时尚对个人安全心理的影响

风俗是指一定地区内社会多数成员比较一致的心理趋向。风俗与时尚对安全心理的影响既有有利的方面，也有不利的方面，通过安全文化的建设可以实现扬长避短。

4. 环境、物的状况对安全心理的影响

人的安全心理同其他事物的变化过程一样，外因是条件，内因是根本，外因通过内因起作用。安全心理学除了研究人的内在因素的作用和影响外，还要研究外因的影响，即环境、物的状况对劳动生产过程中的人的心理的影响。

环境变化会刺激人的心理，影响人的情绪，甚至打乱人的正常行动。差的环境（如噪声大、尾气浓度高、气温高、温差大、光亮不足等）造成人的不舒适、疲劳、注意力分散，人的正常能力受到影响，从而造成行为失误和差错。

物的运行失常及布置不当，也会影响人的识别与操作，造成混乱和差错。由于物的缺陷，会影响人机信息交流，导致操作协调性差，引发不愉快、烦躁的情绪，引起错误动作或诱发不安全行为。

总之，要保障人的安全，必须创造适宜的环境，保证物的状况良好和合理，使人、物、环境的关系更加协调。

1.3 安全心理学的学科基础和研究现状

1.3.1　安全心理学与其他相关学科的关系

1. 安全心理学与行为科学

安全心理学是研究事故发生的心理规律并为事故预防提供科学依据的心理分支。它遵循心理支配行为的一般规律，旨在通过研究并掌握人的心理活动规律，进而控制人的行为，达到降低人为风险，保障安全生产的目的。行为科学是研究人类种种行为及其规律的综合性学科，也包括对安全行为的研究。安全行为和其他行为一样也服从一定的心理活动规律的支配，因此也是安全心理学研究的主要对象，安全心理学注重研究安全行为与安全心理的联系。本质上，心理学和应用于社会生产管理中的行为科学，在其功能意义上并没有多少区别。正因如此，在将心理学的研究成果和行为科学理论运用于安全生产管理、对生产事故中的人为因素进行分析及对人为失误的预防及职务设计过程中，安全心理学具有广泛的应用价值。

2. 安全心理学与普通心理学

普通心理学是研究正常成人心理活动规律的一门科学，它是整个心理学科的基础。普通心理学的研究范围极其广泛，概括起来有两个方面，即人的心理过程和个性。心理过程包括认识过程、情感过程和意志过程；个性包括个性倾向和个性心理特征。安全心理学的研究对象是安全活动中的人的心理。处于安全管理过程这一特定环境下的人的心理和行为，其规律虽然具有一定的特殊性，但往往是人们在一般状况下心理活动规律的再现或演变，两者之间存在着必然的内在联系。例如，在矿山企业的事故统计中，导致事故发生的人的因素占总事故数的80%以上，其中很大一部分是心理的原因，如情感、态度、意志、精神状态、注意力等。因而，人们必须在普通心理学的研究基础上，具体地运用普通心理学的基本理论与基本原则，为解决安全生产和管理过程中的各种问题服务。如果把普通心理学看作是心理科学系统中的主干或基础学科的话，那么安全心理学则是心理科学的一个应用分支，两者是基本理论与具体应用的关系。

3. 安全心理学与管理心理学

安全心理学需要应用管理心理学的理论和方法研究安全管理中的问题，因此产生进一步的分支——安全管理心理学。管理心理学是研究管理过程中，人的心理及其活动规律的科学，它是管理学和心理学的有机结合，是管理学和心理学的交叉学科，管理心理学是心理学的分支学科。管理心理学分为两类：第一类研究管理过程中人的一般心理活动规律，研究管理心理学的基本原理和方法。这一类管理心理学的主干是普通管理心理学，即组织管理心理学，它研究组织系统中人们相互作用所产生的一般心理活动规律；第二类是研究具体领域或部门的管理心理问题。这一类管理心理学的研究领域深入社会实践的各个领域或部门，并发展为复杂的管理心理学分支学科。安全管理心理学就属于第二类管理心理学，它研究的是安全管理领域的管理心理学问题，是管理心理学的分支学科之一。

4. 安全心理学与人类工效学

人类工效学又称人机工程学、人因学，它综合心理学、生理学、人体测量学、工程技术科学、劳动保护科学等有关理论，研究人和机器、环境之间的关系，目的是最大限度地提高工作效率和保证人在劳动过程中的安全、健康和舒适。

5. 安全心理学与工程心理学

工程心理学是以工业组织中"人—机"关系的正确处理为研究对象的一门学科，它研究生产系统中人对机器提供的信息进行接受、加工、储存，以及操纵机器时的心理规律。在现代社会里，随着生产技术水平的不断提高，劳动对工人的体力要求逐步减轻，但令工人产生的心理负荷则越来越重，从而对人的生产操作的安全行为产生影响。

6. 安全心理学与安全管理学

安全管理主要是指劳动保护管理和安全生产管理。安全管理的职能，就其内容来看，主要有以下三个方面：人的安全管理、物的安全管理，以及由人和物等要素构成的作业（生产）和作业环境的安全管理。在诸要素中，可将其内容分为两个范畴：一是对人的管理，二是对组织与技术的管理。在这两个范畴中，人的因素显得重要得多。因此，安全管理要注重人的因素，强调对人的正确管理，这就要求人们必须对企业劳动生产过程中的人的心理活动规律进行研究，要对劳动保护和安全生产过程中的心理模式等问题进行必要的分析和深入的研究。安全心理学就是承担这一任务的。安全心理学显然是安全管理科学的重要基础组成部分。它通过揭示人们在劳动生产和组织管理中的安全心理及其规律，研究如何进行有效的安全管理和安全决策。

7. 安全心理学与组织行为科学

组织行为学是指用科学的研究方法，探索在自然和社会环境中人的行为的科学。20世纪50年代以来，世界各国相继成立了许多有关组织行为学的研究机构，对不同领域的问题开展了大量研究。

上述理论研究对安全心理学的形成都起到了推动作用。

1.3.2　工业安全与心理因素的关系研究

1. 国外研究情况

（1）事故因果连锁理论

事故致因理论认为安全工作应以预防为主，因为除了自然灾害以外，凡是由人类自身的活动造成的危害，总有其产生的因果关系，探索事故的原因，采取有效的对策，原则上就能预防事故的发生。

美国人海因里希（Heinrich）提出了事故因果连锁理论，如图 1-1 所示。海因里希曾经调查了 75000 件工伤事故，发现有 98% 是可以预防的。在可预防的工伤事故中，以人的不安全行为为主要原因的占 89.8%，而以设备的、物质的不安全状态为主要原因的只占 10.2%。按照这种统计结果，绝大多数工伤事故都是由人的不安全行为引起的。海因里希还认为，即使有些事故是由物的不安全状态引起的，其不安全状态的产生也是由人的错误所致。

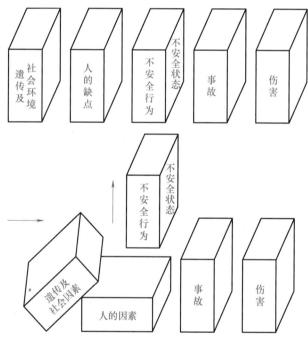

图 1-1　海因里希事故因果连锁理论示意图

博德（Baldur）在海因里希理论的基础上，又提出这一理论中更符合现代安全观点的看法。他认为，对于大多数工业企业来说，由于各种原因，完全依靠工程技术措施预防事故既不经济也不现实，只能通过采取完善的管理方法，才能防止事故的发生。日本学者北川彻三和英国学者亚当斯（Adams）对上述理论也进行了一定的修正和完善。

（2）基于人体信息处理的人失误事故模型

瑟利（Surry）把事故的发生过程分为危险出现和危险释放两个阶段。这两个阶段各自包括一组类似的人的信息处理过程，即感知、决策和行为响应过程。在危险出现阶段，如果人的信息处理的每个环节都正确，危险就能被消除或得到控制；反之，只要任何一个环节出现问题，就会使操作者面临危险。瑟利认为，如果一个人的感觉能力差，或者注意力在别处，那么即使有足够明显的警告信号，也可能未被察觉。由于个体感觉能力存在差异，因此需要通过筛选或训练来改善从业人员的感觉能力和抗干扰能力。同样在认识与行为能力方面，个人的差异也是存在的。

劳伦斯（Lawrence）在威格里斯沃思和瑟利等人的研究基础上，提出了以人失误为主因的事故模型。劳伦斯认为，在生产中发出了初期警告的情况下，行为人在接受、识别警告，或对警告做出反应等方面的失误都可能导致事故。当行为人发生对危险估计不足的失误时，如果他还是采取了相应的行动，则仍然有可能避免事故；反之，如果他麻痹大意，既对危险估计不足，又不采取行动，则会导致事故的发生。这里，行为人如果是管理人员或指挥人员，则低估危险的后果将更加严重。

（3）动态变化理论

约翰逊（Johnson）的变化-失误理论认为，事故的发生是由于管理者或操作者没有适应生产过程中人或物的因素的变化，产生了计划错误或人为失误，从而导致不安全行为或不安全状态，破坏了对能量的屏蔽或控制，从而引发了事故。约翰逊认为，事故的人为失误有企业领导的失误、计划人员的失误、监督者的失误及操作者的失误等。

人的不安全行为和物的不安全状态是造成事故的表面的直接原因，如果对它们进行更进一步的考虑，则可以挖掘出两者背后深层次的原因，见表1-1。

表1-1　事故发生的原因

基础原因（社会因素）	间接原因（管理缺陷）	直接原因
遗传、经济、文化、教育培训、民族习惯、社会历史、法律	生理和心理状况、工作态度、知识技能情况、规章制度、人际关系、领导水平	人的不安全行为
设计、制造缺陷、标准缺乏	维护保养不当、保管不良、故障、使用错误	物的不安全状态

从表1-1可以看出，在事故发生原因中，即使是物的原因，其背后也充分表现出人为错误的因素。因此，事故的预防，只有从人的失误入手，才是治本之策。

（4）人失误分类研究

美国学者雷森（Reason）将人失误归纳为三大类：行为、情境环境和概念。行为上的人失误分类是根据容易观察到的错误行为的特征（如外在特点、直接结果、结果的可观察性、可恢复程度及责任主体等）进行的分类，如显性失误-潜在失误。情境环境分类是将人失误与情境环境联系起来以说明它们之间的因果关系。这种分类认为人失误与失误发生的情境环境、任务条件有密切关系，强调的是包括人在内的系统组分之间的相互作用。概念上的人失误分类是根据人的认知机理假设和行为推理进行的分类，如技能型疏忽、遗忘、规则型错误、知识型错误，建立认知过程和行为特性的因果关系。为了充分地说明人为失误的原因和后果，以及提出更为有效的事故预防措施，拉斯姆森（Rasmussen）认为要从多个层面来考虑人失误的分类，不仅要考虑人的信息处理失误机理，而且要考虑任务、情境环境因子、失误的外部模式等，这样更有助于实际管理工作。

（5）人的行为研究

1）基于专家视野的人的行为的研究。人的行为研究的主要内容包括人的行为形成模式，影响人的行为形成的因素等。目前，人们对行为形成模式的研究仍然集中于对经典的刺激（S）—机体（O）—反应（R）模式的拓展，对行为模式的描述主要有从控制论出发的传统模式，如人的行为优化控制模式及认知模式。

2）基于员工视野的人为因素分析。南希·雷欣（Nancy Lessin）是美国马萨诸塞州某工会组织（AFL-CIO）的卫生及安全协调员，她认为，有些事故，表面原因是工人没有使用防护用具，但根本的原因在于其生产体系，以及管理层在作业人员不足时强制加班及不顾工人疲劳，这一切都是为了给公司获取更大利益。

美国马里兰州巴尔的摩约翰·霍普金斯大学（Johns Hopkins University）的人因工程教授阿尔·查帕尼斯（Al Chapanis）认为责怪工人们"行为不良"的做法妨碍了根本原因的分析，并阻止了实实在在的预防努力。

（6）工作场所优化研究

人、机、环境在其构成的综合系统中，相互依存、相互制约和相互作用，完成特定的工作过程。为了实现人、机、环境之间的最佳匹配，人的因素研究把人的工作优化问题作为追求的重要目标。在进行工作场所设施布局优化设计的时候，两个相互冲突的方面是工人的生产效率和他们的身心健康。这就是说，在工人以可能的最佳效率的作业方式工作的时候，他们也必须受到保护，免受由于从事特定的作业而带来的生理上及心理上的过度的压力和紧张。因此，工作场所优化主要包含以下含义和要求：高效、安全、健康、满意。容易发生事故的工作，不是优化的工作。有时，人们为追求高效率而忽视安全。有的工作方法，效率高但包含着不安全因素，凡此种种都称不上优化工作。

2. 国内研究情况

基于系统安全的基本思想，陈宝智提出了两类危险源理论，将系统中存在的可能发生意外释放的能量或危险物质称为第一类危险源，将导致限制能量措施失衡或破坏的各种不安全因素称为第二类危险源。人的不安全行为即属于第二类危险源的一种。

罗云认为，安全也是生产力。首先，职工的安全素质是提高劳动生产率的关键；其次，在生产资料中包含着生产工艺、设备及设备的装置、使用的安全等；最后，管理是生产力的要素。

隋鹏程指出，伤亡事故是人灾，不能与研究自然灾害一样等同起来，人灾的形成有其特殊的规律性。他认为应强化行为科学、人机对话，人为失误和安全心理学的研究。

林泽炎就煤矿工人冒险行为与其外显因素的关系模式进行了探讨，认为煤矿工人冒险行为有其特殊的心理结构在起作用，心理结构是冒险行为的原因之一。朱月龙就座舱仪表设计的工效学研究，及组织中的工作团队管理进行了探讨。张卿华、王文英就人才素质测评的基本概念与特点进行了初步探讨。朱祖祥、王重鸣等对安全工效学、人员选拔与评价，行为决策过程等问题均进行了系统研究。

中国预防医学科学院劳动卫生与职业病研究所组织的对北京、南京、济南、西安、长春、哈尔滨等地的 15 个工厂和单位进行的专题调查研究，涵盖汽车制造、服装加工、电子等工业的工作地和流水作业线，邮局信件分拣、机械加工和视屏作业等行业，被调研的 1525 名工人中，感觉肩部疼痛的有 17%；在服装行业流水线工人中感觉肩部疼痛的高达 32%，感觉腰背痛的占 17%。鲍世汉等人对湖北 11 个工厂 1373 名工人调查时发现，腰背痛患病率为 55.4%，32.4% 的工人有膝部疾患。

1.4 安全心理学的研究方法

安全心理学是以心理科学的研究取向对工作中人的安全问题进行研究的一门学科，其目的在于揭示工作场所中安全心理的一般规律。具体来说，可以做到对工作场所中人的安全心理进行一般的描述、揭示安全心理与有关因素间的相关关系或因果关系、预测人在各种条件下的安全行为，并将研究结果应用于安全管理实践。要实现这些目的，必须有一套合乎科学性的研究方法。心理科学的研究从 19 世纪 90 年代萌芽，20 世纪 50 年代兴起，至今已经经过两个多世纪的发展，在研究方法上已日臻成熟，安全心理学的研究也应当以心理学的研究方法为基本指导。

1.4.1 安全心理研究的一般方法

安全心理学是多学科交叉的结果，包含了安全科学、社会学、人类学、心理学、生物学、生态学、地理、法律、精神病学、政治科学等多门学科。因此，在研究的一般方法论上，安全心理研究既不相同于物理学、生物学等自然科学的定量研究，也不同于社会学、人类学、政治学等社会科学的定性研究，对心理的研究存在定量研究和定性研究两种一般方法取向。

1. 定量研究

定量研究被认为是科学研究的范式。定量研究源于实证主义，即对已有理论或假设证实或证伪。因此，定量研究强调在研究之初寻找所要研究问题的理论根据。好的理论有助于明确要研究的问题，有助于提出预先的假设，以及对研究结果进行解释。随后的研究都是为了证实根据理论所假设的事实之间的关系。在实证研究过程中，定量研究要求有一套标准的程序，包括研究的设计和取样、数据资料的收集和分析，强调应用的研究还将探讨结果的应用。这些标准研究程序保证了研究的可信度和有效性，使研究成为可重复和能被反复验证的，是定量研究科学性的基石。由于定量研究是当前心理研究的主要取向，因此将在随后对定量研究的这些标准程序的实现和检验进行详细的介绍。图 1-2 描述了定量研究的一般程序。

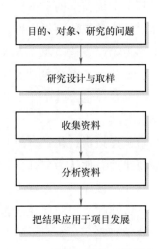

图 1-2　定量研究的一般程序

2. 定性研究

（1）定性研究的一般特点

定性研究是人类学、社会学研究的基本方法。定性研究旨在理解社会现象，因此定性研究不是从已有理论开始的，而是在研究的过程中，理论逐步形成，随着研究的进行，理论又会被改变、放弃或进一步精炼。研究者深入被研究对象的自然环境，参与被研究者的生活，对所研究的社会背景做出全面整体的理解，站在被研究者的角度对观察到的文化和行为进行描述和分析。因此，定性研究的结果只适用于特定背景。在具体的研究方法上，定性研究与定量研究相比，结构化程度较低，更为灵活。对定性研究资料的分析主要以文字叙述为主，随着对观察、访谈得到的资料进行编码的软件技术的发展，定性研究也可以根据研究需要对资料进行量化分析。图 1-3 描述了定性研究的一般程序。

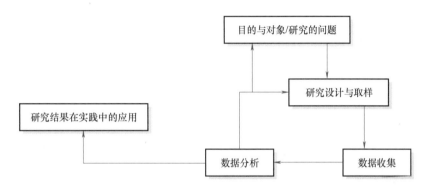

图 1-3　定性研究的一般程序

（2）定性研究的具体方法

定性研究的具体方法有访谈法（非结构访谈、半结构访谈、结构访谈、群体访谈）、观察法、决策树模型、社会网络分析等。由于决策树模型和社会网络分析在收集资料时，也是以访谈和观察法为基础的，这里着重介绍定性研究中的访谈法和观察法。

1）访谈法。非结构访谈像聊天一样，对谈话的话题和被访谈者的回答控制得很少，让被访谈者用自己的话描述自己，获得完全开放的信息。使用该方法的关键是鼓励被访谈者说出更多的情况。半结构访谈需要事先通过调查列出所问的问题或所谈的话题。半结构访谈可以是针对一个特殊话题进行的深层访谈或焦点访谈，也可以是针对某些特殊的人、问题或事件详细情况的个案访谈，还可以是经过长时间的、多次访谈来获得一个人或一个群体的生活史。结构访谈是对样本中的每一个被访谈者施加相同的刺激。尽管结构访谈所得资料是数字的、量化的资料，但其目的仍然是描述和分析被访谈者对某一话题的观点。常用到的结构访谈有自由列举、项目归类、排序法和评定量表。

2）观察法。访谈法主要用来研究被访谈者的观点、信念、态度及自我报告的心理，但有些心理是不易被行为者自己觉察，但能被其他人觉察的，有些心理则在自我报告的时候会因社会赞许等因素的影响而有偏差，这就需要由行为者以外的其他人来收集心理资料，在定性研究中主要使用观察法。因此，观察法得到的是个体的真实行为，并且同时能观察到行为发生的心理背景和过程，可以对行为有更好的理解。显然，对行为的观察必然受到行为发生的时间的影响，因此观察法无法在一定的时间内观察到所有的现象，研究者必须在观察的内容上进行选择，事先确定观察表单及记录方法。尽管公开的观察可能影响观察的可靠性，但隐蔽的观察可能会侵犯被观察者的权利，因此，观察通常是公开的。观察法可分为参与观察、非结构观察和结构观察。在参与观察中，观察者作为被研究的群体中的一名起着一定作用的成员而进入被研究群体，在群体中参与适合其身份的活动，以群体成员的身份观察群体中其他成员的行为。在非结构观察和结构观察中，观察者只以旁观者身份完成观察，而不参与被观察者的生活。被研究者仅知道自己处于被观察和研究的状态，但对观察的具体目标不了解。实施结构观察，必须明确区分被研究的行为与行为者，确定具体的观察时间和重复的次数，对观察的目标行为有明确的界定和分解。为此，非结构观察或访谈是结构观察的必要前提。

（3）定性研究的优缺点

定性研究的优点在于所得资料来自被研究者现实的生活环境，所得研究结果的生态效度较高，即与被研究者的实际更接近。定性研究的缺点在于，尽管定性研究者采取各种方法以减少陌生人进入对被研究者所处文化和其行为的影响，但进入被研究者的生活环境，仍然有可能会改变被研究者的行为，影响所收集信息的可靠性。

安全心理学是一门比较新的学科，虽然有很多心理学和安全管理等学科的研究成果可以借鉴，但仍然有很多课题是全新的，或者对很多问题的认识需要运用定性研究的方法获得被研究者的认识和感受，从整体的角度了解安全或不安全行为发生的自然背景。例如，对安全心理与事故关系的研究很容易得到这样的结论：员工违反安全操作规程的行为与事故的发生有很高的相关性。但以下这个案例会让研究者对定性研究的价值有所认识。

30 岁的布仁特·丘吉尔（Brent Churchill）是缅因州（美国）电力公司的线路保养工，他没有戴上绝缘手套就接近 7200V 的电缆，结果死于这次事故。他的雇主说这是他的过错——他没有使用安全作业所需的防护用具。公司既对丘吉尔提供了足够的培训又给他配备了手套，那么是什么原因使他违反操作规程呢？深入调查发现在丘吉尔活着的最后 60 小时中，他总共才睡了 5 小时，其余的时间他一直在工作。丘吉尔所工作的电力公司之前缩减了线路保养工部门的员工，但又时逢缅因州暴冰季节，所以公司推行强制性的加班。丘吉尔在这 60 小时的大部分时间中，不断地在 9m 高的电线杆上爬上爬下，中间短时休息总共只有 5小时。这起死亡事故，表面原因是工人没有使用防护用具，但根本的原因是公司为获取更大利益，管理层不顾工人疲劳强制加班。

如果采用定量研究，很难发现这类事故的真正原因，而采用定性研究方法，研究者深入被研究者的工作现场，了解公司的运行管理情况，就会对被研究者行为的发生背景有全面、深入的了解，才能揭示事故的真正原因。

3. 定量研究与定性研究的选择

一项研究应该选择定量研究还是定性研究？定量研究和定性研究不存在哪种研究更优秀或更科学的差别。研究者在进行方法选择时，首先应该了解定量研究和定性研究各自的特点和相互区别，然后根据研究的背景和所要达到的目的进行选择，从而以最有效的研究方法达到研究目的。

表 1-2 列出了定性研究和定量研究各自的特点。表 1-3 列出了选择定性研究或定量研究的一般依据。

表 1-2　定性研究和定量研究各自的特点

定性研究	定量研究
归纳探究	演绎探究
理解社会现象	揭示关系，影响因素，确定因果
没有理论或实在的理论	以相关理论为基础
整体探究	针对个别变量
背景具体	普遍性的背景
研究者通过参与完成观察	研究者不介入
适用描述性分析	适用大多数统计分析

表 1-3　选择定性研究或定量研究的一般依据

定性研究	定量研究
研究对象的情况不清楚时	对研究对象的情况非常熟悉时
进行探索性研究时，相关的概念和变量不清楚，或其定义不清楚	测量方面存在的问题不大，或问题已解决时
进行深度探索性研究时，试图把行为的某些特定方面与更广的背景相联系	不需要把研究发现与更广泛的社会文化背景相联系，或对这一背景已有清楚的了解时
所要考察的是问题的意义而不是次数、频率时	需要对代表性样本进行详细的数学描述时
研究需要灵活性以便发现预料之外的、深层的东西时	测量的可重复性非常重要时
需要对所选择的问题、个案和事件进行深层的、详细的考察时	需要把结果加以推广，或需要把不同的人群加以比较时

1.4.2　定量研究的研究设计

定量研究旨在对事实之间的关系做出解释，或发现事实之间的关系。科学研究对事实之间的关系可以达到两种解释水平：一是对相关关系的解释，二是对因果关系的解释。能够揭示相关关系的研究设计为相关设计，能够揭示因果关系的研究设计为实验设计。

1. 研究设计中的基本问题

研究设计阶段要解决的基本问题包括如何获得研究对象的样本，研究变量，如何定义以及如何对变量进行处理。

（1）取样

心理研究的目的是要回答心理在某一类人中的发生、发展规律，但在实际的研究中，不可能对这一总体中每一个个体进行研究。对总体进行研究不仅费时费力，而且会增加数据收集和处理中的误差，降低研究的准确性和可靠性。因此，从可行性和科学性来讲，从研究对象总体中选取其中一部分样本进行研究，是行为研究的必然。选取的样本在多大程度上能代表研究总体，就涉及取样设计问题。科学的取样程序包括确定研究总体、确定样本容量、确定抽样方法并选取样本，统计推论。

1）确定研究总体。在确定研究总体时，要对总体有明确的规定。如研究井下作业人员，就首先应明确井下作业包括哪些具体的工种，是否要将所有工种包括在研究中，如果只是对其中某一类工种的工作人员进行研究，就应当重新确定研究总体。在确定研究总体时，还应当考虑研究的推广问题。如果对总体限定过窄，不仅可能存在样本量不足的问题，还可能因该总体过于专门化，使研究结果只适用于特定群体。

2）确定样本容量。在确定样本容量时，要根据研究要达到的信度、测量的数目、误差大小等因素来确定，并不是越大越好；另一个制约样本容量的因素就是研究的成本问题。所以，理想的样本容量是在达到一定代表性要求的前提下，包含最少量的研究对象。

3）确定取样方法。在确定了选取范围和数量的情况下，样本的代表性取决于取样的方法。取样方法主要是为了保证样本的随机特点。常用的取样方法有简单随机取样、系统随机取样、分层随机取样、整群随机取样和多级随机取样。

（2）变量特性及其测量

心理研究中的变量是指研究者感兴趣的，或与所要研究与测量的特性有关的那些随条件和情境变化而发生变化的方面。这些变化的方面可能是事物的幅度、强度或程度。例如，人的作业状态随作业次数的变化有熟练和不熟练之分，随作业时间的增加有高效和低效之分。同一变量从不同角度可以划分为不同的类型，划分变量类型有助于进行科学的研究设计和结果统计。

1）变量的类型。从变量与变量的关系上，变量可分为相关变量与因果变量。相关变量是指在强度、大小等方面相互之间有关联的变量，但不能确定两者之间是否存在因果关系，或孰为因、孰为果。因果变量是指相互之间存在因果关系的变量，一方面是能够独立变化并引起其他变量变化的条件或因素，称为自变量，另一方面是受自变量变化而变化的条件或因素，称为因变量。在自变量和因变量之间，可能还存在着其他一些影响因果关系强弱、作用方向或作用过程的变量。影响自变量与因变量关系强弱或作用方向的变量被称为调节变量，如员工的自我效能可能会调节工作压力对工作满意感的影响。自我效能高的员工，即使面对较高的工作压力，工作满意感也不会很低；自我效能低的员工，即使面对的工作压力不是很高，也会对工作感到非常不满意。在这些变量关系中，自我效能就是调节变量。处于自变量影响因变量过程中间的变量被称为中介变量，即自变量对因变量的影响是通过中介变量发挥作用的。如奖惩措施对员工作业绩效的影响可能是通过员工的工作动机发生作用的，工作动机就是中介变量。

从研究者对变量施加影响的可能性角度，变量可分为操作变量和非操作变量。操作变量是指研究者可以主动加以操作的变量，如薪酬方式、环境设置、作业时间等。非操作变量是指在研究前已存在或研究时研究者无法主动加以操作的变量，如作业者的年龄、受教育水平、作业熟悉程度等。

从其他不同的角度，还可以对变量进行其他类型的划分，如主体变量与客体变量、定量变量与定性变量、直接测量变量与非直接测量变量，此处不一一详述。

2）研究中变量的操作化。一项研究可能对某些变量感兴趣，但这些变量有些是具体的，可以直接测量的，如性别、年龄，有些则是比较抽象的，不能直接测量的，如人的智力、工作态度、组织的薪酬制度、员工的安全行为等。作为研究变量，研究者首先需要将这些抽象的概念界定为具体的、可感知、可测量的现象或指标，这个过程就是变量的操作化。例如，智力可操作定义为个体在韦氏智力测验上的得分。操作定义为精确、客观的测量，以及研究的可重复、研究之间的沟通比较提供了基础。

在确定操作定义时，可使用以下策略：方法与程序描述、动态特征描述和静态特征描述。方法与程序描述是通过特定的方法或操作程序给变量下操作定义。例如，前面提到的智力可操作定义为被试者在智力测验上取得的分数。动态特征描述是通过描述客体或事物所具有的动态特征来给变量下操作定义的方法。例如，安全行为可定义一系列具体的行为，如将梯子放在规定的位置、正确地持握仪器、进入工作场所时穿戴安全服装等。静态特征描述是通过描述客体或事物所具有的静态特征来给变量下操作定义的方法。例如，对安全员自控力的操作定义为，安全员在不被允许的情况下坚持单调工作的时间长度。

3）变量的测量水平。在对变量进行操作定义后，变量就成为可以测量的了，但还涉及测量时使用的计量单位的性质，或称测量水平，这将关系到对测量结果采用什么方法来统计分析。

变量的测量水平根据测量中使用的数值的特性可分为类别变量、定序变量、定距变量和等比变量。

类别变量反映研究变量的性质和类别。数字只表示不同的类型，没有数量大小的意义。例如，0代表无相关经验的员工，1代表有相关经验的员工，一般只对这些变量进行频数和比例的统计。

定序变量是反映研究变量具有的等级或顺序。对变量的数值计量代表程度上的差异，但起始数值不代表绝对零点，相邻数值之间不是相等距离的差，但可以反映相对大小。例如，将违章作业发生的频繁程度分为五种等级：总是这样、经常这样、一般、很少这样、从不这样，分别计分为5、4、3、2、1。对定序变量的测量结果可进行类别变量的统计，以及更高一级的等级相关、秩次检验。

定距变量反映研究变量在数量上的差别和间隔距离，数量单位之间的差距是等距的，但不存在绝对零点。对数值只能进行加减运算，而不能进行乘除运算。例如，温度30℃到40℃的差距和温度90℃到100℃的差距是相等的，但温度的绝对零点并不是0℃。定距变量的统计除了可以使用分类、定序变量的统计方法外，还可以进行平均数、标准差、相关分析、回归分析、t检验、z检验、F检验等统计分析。但在实际当中，很多行为测量很难达到等距水平，大多数处于定序水平。为进行更深入的分析，行为测量也尽量使用定距变量的统计方法，前提是将定序数值转换为等距数值，通常的转化方法是将定序测量的原始分转换为标准分，也就是离均差除以标准差所得的分数。

等比变量是既有标准的测量单位，又有绝对零点的变量，又称比率变量、定比变量，其测量数值不仅可以进行加减运算，还可进行乘除运算，如人的身高和体重、事物的长度、物体的体积。心理、行为是没有绝对零点的，如某人测得智商为零，只是反映了其与同龄人相比在智力测验上的表现，并不说明他绝对不具有智力。某人智商为 70，另一个人智商为140，也不能说明另一个人智力正好是某人智力的两倍。因此心理、行为研究中的变量没有等比变量。

2. 相关设计

1）相关设计的一般概念。相关设计是在自然环境中、不加任何操纵和控制的情况下，取得样本中每个案例的资料，以查明变量之间的关系，但其研究结果比较模糊，很少能说明变量之间的直接关系。由于实际研究情境中很多因素是难以控制的，因此相关设计的研究在行为研究中非常普遍。也正是由于控制的变量个数很少，相关设计的研究所得结果更具普遍性。

相关设计研究得出的变量之间的关系用相关关系表示，相关关系只表明变量之间存在相关及相关程度的大小，而不能说明变量之间的作用方向。如果在一项相关研究中发现员工的违章行为与所受惩罚之间存在正相关，并不能得出结论认为员工的违章行为导致其遭到更多的惩罚，也许反过来说也是成立的：由于管理者的惩罚措施令员工产生逆反心理，有意表现违章行为。

2）相关设计中常用的统计量。相关关系经常用相关系数来表示。相关系数表示两个测量或变量之间关系的大小和方向，取值在 -1.00 到 1.00 之间。相关系数的绝对值越接近 1，两个测量或变量间的相关程度越强；0 表示两个测量或变量之间没有关系，正值表示两个测量或变量的变化方向一致，负值表示两个测量或变量的变化方向相反。相关系数只能表示两个测量或变量之间的双向关系。有时需要考察一个变量与多个变量之间的关系，如员工事故发生频率与物理环境因素及员工的认知特点之间的关系，相关系数就无能为力了，这时需要其他的统计指标，如回归系数。回归系数不仅可以表示两个变量之间的关联程度，还可以判断一个变量对另一个变量的预测能力。例如，研究者可以假设听觉信号检测人员差错率受环境中噪声与劳动者听觉灵敏度的共同影响，那么就可以建立一个以环境中的噪声强度和劳动者听觉灵敏度为自变量，以差错率为因变量的多元回归方程，通过收集一定样本量的数据，就可以分析是否存在这样的预测关系，以及预测能力的大小。计算得到的回归系数越大，自变量对因变量的预测作用就越大；反之，则越小。回归分析仍然是建立在相关分析基础上的，回归系数并不能说明自变量和因变量之间是否一定存在因果关系。谁适合做自变量，谁适合做因变量，与研究者的理论假设有关。但回归分析能帮助进行一些有效的预测，尽管其中真正的因果关系尚未明了。正如直到现在，医学也并不能解释癌症的真正原因，但并不妨碍医学工作者对癌症患者进行较为有效的治疗。回归分析在相关设计的研究中有很大的作用，近期被广泛应用的协方差结构模型也仍然是以回归分析为基础的。

3）相关设计的两种类型。相关设计根据收集数据方式的不同又可以分为横向研究设计和纵向研究设计。

横向研究设计是指对一个代表总体的随机样本，在一段时间内，进行一次性收集资料。在横向研究设计中如果要考察时间的效应，可以将总体按照时间维度分为不同的组别，不同组别的样本间的差异可以看作行为随时间发生的变化。例如，研究者考察年龄对员工冒险行为的影响，可以将员工按照年龄分为不同的组别，组间的差异反映了冒险行为随年龄发生的变化。不过这种分析面临被试者年龄人口群效应的影响，也就是说员工冒险心理的差异可能与他们出生于不同的年代有关，不同年代的群体受时代影响可能会体现出该年代群体特有的价值观和行为模式。

纵向研究设计关注的是心理指标随时间发生的变化，是对一组被试者在不同年龄进行重复研究，因此可以考察发展的共性和个体差异以及早期与晚期事件或心理指标之间的相关。例如，同样考察员工冒险行为与年龄的关系，也可以采用纵向设计的研究，即对同一批员工的冒险行为进行不同时间点的测量。纵向研究设计可以排除被试者年龄人口群效应，但其缺点也是显而易见的：

① 取样的偏差性问题。愿意留下来继续参加调查的人和不愿意连续参加调查的人可能本身就存在一些态度、观念上的差异，也许正是这些差异对调查中的因变量有显著的影响。

② 被试者的流失。由于纵向研究要经历一段时间，在这段时间内，原来参加调查的被试者可能因为搬家、换工作、死亡等原因流失，影响到数据的分析。不过，这一问题目前已经得到技术上的解决。

③ 练习效应。纵向研究通常是对被试者在不同时间施加相同测量，可能引起练习效应，即由于熟悉的原因使先前的测量对以后的测量产生影响，妨碍了后期测量的可靠性。

④ 与横向研究相比，纵向研究的效率较低，成本较高，这也是纵向研究设计比横向研究设计较少被采用的一个主要原因。

3. 实验设计

（1）实验设计的一般概念

实验设计是在有控制的、较严密的程序中，揭示事实之间的因果关系的研究设计。实验设计对被试者取样有严格限制，通常要做到完全随机化，即被试者之间如果存在差异，可以归因于人与人之间的随机误差；实验设计中有明确的自变量和因变量，与相关设计中提到的自变量和因变量不同，实验设计中要对自变量进行系统的操纵和改变，以期发现随着自变量的变化因变量发生的变化。在实验过程中，还要控制一些无关变量的影响，以保证因变量的变化确实是由自变量的变化引起的，而不是其他因素的作用。例如，在进行噪声水平与作业可靠性间因果关系的实验时，需要首先对被试者的听力和作业的熟悉程度进行测量，以便能确定作业可靠性的变化确实是由噪声水平的变化引起的，而不是因为被试者本身存在听力上的差别，对噪声的感受性有差别而造成的，或者是由于对作业熟悉程度不同而造成作业可靠性的差异。除这两个控制变量外，可能还有其他的控制变量，如环境中的其他因素应当保持恒定（如照明、温度）、实验的时间应当一致等。

严格的控制是因果关系推论的保障，但也因为过多的控制使研究的推广受到限制，在某种条件下得到的因果关系不能随意地应用到其他条件下，使实验研究的实际价值受到影响。

（2）实验处理的方式

在实验中可以通过对自变量加以系统变化或进行匹配等方式来分析自变量与因变量的关系，使因变量发生系统变化或剥离其他因素的影响。

不同实验处理的效应分析

1）仅施后测的控制组设计。后测是相对于前测而言的，是指在实验中实施试验处理前后对被试者进行的测量或测验。仅施后测的控制组设计将被试者随机分为控制组和实验处理组。实验组接受处理后，对实验组和控制组的被试者同时进行测量。接受处理的实验组可以是一组，也可以是多组，各组接受不同的处理，通过各组间的比较以考察实验处理的效应。

2）前测后测设计。在仅施后测的控制组设计的基础上增加了前测，因此可以对实验处理前后实验组和控制组行为测量结果进行比较。如果实验组和控制组在前测中不存在显著差异，则只需要比较后测结果来反映实验处理效应；如果实验组和控制组在前测中存在显著差异，则需要比较试验组和控制组前后测的变化是否存在显著差异。但前测后测的实验设计必须处理测验的练习效应对实验结果的影响。

3）所罗门实验设计。所罗门实验设计是将仅施后测的控制组设计和前测后测设计结合起来，有两个控制组和两个实验组。所有组别都接受后测，一个控制组接受前测；一个控制组不接受前测，仅接受后测；一个实验组接受前测，一个实验组不接受前测，仅接受后测。这样的设计等于对实验处理效果进行了两次检验。

4）被试者内设计。以上实验设计都是被试者间设计，即每个被试者只接受一种实验处理。被试者内设计又叫重复测量设计，是指每个或每组被试者接受所有自变量水平的实验处理，每次实验处理后，被试者都接受一次测量。以一组被试者为单位进行重复测量的被试者内设计又称随机区组设计，同一组内的被试者应尽量同质。被试者内设计与被试者间设计的区别在于将被试者间的个体差异从实验处理效应中分离出来，使处理的效应更明确。被试者内设计所要解决的主要问题是平衡实验处理的顺序效应。

（3）准实验设计

被试者内设计和被试者间设计由于严格的控制被称为真实验设计，但有时，有些控制要求很难达到，如被试者的随机化，只有通过严格的实验室实验才能实现。而且，由于严格的控制也使真实验设计的研究结果很难在自然情景中推广。这种情形下，就出现了一些对无关变量不像真实验设计控制得那么严格，但也做了一定的控制，并且对自变量进行了实验处理的实验，这种类型的实验设计被称为准实验设计。准实验设计在无关变量控制方面遇到的最大问题是被试者取样的随机化。一些在工作现场进行的实验通常是以原始群体作为被试者的，如一个班组、一个部门。

1.4.3 定量研究常用的数据收集方法

数据收集方法是定量研究过程中的重要组成部分，收集方法是否科学，直接影响到研究结果的可靠程度。定量研究中常用到的数据收集方法主要有观察法、自陈法、实验法、个案法等。除个案法外，其他方法在前面介绍定性研究的研究方法和实验设计时都有提及，这里主要对这些方法在定量研究应用时应当注意的一些问题加以说明。

1. 观察法

观察法是心理研究中常用到的方法。观察法是指观察者通过感官或借助仪器直接观察他人的行为，并把观察结果按时间顺序做系统记录的方法。在观察过程中，观察者的职责始终只是对观察目标行为的记录，不能参与被观察者的活动，不对被观察者的行为产生影响。

使用观察法进行数据收集，需要做的最核心的准备工作是制定观察记录表。观察记录表是研究问题的直接反映，其中所列的行为必须是代表研究者想要研究的变量的有效行为样本。而且，作为观察目标，列入观察记录表中的行为必须是具体的、可观察的、不会引起歧义的。具体是指行为应当是细节性的，不可再分解的。例如，在安全行为的观察中，安全着装仍然是一类行为，在不同情境中，可能有不同所指，可能是指安全帽、护目镜、劳动手套等。作为观察目标，必须是非常明确的。可观察是指观察目标必须是外显的，可以直接观察的行为。例如，要研究员工在工作中的专心，那么"专心"就不是一个可直接测量的行为，而是一种心理状态，必须确定这种心理状态的行为表现，然后对行为表现进行观察，如可以将专心操作定义为目光持续集中在操作对象上的时间长度。再如可将"粗心"外化为使用后随手丢放工具、乱扔废弃物等可直接感知的行为。不引起歧义是指对观察行为的定义是唯一的，不会让不同的人有不同的理解。因为在对观察资料进行处理时，需要若干人员共同完成，这些人之间必须达到一定的一致程度，才能说明这些不同的人是对同样的行为样本进行了相同的处理。如果行为定义不明确，容易引起歧义，不同的行为记录者就会有差异显著的记录结果，这样的数据处理是不可信的。表 1-4 是一个行为观察表的举例。

表 1-4　行为观察表的举例

观察者：	被观察者：	观察日期：	观察时间：

器材与工具使用行为	行为是否出现
正确使用安全带	是　　否
将脱轨器锁定在正确位置	是　　否
正确佩戴手套	是　　否
正确穿着靴子	是　　否

2. 自陈法

观察法是由观察者通过观察直接获得被研究者的心理数据，而自陈法是由被研究者自己报告自己的行为。常用的自陈法有访谈法和问卷法。访谈法的类型及使用中的要领在定性研究的介绍中已有论述。定量研究中使用访谈法也是相同的，但由于定量研究是理论导向的，所以定量研究更多使用结构化访谈，所得资料以定量数据为主。这里主要介绍自陈法的另外两种形式：问卷法和量表法。

（1）问卷法

问卷法是研究者使用统一的、严格设计的问卷来收集数据的一种方法，接受问卷调查的人根据各自的情况自行选择研究者提供的答案。问卷是研究者用来收集资料的一种技术，它的性质重在对个人意见、态度和兴趣的调查。问卷的目的主要是由填答者填写问卷后，得知有关被测者对某项问题的态度、意见，然后比较、分析大多数人对该项问题的看法，将其作为研究者的参考。

运用问卷法可以使研究者在较短的时间内收集到大量的资料，结果易于量化。问卷法的缺点在于被试者的主观报告可能与其实际行为有差别，但问卷法无法识别这种差别。问卷法的另一个弊端在于问卷的回收率和回答质量。回收率是指答卷人完成回答并送回问卷的比率，回收率过低可能意味着回答者不能代表要调查的总体，用这些资料进行分析的研究可能存在样本偏差的问题。一般认为，专业人群的调查，回收率最低应该在70%，民众调查的回答率会更低一些。回答质量方面存在的问题是答卷人提供的回答可能是不真实的，这种情况一般出现在对敏感问题的调查中。这时需要进行一些识别方法，如查看答卷者的回答是否为不可能的回答，不同题目之间的回答是否具有一致性，使用测试诚实态度的一般题目以反映答卷者回答问卷的总体诚实态度。

（2）量表法

量表法是使用量表形式测定被调查者对问题的态度或心理活动特性的方法。量表是一个有单位和参照点的连续体，使用量表法就是将研究的变量放在这个连续体上进行度量。根据测量对象的类型，量表也可以分为名称量表、顺序量表、等距量表和比率量表。量表与问卷不同，首先，量表编制的基础是相关理论，问卷编制的基础是问题主题；其次，量表的编制有严格的程序，需保证量表在信度和效度方面的质量，问卷编制主要考虑问题对主题的覆盖性；最后，使用同一量表测量的变量是放在同一种类型的量表中测量，即有相同的参照点、相同的单位，测得的数据可据此使用多样的统计方法进行统计分析，问卷的每一道题不必然要求相同的参照点、相同的单位，当然可使用的统计方法就较为有限。也可以说，量表是根据一定的理论、按照严格程序编制的测量心理变量相关特性的一套问卷。

编制的量表是否能真实有效地测量出被测事物的特征与量表的质量有关。对量表质量的检验通常是考察问卷的信度和效度两个指标。信度是指测量结果反映出系统变异的程度，也就是说，测量中所测到的真实的个体差异在总变异中的比例，这一比例受测量误差的影响，误差越小，信度就越高。效度是指一个测量工具对其测量对象的测量程度。对效度的评价主要通过考察该测量结果与其他外部标准间的关联程度获得。

3. 实验法

观察法和自陈法在收集行为数据时都对被研究者的行为不发生影响。运用实验法收集数据则需要通过系统地改变某些条件使研究对象的行为发生变化，研究者收集实验前后被研究者的心理数据，以考察实验处理的效果，得出心理指标变化的原因。前文详细介绍了真实验设计和准实验设计中的实验处理方式。真实验设计通常是在实验室中完成的，在数据收集时较少受到意外情况的干扰，这里不多介绍。准实验设计大多是在工作现场进行的，条件比较复杂，可控因素较少，在数据收集中遇到意外干扰的可能性较大，因此对现场实验数据的收集需要做充分的准备。

1.4.4　研究的质量

由于人的心理本身具有复杂性，因而心理的研究想要达到像物理研究那样的精度几乎是不可能的，但作为科学研究，可靠性和有效性仍是衡量心理研究的主要标尺，这和对测验质量的检验相似。

1. 研究的信度

研究的信度是指研究所得结果的可靠性与稳定性，可靠性可以看作研究的内在信度，即一项研究内部从研究设计、方法选择、数据收集和统计分析各个环节都采取了严格的标准控制，符合心理科学研究的要求，减小了研究的误差，使所得结果更接近真实。稳定性可以看作研究的外在信度。研究的稳定性可以从研究的可重复性上来考察，如果一项研究不能被重复，或在同等条件下重复进行却得不到相同的结果，也说明其信度不高。通常来说，一项经过精密设计的定量研究的信度容易得到保障，而对定性研究的信度过去讨论得则较少。当前，研究者们认为定性研究只要有一套组织得好、完全具有说服力的研究程序，其外在信度，即研究的可重复性也是可以达到的。至于内在信度，定性研究也可以通过技术的改进达到一定的要求。例如，对观察和访谈程序的设计、观察和访谈人员的培训可以使数据收集和编码达到较高的一致性水平。因此，一项定性研究也可以在研究的信度方面达到科学要求。

2. 研究的效度

借用测验的效度概念，社会心理学家唐纳德·坎贝尔（Donald Campbell）提出了研究的效度问题，作为评价研究设计的有效性的指标。研究的效度与测验的效度有所不同，它反映的是更为宏观的、关于研究设计层面的问题。研究的效度要解决这样几个问题：研究中涉及的两个或多个变量之间是否存在一定的关系，特别是自变量与因变量之间是否存在关系；如果研究的变量之间存在关系，是否为因果关系；如果变量之间存在因果关系，这种因果关系包含了怎样的理论构想；如果变量之间的因果关系明确，这种因果关系能否在其他人员、背景条件下得到验证。这几个问题反映了对一项研究四个方面效度的要求。

在一些强调应用价值的研究中，最关键的是做好取样的随机化工作，使研究背景、研究对象、研究工具等都具有较高的代表性，这也是当前安全心理研究中的一种趋势。

复　习　题

1. 我国生产安全事故发生的人为原因主要有哪些？

2. 安全心理学的概念以及研究的主要内容有哪些？

3. 安全心理学与其他相关学科的关系如何？

4. 安全心理学的研究对安全生产有何意义？

5. 定性研究与定量研究的区别有哪些？

6. 定性研究和定量研究各适用于什么条件？

7. 真实验设计和准实验设计各有哪些实验处理策略？

8. 随机抽样有哪些方法？

9. 如何判断一项研究的信度和效度？

第2章
安全心理的生物学基础

2.1 神经系统

对心理、行为生物基础的认识，不仅有助于对人的心理、行为做出合理解释、预判和管理，还有助于根据心理与行为的生物机制合理安排作业，避免破坏安全心理与行为所依赖的神经系统的正常工作状态，而且还能对在生产作业中出现心理、行为异常的人员给予科学诊治，帮助其及早恢复健康。

随着科学的发展，人类最终认识到心理是神经系统的功能，特别是脑的功能。近30年来，由于神经科学、认知科学、电生理学和生物化学等学科的飞速发展，各种现代技术的突飞猛进，人们对神经系统的结构与功能有了许多崭新的认识，这对现代心理学的发展产生了深刻的影响，也对探究人的特性如何在人-机-环境系统工程中发挥作用提供了新的研究视角。

2.1.1 神经网络的结构和原理

1. 神经元

神经系统主要由两种细胞构成：神经元和胶质细胞。神经元（neuron）即神经细胞，是神经系统基本的结构和功能单位，其基本作用是接受和传递信息。1891年，瓦尔岱耶（Waldeyer）提出神经元这一名称，并提出了神经元学说。

人脑大约由100亿个以上的神经元组成。神经元具有细长突起的细胞，它由细胞体（cell body）、树突（dendrites）和轴突（axon）三部分组成。细胞体形状各异，有圆形、锤形、梭形和星形等，大小不一，直径在 $4 \sim 150 \mu m$ 之间。和人体内的其他细胞一样，神经元也有细胞膜、细胞核、细胞质、线粒体和其他细胞器，能够执行基本的细胞功能，如合成蛋白、生成能量。树突和轴突是神经元特有的结构。神经元的树突较短，只有几百微米长，形状像树枝。一个神经元可有许多树突。树突的作用是接受刺激，将刺激引起的神经冲动传向细胞体。神经元的轴突一般比较长，长度可以从十几微米到1m。轴突周围有髓鞘。一个神经元只有一根轴突。轴突主干由许多并行的神经元纤维组成，末端分成许多小枝，叫轴突末梢。轴突的作用是将神经冲动从胞体传出，传给与它联系的各种细胞。神经元的结构如图2-1所示。

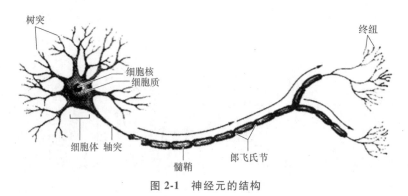

图 2-1　神经元的结构

资料来源：阿特森（Atkinson）等，《心理学导论》，1983 年。

2. 神经冲动的传递

（1）神经冲动

神经元是通过接收和传递神经冲动进行交往的。冲动性是神经和其他兴奋组织（如肌肉、腺体）的重要特性。当任何一种刺激（机械的、热的、化学的或电的）作用于神经时，神经元就会从比较静息的状态转化为比较活跃的状态，这就是神经冲动（nerve impulse）。通常认为在神经元内传导的神经冲动是电信号，其实它的本质是化学物质的流动。因为这类化学物质带有电荷，它们的流动也就体现为电信号的传送。

用两根微电极，一根与神经元的轴突相连，另一根与神经元的细胞膜相连，就像连通电池的正负极一样，可以测量到神经细胞内外的电活动。结果发现，轴突内为负、外为正，电压相差 70mV。这种现象称为极化。细胞膜未受刺激时，神经元处于静息状态测到的外正内负的电位变化就是静息电位（resting potential）。

当神经受刺激时，细胞膜的通透性会迅速发生变化，膜电位也在原有静息电位的基础上产生一次快速的倒转和复原，这一电位变化过程叫作动作电位（action potential），如图 2-2 所示。当树突从上一个神经元的轴突接到神经冲动信号时，信号会刺激这一区域的钠离子通

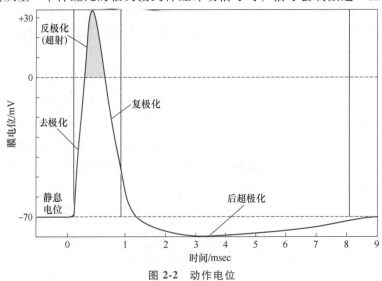

图 2-2　动作电位

资料来源：霍奇金和赫胥黎（Hodgkin 和 Huxley），《从神经纤维内部记录的动作电位》，1989 年。

道打开，让钠离子大量流入细胞膜内，使膜内正电荷迅速上升，膜电位从静息电位向膜内负值减小的方向变化（这一电位变化称为去极化），直到膜内电位高于膜外电位（这一电位变化称为反极化或超射），当膜内侧的正电位增大到足以阻止钠离子的进一步内流时，钠离子停止内流，钾离子通道被激活而开放，钾离子从细胞内流向细胞外，细胞膜内电位迅速下降，细胞膜电位基本恢复到静息电位的水平（这一电位变化称为复极化），在很多细胞中还可以看到"后超极化"，电位虽然先降后升，但仍全程低于静息电位。

（2）神经冲动的传导方式

单个神经元传递信号的过程大致可以分为两步：第一步是将收到的信号从神经元的树突传递到轴突，第二步是将信号从神经元的轴突传递到下一个神经元。第一步主要通过动作电位来实现的，第二步则通过神经元之间的突触结构来实现。

1）神经冲动的电传导。神经冲动的电传导是指神经冲动在同一细胞内的传导。神经冲动沿着神经的运动，与电流在导线内的运动不同。电流的运动速度相当于光速，每秒 30 万 km，而人体内神经兴奋的运行速度只有每小时 3.2～320km。神经冲动的电传导如图 2-3 所示。

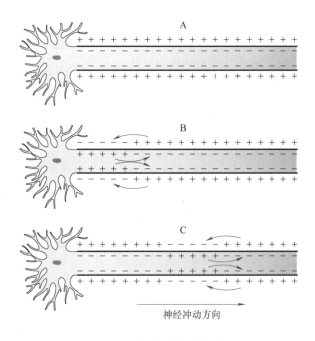

图 2-3　神经冲动的电传导

神经冲动的传动与动作电位的产生有密切的联系。神经冲动的传导遵循全或无法则（all or none principle）。神经元反应的强弱不随外界刺激的强弱而改变，这种特性使信息在传递过程中不会变得越来越微弱。

2）神经冲动的化学传导。各个神经元必须相互联系，构成简单或复杂的神经回路，才能执行神经系统的技能，传导信息。一个神经元与另一个神经元彼此接触的部位叫作突触（synapse）。每个神经元都能形成 1000~10000 个突触，突触通常在发送神经元（突触前神经元）的轴突末端与接收神经元的树突之间形成。值得注意的是，突触前神经元的轴突末端与突触后神经元的树突并不会直接接触，在它们之间有一个小缝隙，这个缝隙称为突触间隙。

在突触前神经元的轴突末端内部有许多突触小泡，里面充满了神经递质分子。当突触前神经元上的动作电位传导到轴突末端时，突触小泡就会与轴突末端膜相融合，将神经递质释放到突触间隙中。神经递质分子在整个突触间隙中扩散，到达突触后神经元的细胞膜上，并与膜上的受体蛋白结合。此时，受体蛋白就像一个小锁，神经递质就像开锁的小钥匙，当它们相遇时，突触后神经元上的离子通道就会打开或关闭，这样就成功地将信号从突触前神经元传到了突触后神经元，对神经元产生兴奋或抑制作用。这种以化学物质为媒介的突触传递，是脑内神经元信号传递的主要方式。

神经递质的语言

突触分为兴奋性突触和抑制性突触两种。兴奋性突触是指突触前神经元兴奋时，由突触小泡释放出来具有兴奋作用的神经递质，如乙酰胆碱（acetylcholine）、去甲肾上腺素（norepinephrine）等。这些递质可使突触后神经元产生兴奋。某些抑制乙酰胆碱释放的药物能引起致命的肌肉瘫痪。例如，南美印第安人使用的箭毒（curare），由于占据了受体的位置，妨碍乙酰胆碱的活动，因而能使人瘫痪。抑制性突触是指突触前神经元兴奋时，由突触小泡释放出具有抑制作用的神经递质，如多巴胺（dopamine）、甘氨酸等。这些递质使突触后膜"超极化"，从而显示抑制性的效应。

在发送信号后，关闭信号同样非常重要。要关闭信号，就必须清除突触间隙中的神经递质。大脑清除神经递质的方法有以下几种：神经递质分解酶将神经递质分解、突触前神经元将神经递质吸回，或者让神经递质扩散到突触间隙外。在某些情况下，附近的胶质细胞也可以清除神经递质。如果终止突触信号的过程受到干扰，就可能产生明显的生理效应。某些杀虫剂就是通过抑制分解神经递质乙酰胆碱的酶的活性来杀死昆虫的；还有抗抑郁药物如百忧解，其实就是一种干扰人脑神经 5-羟色胺（一种能帮助人心情愉快的递质）再摄取的药物。

3. 神经回路

神经元与神经元通过突触建立联系，构成了极端复杂的信息传递与加工的神经回路（nerve circuit）。神经回路是脑内信息处理的基本单位，每个神经元只有在极少数的情况下才单独执行某种功能。据估计，一个脊髓前角的运动神经元的胞体可有 2000 个突触，人体大脑皮层每个神经细胞可有 3 万个突触。芝加哥大学神经学家赫里克（Herrick）计算，100万个皮层细胞两两组合，就可得到 102783000 种组合，由此可见神经回路的复杂程度。

反射弧（reflex arc）是最简单的一种神经回路。反射弧一般由感受器、传入神经、神经系统的中枢部位、传出神经和效应器 5 个部分组成。从图 2-4 可以看到，一定刺激作用于相应的感受器，感觉神经元就会由静息状态转化为活动状态，使感受器兴奋。感觉神经元将感觉器受刺激后产生的神经冲动沿着传入神经传到神经中枢，经过神经中枢的加工，又沿着传出神经到达效应器，并支配效应器的活动。

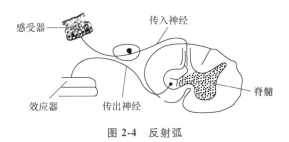

图 2-4 反射弧

神经元的连接方式除了一对一的连接外，还有以下三种典型的方式，即发散式、聚合式和环式如图 2-5 所示。

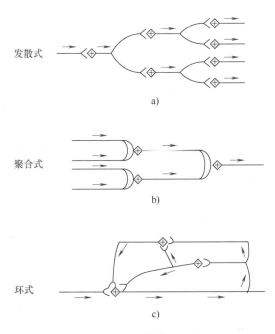

图 2-5 不同的神经回路

2.1.2 神经系统的结构

神经系统是由神经元构成的一个异常复杂的机能系统，根据结构和功能的差异，神经系统可以分为中枢神经系统（central nervous system）和周围神经系统（peripheral nervous system）。中枢神经系统包括位于颅腔内的脑和位于椎管内的脊髓。周围神经系统包括中枢神经与周围器官之间的神经系统。根据支配的周围器官的性质不同，周围神经又可分为躯体神经和自主神经。人类神经系统的层次结构如图 2-6 所示。

1. 中枢神经系统

中枢神经系统是神经系统的主要部分，由脑和脊髓构成。脑（brain）由大脑（ceredbrum)、间脑（diencephalon）、小脑（cerebellum）、脑干（brain stem）和脊髓（spinal card）五个部分构成。

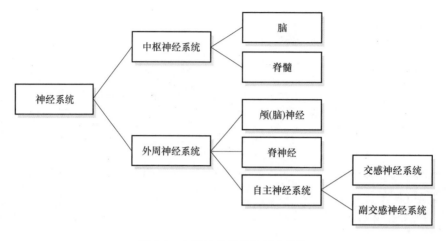

图 2-6　人类神经系统的层次结构

（1）大脑

大脑覆盖在其他脑区之上，略成半球状，大脑顶端的正中纵裂将其分为左、右两个半球。正中纵裂的底是胼胝体，胼胝体由两半球间交换信息的神经纤维（白质）组成。大脑是各种心理活动的主要中枢。大脑表面布满深浅不同的沟或裂。沟裂间隆起的部分称为脑回（gyrus）。

大脑半球的表面由大量神经细胞、神经纤维网、神经胶质细胞和毛细血管覆盖着，呈灰色，叫作灰质（gray matter），也就是大脑皮层。皮层从外到内分为六层，它们由不同类型的神经细胞组成，其中颗粒细胞接受感觉信号，锥体细胞传递运动消息。

大脑半球内面是由大量神经纤维的髓质组成的，叫作白质。它负责大脑回间、叶间、两半球间及皮层与皮层下组织间的联系。其中，特别重要的横行联络纤维叫作胼胝体（corpus callosum）。它位于大脑半球底部，对两半球的协同活动有重要作用。

大脑半球背外侧面皮层结构如图 2-7 所示。有三条大的沟或裂，即中央沟、外侧裂和顶枕裂，这些沟或裂将半球分为额叶、顶叶、枕叶和颞叶四个区域。在每一叶内，一些较细小的沟或裂又将大脑表面分成许多回或小叶。如额叶的额上回、额中回、额下回、中央前回，颞叶的颞上回、颞中回和颞下回，顶叶的顶上小叶和顶下小叶。

大脑半球的内侧面结构如图 2-8 所示。围绕半径的环状回称为边缘叶（limbic lobe），包括胼胝体下回、扣带回、海马回和海马回深部的海马结构。边缘叶和相关的皮质下结构包括杏仁核，合称为边缘系统（limbic system）。胼胝体下回与其前方的旁嗅区组成隔区（area septum），内含伏隔核（accumbens）。

边缘系统与动物的本能活动有关。动物的喂食、攻击、逃避危险、配偶活动等，可能由边缘系统支配。在哺乳动物中，边缘系统好像能抑制某些本能行为的模式，使机体对环境的变化做出更好的反应。

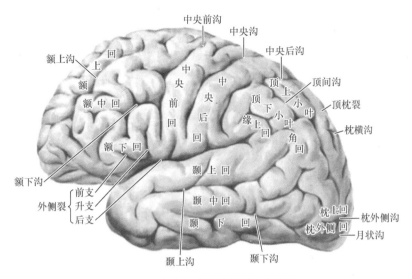

图 2-7　大脑半球背外侧面皮层结构

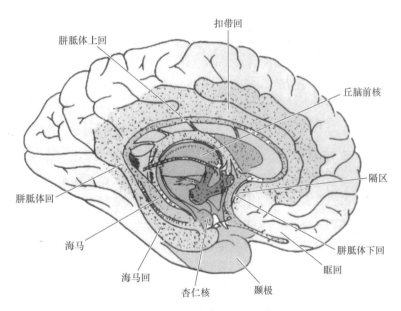

图 2-8　大脑半球内侧面结构

　　边缘系统特别是海马在记忆功能中有重要作用。海马损毁的病人，空间信息记忆和时间编码功能将受到破坏。他们不能回忆刚看过的东西的位置，也不能回忆刚学过的词的顺序。边缘系统与情绪也有密切的关系。表情面孔、彩色情绪图片或情绪词等都能引起边缘系统中杏仁核（amygdala）的显著激活。在边缘系统中，扣带回的作用也受到人们的关注。研究发现，扣带回与注意有密切的关系。在有意注意时，当执行有冲突的任务或任务难度增加时，扣带回的活动都会有显著增加。

　　基底神经节也称基底核，主要由尾状核、豆状核、屏状核、杏仁核组成，豆状核又包含壳核和苍白球（图2-9）。

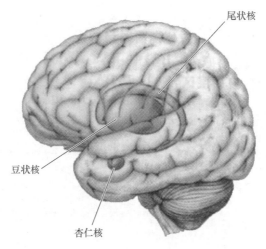

图 2-9　基底神经节

基底神经节与额叶皮质有丰富的连接，负责行为程序的规划和记忆及情绪的某些方面，参与运动的控制，调节随意运动的产生及肌紧张。基底神经节病变引起的运动紊乱主要表现为骨张力及运动异常。临床上常见的典型病变为帕金森病和舞蹈病。前者的病理变化在黑质，涉及投射到纹状体的多巴胺神经元，表现为骨张力过高，随意运动减少、震颤、运动起始困难等；后者表现为运动过多，肌张力降低等。基底神经元还与摄食、言语等的肌肉运动有关。

大脑皮层的每个功能区，如运动区、躯体感觉区、视觉区和听觉区等，都有层次结构。大概由三级皮层区组成，即初级皮层区（一级皮层区）、次级皮层区（二级皮层区）和联络皮层区。初级皮层区为投射中心，直接接受皮层下中枢传入的信息或向皮层下发出的信息，与感受器或效应器保持点对点的功能定位关系，对外部刺激实现简单而原始的感觉功能或发出简单的运动信息。次级皮层区分布在初级皮层区周边，只接受初级皮层传来的信息，与皮层下中枢没有直接的特异联系，次级感觉皮层将初级感觉皮层的信息联合加工为复杂的单感觉性的知觉，运动性次级皮层区的神经信息用于实现复杂序列性运动功能。次级感觉区和次级运动区都失去了点对点简单空间定位的特性。联络皮层区是次级皮层之间的重叠区，进行皮层最复杂的整合功能。在大脑皮层中有两个联络皮层区：一个位于顶、枕，颞叶的结合点上，它是躯体感觉、视觉、听觉感觉的重叠区，对外来的各种信息进行加工，综合为更高级的多感觉性的知觉，并加以储存；另一个位于额叶前部，它同皮层所有部分发生联系，综合所有信息做出行动规划，通过对运动皮层进行调节与控制完成复杂活动。

（2）间脑

间脑居于大脑与中脑之间，被大脑半球所遮盖，在脑的矢状正中切面可以清楚见到（图2-10）。间脑外侧与内囊相邻，内侧面为第三脑室。间脑分上丘脑、下丘脑、底丘脑和丘脑四个部分。

1）上丘脑（epithalamus）位于丘脑背尾侧，在两侧上丘脑之间有松果体，是比较重要的内分泌腺，与发育、血糖浓度调节、生物钟现象有着很密切的关系。此外，上下丘脑还是嗅觉的皮层下中枢。

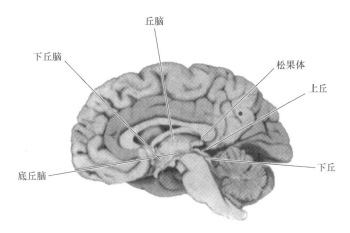

图 2-10　脑的矢状正中切面

2）下丘脑（hypothalamus）位于侧脑腹侧，它包括第三脑室下部的侧壁和底，以及底上的一些结构——视交叉、乳头体、灰结节、漏斗和垂体。下丘脑是皮下重要的神经整合中枢，能把内脏活动与其他生理活动联系起来，调节人的体温、摄食、水平衡等复杂的机能活动。下丘脑通过三条途径行使其功能：对内脏活动、代谢过程进行调节，这两条途径的调节十分重要，下丘脑对躯体活动也有调节作用。下丘脑对情绪也起重要作用。用微电极刺激下丘脑某些部位，人和动物会感到快乐，而刺激相邻另一区域，会产生痛苦和不快。

3）底丘脑（subthalamus）位于丘脑的腹侧，它包括红核和黑质的顶部、丘脑底核、未定带和底丘脑网状核，是锥外体系的组成部分。刺激丘脑底部可提高肌张力，并促进反射性和皮层性运动。

4）丘脑（thalamus）是一对卵圆形的灰质团块，前端较窄，后端膨大。丘脑内侧面第三脑室侧壁上有中央灰质（内含中线核）。丘脑外侧有丘脑网状核与内囊相连。丘脑内有一白质板为髓板，将丘脑分为若干核团。丘脑不仅是信息传递的中继站，还是大脑皮层下除嗅觉外所有感觉的重要整合中枢。因此，对丘脑的损害会导致复杂的综合征，包括感觉、认知、执行功能、精细运动控制、情绪和觉醒等。

（3）小脑

小脑位于脑干背面，分左右两半球。小脑表面的灰质构成小脑皮层，内部是由白质构成的髓质。小脑的主要作用是协助大脑维持身体平衡和协调动作。一些复杂的运动，如走路、舞蹈、游泳等，一旦学会，其程序就编入小脑，并能自动地进行。近年来的研究表明，小脑也具有一定的认知功能，在人的触觉认知中有重要作用。

（4）脑干

脑干在脊髓和脑主体之间传递信息，它包括若干神经核团，可以分成延脑、桥脑、中脑和网状结构 4 个部分。

1）延脑（medulla）位于脊髓上方，背侧覆盖着小脑，全长约4cm。它是重要的生命中枢，控制呼吸、心跳、排泄、吞咽等功能。大部分由脊髓上行的神经纤维和由脑下行的神经纤维都在延脑交叉，从而实现大脑左右两半球对身体的交叉控制。

2）桥脑（pons）位于延脑与中脑之间，连接小脑两半球，是中枢神经系统与周围神经系统之间信息传递的必经之地。对人的睡眠也具有调节和控制作用。

3）中脑（midbrain）位于丘脑底部，小脑和桥脑之间，体积较小，结构也较简单。中脑是人的视听反射中枢，其中有动眼神经核和滑车神经核，控制与调节人的眼球运动、瞳孔的扩张和收缩、对光和声音的定向探究反射。中脑中还有三叉神经核和黑质，负责支配人的面部肌肉活动，黑质受损，面部表情将显得呆板。中脑中的红核与身体姿势和随意运动有关，红核受损，病人将出现舞蹈症。

4）网状结构（reticular structure）位于脑干的中央区域，由纵横交错的神经纤维交错成网。网状结构同中枢神经系统的各部分都有广泛的双向联系。网状结构的功能十分复杂，具有广泛的整合作用，除参与调控躯体运动和内脏活动外，还维持大脑皮层的觉醒和意识，有十分重要的意义。

（5）脊髓

脊髓是中枢神经系统的最低级部位。它位于脊椎管内，略呈圆柱形，前后稍扁，长度只有脊柱的2/3。脊髓由神经细胞聚集的灰质和由神经纤维组成的白质构成。白质中的纤维大部分是上行和下行的有髓鞘的轴突，分布在灰质外围。中心的H型部分是灰质，如图2-11所示。

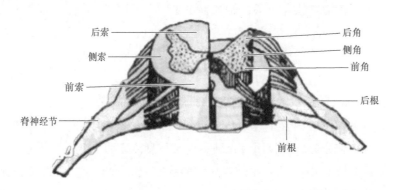

图2-11　脊髓节模式图

脊髓有两个作用：一是连接脑和周围神经系统。它收集躯体的感觉信息传向大脑，同时根据大脑的指令通过运动神经控制身体肌肉的活动；二是作为简单的反射中枢，可以完成膝反射、肘反射和跟腱反射等。

2. 外周神经系统

外周神经系统从结构上由颅（脑）神经、脊神经和自主（植物）神经三部分组成，从功能上分为感觉神经（传入神经）、运动神经（传出神经）和自主神经（植物神经、内脏神经）。

（1）颅（脑）神经

颅（脑）神经由脑部发出，共 12 对。其中，嗅、视、听神经属于感觉神经；动眼神经、滑车神经、外展神经、副神经和舌下神经属运动神经，负责支配眼球、颈部、面部和舌的肌肉运动；其余的神经属混合神经，其中，三叉神经负责面部感觉和咀嚼肌活动，面神经负责支配面部表情、舌下腺、泪腺及鼻黏膜分泌，舌咽神经负责味觉和唾液分泌，迷走神经负责支配颈部和脏体活动。

（2）脊神经

脊神经发自脊髓，穿椎间孔外出，共 31 对，它们是颈神经 8 对、胸神经 12 对、腰神经 5 对、骶神经 5 对和尾神经 1 对。脊神经由脊髓前根和脊髓后根的神经纤维混合组成。脊髓后根的纤维负责感觉，前根的纤维负责运动。因此，脊神经兼有运动和感觉两种属性。

（3）自主（植物）神经

自主（植物）神经系统（autonomic nervous system）由分布于心肌、平滑肌和腺体等内脏器官的运动神经元构成。自主神经系统由交感神经和副交感神经两部分组成。交感和副交感神经不受或很少受到中枢神经系统的支配，表现为人不能随意地控制内脏的活动，所以叫自主神经系统，也被称为植物神经系统。植物神经系统的结构和功能如图 2-12 所示。

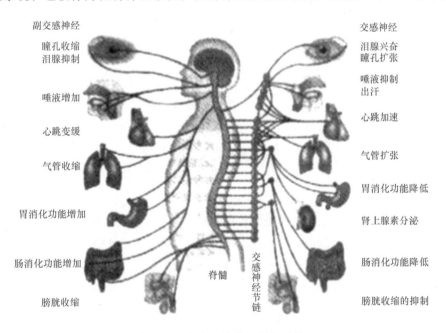

图 2-12　自主（植物）神经系统

交感神经和副交感神经的功能具有颉颃性质。交感神经系统能够唤起或消耗能量，有利于人应付紧急情况。人在挣扎、搏斗、恐惧或愤怒时，交感神经马上发生作用，它加速心脏的跳动，下令肝脏释放更多的血糖，使肌肉得以利用，暂时减缓或停止消化器官的活动，从而动员全身力量以应付危急。副交感神经系统抑制体内各器官的过度兴奋，使人平静并储存能量，维持常规活动。但它们工作时也是协作的。如在酷暑季节，吃饭时副交感神经的活动促使胃和食道蠕动，使消化液分泌增加，有利于能量吸收和储存；与此同时，交感神经的活动促使汗腺分泌，消耗能量，使体温降低。如果两个部分配合不好，就会出现植物性神经功能紊乱。

2.1.3 神经系统功能探测

长久以来，对神经系统功能，特别是大脑功能的认识都是基于对脑的损伤的研究，一是依靠对脑损伤病人的临床观察获得相关知识，二是通过对动物有选择地损伤脑细胞研究脑的功能。现在，可以通过电的、化学的、磁的方式来刺激脑的各个部位，既可以获得单个神经元的信息，也可以了解神经元的总体活动，研究其脑的功能和活动过程。

1. 脑电图

大脑直流电背景上的自发交变电变化，经数万倍放大以后所得到的记录曲线，就是通常所说的脑电图（electroencephalogram，EEG）。当人闭目养神，内心十分平静时，记录到的EEG多以 8~13Hz 的节律变化为主要成分，故将其称为基本节律或 α 波。如果这时突然受到刺激，则 EEG 的 α 波就会立即消失，被 14~30Hz 的快波（β 波）所取代。正常人类被试者在高度集中注意力或工作记忆活动时，可出现 40~140Hz 左右的高频脑电活动，称为 γ 节律。相反，当安静闭目的被试者变为嗜睡或困倦时，α 波为主的脑电活动就被 4~7Hz 的 θ 波所取代。当个体陷入深睡时，θ 波又可能被 1~3Hz 的 δ 波所取代。这种频率变慢、波幅增高的脑电变化，称为同步化，从 β 波变为 α 波的过程也属同步化。相反，脑电活动变为低幅、快波的变化，称为失同步化或异步化，如 α 波被 β 波所取代。从宏观角度，异步化表明脑内出现了兴奋过程。疲劳、困倦、脑发育不成熟的儿童或某些病理过程均可出现 θ 波为主的脑电活动。δ 波常出现在深睡、药物作用和脑严重疾病状态。

在常规驾驶场景下的驾驶模拟实验采集脑电和驾驶行为数据，并采用功率谱分析等方法提取特征进行脑电与驾驶行为的相关性研究结果表明，驾驶活动是一项需要大脑四个主要脑区协调参与的复杂行为，尤其与颞区、枕区和额区密切相关。

2. 平均诱发电位

20 世纪 60 年代以后，在计算机叠加和平均技术基础上，对大脑诱发电位变化进行了大量的研究。这种大脑平均诱发电位（averaged evoked potentials，AEP）是一组复合波，刺激以后 10ms 之内出现的一组波称早成分，代表接受刺激的感觉器官发出的神经冲动，沿通路传导的过程；10~50ms 的一组波称中成分；50ms 以后的一组波称晚成分，如图 2-13 所示。晚成分变化与心理活动的关系是当代心理生理学的热门研究课题。

采用事件相关电位（event-related potential，ERP）脑电实验研究方法，从脑神经机制角度对矿工安全心理资本对不安全行为的影响进行分析，其结果表明，低安全心理资本个体比高安全心理资本个体更偏好风险行为。脑电数据方面，干预实验对低风险偏好个体有一定的干预效果。

然而，迄今为止晚成分的每个波在脑内的起源仍不明了，因此脑平均诱发电位虽比自发电活动更能反映心理活动中脑功能的瞬间变化，但对于真正揭露心理活动的机制来说，仍是十分粗糙的技术。与此相对应的是精细的细胞生理学研究。

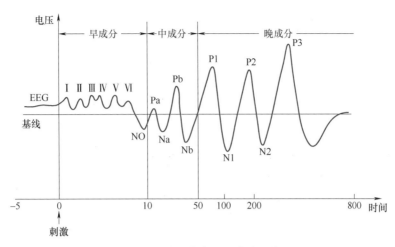

图 2-13 平均诱发电位组成波示意图

3. 神经成像技术

正电子放射层扫描（positron emission tomography scan，PET）、核磁共振成像（magnetic resonence imaging，MRI）和功能性核磁共振成像（functional MRI，fMRI）等神经成像技术正成为认知神经科学、人工智能研究对人类大脑探索的重要技术。PET 主要是通过显示每个脑区化学燃料——葡萄糖的消耗来描述脑的活动；MRI 和 fMRI 利用磁场变化能够得到大脑软组织的详细照片，不仅能揭示脑的结构，还能揭示脑的功能。

2.2 内分泌系统

2.2.1 身体的慢速信息系统

如果说神经系统是通过电化学方式进行人体信息传递的高速公路，内分泌系统则是另一个慢速信息系统，与神经系统交互联系，相互配合，共同调节机体的各种功能活动，维持内环境相对稳定。

神经系统能够将信息在几分之一秒的时间内从眼睛传到脑再传到手、脚，而内分泌系统传递信息则需要几秒甚至更长的时间，但它们作用的时间也持续得更长。内分泌系统不仅影响人的成熟、繁衍、新陈代谢，也影响人的情绪和压力反应。

2.2.2 内分泌腺及其功能

人体内主要的内分泌腺有垂体、甲状腺、甲状旁腺、肾上腺、胰腺、性腺、松果体和胸腺；散在于组织器官中的内分泌细胞比较广泛，如消化道黏膜、心、肾、肺、皮肤、胎盘等部位均存在于各种各样的内分泌细胞；此外，在中枢神经系统内，特别是下丘脑存在兼有内分泌功能的神经细胞。内分泌腺和内分泌细胞分泌释放化学递质——荷尔蒙（激素），经组织液或血液循环，影响包括大脑在内的其他组织，发挥调节作用，如图 2-14 所示。

下丘脑可以看作神经系统与内分泌系统之间功能联系的重要枢纽，协调这两个系统的相

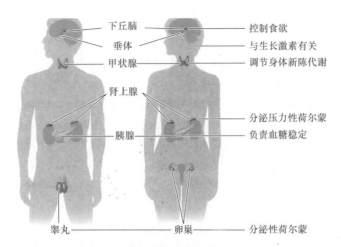

图 2-14 内分泌腺及其功能

互配合。垂体是身体内最复杂的内分泌腺，在下丘脑的控制下，不仅释放激素影响生长，还释放触发激素影响其他内分泌腺激素的释放，转而影响脑与行为，是具有重要意义的主控腺体。甲状腺分泌甲状腺素，促进物质与能量代谢，促进生长发育过程，还能提高中枢神经系统的兴奋性。肾上腺从自主神经系统接收指令，释放肾上腺素和去甲肾上腺素，在紧急情况下，能够使呼吸、循环和代谢等活动加强，使心率加快、血压和血糖上升，为人体提供急需的能量，增加机体抵抗不良环境或脱险的能力。

神经系统与内分泌系统紧密联系，神经系统指挥内分泌系统，内分泌系统继而影响神经系统，形成了人心理活动的最基本生物基础神经——体液调节系统。

2.3 遗传因素与心理

2.3.1 行为遗传学的目的

人的心理与行为受到遗传与环境的双重影响，离开任何一个因素都无法对人的心理和行为进行全面解释。遗传是指人通过遗传物质继承的生理解剖上的如机体结构、形态、感官和神经系统的特点及本能的特点，也叫作遗传素质。遗传素质是人的心理和行为的生理前提，为人的发展提供了可能性。

行为遗传学是在遗传学、心理学、行为学和医学等学科发展基础上形成的一门交叉学科。它是以解释人类复杂的行为现象的遗传机制为其研究目标，探讨行为的起源、基因对人类行为发展的影响，以及在行为形成过程中遗传和环境之间的交互作用。

2.3.2 行为遗传学的研究方法

行为遗传学的研究方法包括定量遗传学（quantitative genetics）和分子遗传学（molecular genetics）两种研究方法。

1. 定量遗传学研究

定量遗传学是行为遗传学早期和传统的研究模式，主要是通过双生子和收养研究来寻找遗传和环境影响人类心理与行为的证据。20 世纪 90 年代以来的研究一般将个体心理与行为的差异源分解为三个部分：遗传（gene）、共享环境（shared environment）和非共享环境（non-shared environment）。同卵（monozygotic，MZ）双生子是由同一个受精卵发育而来的，理论上遗传物质完全相同，而异卵（dizygotic，DZ）双生子是由两个不同卵子接受不同的精子发育而来的，理论上平均只有 50% 的遗传物质相同，因此可以通过比较 MZ 和 DZ 双生子在共享或非共享环境下性状的相似性，来估计遗传和环境因素对于个体表型形成或疾病易患性的贡献度。

2. 分子遗传学研究

分子遗传学是行为遗传学研究的新兴途径，是分子生物学技术与行为遗传学的结合，它通过对具体的、可以观测的遗传指标——基因的研究，从分子水平上测定与心理和行为特征相联系的基因，进而揭示基因作用于心理和行为特征的机制。心理学家的主要任务是将有关基因的研究成果运用到个体发展研究中。

（1）候选基因关联研究

候选基因关联研究是在正常发展群体中验证分子遗传学领域识别出的一个或多个遗传变异，主要是单核苷酸多态性（single nucleotidepolymorphism，SNP）与某种心理或行为特征的关联，从而揭示所考察的心理或行为特征的遗传基础。其局限性也十分明显：一方面人类的多数行为和疾病是由复杂的遗传因素决定的，只考虑单个候选基因对心理行为的影响，而不考虑基因与基因之间的交互作用，其解释力往往不到 10%；另一方面由于人类基因组存在复杂的连锁现象，其观测到的某一基因位点与性状的关联可能实际反映的是其他连锁基因位点对行为的影响。

（2）全基因组关联研究

全基因组关联研究（genome-wide association study，GWAS）在全基因组层面上开展多中心、大样本、反复验证的基因与疾病的关联研究，全面揭示复杂疾病发生、发展与治疗相关的遗传，可以克服候选基因关联研究中需要识别、假设的困难。尽管 GWAS 通常花费巨大，还有出现假阳性结果的可能，但其无须假设、只需验证的显著优势促使其发展迅速，并获得大量成果，研究人员已经发现 2000 个左右疾病/表型相关变异。

3. 行为遗传的其他研究方法

其他遗传研究方法还有影像遗传学、病例对照研究、家系研究等方法。

影像遗传学认为遗传变异的作用并不是直接表现在行为层面的，而是通过分子和细胞层面的改变影响大脑信息的加工。通过多模态神经影像学和遗传学方法，可以检测引起脑结构和脑功能变化的遗传变异及其如何影响个体行为与疾病，把大脑的结构（如灰质体积）、化学作用或与行为或疾病相关的功能作为中介表型，有助于人们理解遗传变异对行为或疾病产生影响的神经机制。

病例对照研究分别选定患有某病和未患某病的人群，分别调查其暴露在包括遗传因素在内的危险因子的情况及程度，以判断危险因子与疾病有无关联及关联大小的一种研究方法。

家系研究是指通过一个家系中某一种遗传病发病情况来分析判断该疾病的遗传方式、传递规律，根据连锁不平衡的原理，分析某些遗传位点与疾病关系的方法。

2.3.3 心理、行为与遗传的关联

已有研究探讨了包括认知、情绪与社会行为等方面的遗传因素，以及遗传与环境的相互作用，为人们理解一些不安全行为提供了新的角度。这里简要列举一些研究发现。

1. 认知方面

双生子研究表明，认知能力的遗传度在幼年时期约为 30%，在成年时期约为 50%，并趋于稳定持续，直至老年。在具体的认知活动中，多巴胺通路相关基因、脑源性生长因子基因与个体工作记忆容量有关。在对婴儿的研究中发现，面对"威胁"刺激的时候，某个基因型携带者相较于另外的基因型携带者更有可能将视觉注意从威胁事物上转移，从而反映了其更好的自我控制能力。

2. 情绪与社会行为方面

研究者对许多重要的社会行为和情绪的遗传基础进行了研究，情绪识别、风险决策、攻击行为、亲和行为、共情、恋爱等都有特定的遗传基础能解释一定比例的行为差异。

3. 遗传与环境的相互作用

遗传与环境的相互作用研究表明遗传与环境的相互作用有两种表现形式：基因-环境交互作用（简称 GE 交互作用）和基因-环境相关（简称 GE 相关）。

基因-环境交互作用研究主要的理论基础是"素质-压力模型"（diathesis-stress model），即当个体处于应激或高压状态时，具有某种不良遗传素质的个体更容易发生心理与行为问题。已有研究通常采用消极环境指标，例如母亲的抑郁、婚姻的不和谐、日常争吵、失业或创伤性经历等来考察 GE 交互作用。然而越来越多的研究表明，基因-环境交互作用的表现形式更为复杂，某些基因型的个体比其他个体更容易受到消极成长环境的影响而出现问题或障碍。同样，某些基因型的个体比其他个体更容易受到积极成长环境的影响而表现良好或优秀，说明某种基因型拥有令个体变得"更坏或更好"的效应，这被称为"不同易感性模型"。因此，某种基因素质并不必然决定个体行为，环境条件可以起到调节作用。例如，生活压力事件是 COMT Met 等位基因携带者在一项风险任务决策中得分较差的危险因子；而父母关怀是 COMTVal/Val 基因型携带者该项风险任务决策中表现的保护因子。

基因-环境相关领域的研究表明，个体所经历的环境并不是随意的，而可能是由其基因引起或与其基因相关的。GE 相关有三种表现形式：被动型（passive）、唤起型（evocative）和主动型（active）。被动型相关是指个体被动地接受父母、兄弟姐妹等外在环境的影响，但由于父母与兄弟姐妹和个体享有部分相同的基因，所以在这种情形下个体所受到的遗传与环境影响是很难区分开来的。例如，具有反社会倾向的父母可能会为其子女的反社会行为起示范和强化的作用。唤起型相关是指具有不同遗传特征的个体会引起来自环境中的他人的不同反应。例如，生性比较活泼和合作的儿童更易得到父母的关注，更易形成与外界环境因素的

积极互动。主动型相关是指个体在遗传特征的影响下，能够主动选择、改变和创造自身所处的环境。例如，某个体外向、活泼，他会选择同样外向、活泼开朗的同伴群体。

已有研究发现一些不利于安全的行为或心理状态、精神健康，如攻击行为、重性抑郁、精神分裂症都有与之相关的基因。因此，在职工的选拔过程中要注意选拔对象的相关遗传基因，对于拥有影响心理健康基因的选拔对象，要避免其从事高危工种。尽管少有关于工作场所安全的行为遗传学的研究，但现有研究提示我们，特定的基因对特定的环境具有更高的敏感性，使其行为朝向更好或更差发展。所以，一方面对某些关键岗位应考虑作业人员不可改变的基因素质对安全的影响，另一方面应充分关注积极的工作环境条件的建设，来调节人员不良的遗传素质对其安全行为的不利影响。

2.4 其他生物因素对安全心理的影响

在人-机-环系统中，人体生理和心理的变化，会影响其机能的发挥，增加人的失误，进而使人的作业可靠度受到影响。本节将着重分析工业生产中常见的内部干扰因素，如疲劳、生物节律及睡眠、意识觉醒水平与药物等因素对安全生产的影响，并探讨预防措施。

2.4.1 疲劳因素

1. 疲劳与安全

（1）疲劳对安全的影响

作业疲劳是员工在作业过程中，由于身体的能量消耗而导致的一系列心理、生理状态变化现象。从生理学的观点来看，疲劳和休息是能量消耗与休息相互交替的机体活动。疲劳与休息的合理调节，可以使人体的感觉器官、运动器官与中枢神经系统的机能得到锻炼、提高。在适度的范围内，疲劳对人体并没有什么害处。相反，人体如果长期缺乏应有的疲劳，则会引起机体内部活动的失调，如睡眠不良、食欲不佳、精神不振等。但是，如果由于工作负荷过重及连续工作时间过长，造成过度疲劳，就会严重影响人的心理活动的正常进行，造成人体生理、心理机能的衰退和紊乱，从而使劳动效率下降、作业差错增加、工伤事故增多、缺勤率增高等。现在，疲劳对安全生产的影响已引起人们广泛的重视，已有人把疲劳称为工业生产事故中头等重要的因素之一，同时也是国际上工业生产安全方面一个长期研究的重点领域。其实质性研究最早开始于20世纪80年代美国国会批准交通部实施的商业机动车驾驶时间与交通安全关系的研究项目。随后，针对疲劳和事故的关系，相关学者开展了大量研究。海林娜（Helinä）等认为疲劳是引发交通事故的重要因素；党晶认为疲劳作业会直接导致作业者生产效率低下、操作失误增加，从而诱发事故发生，是制造业中生产效率低、事故频发的重要原因之一。以此为基础，2017年，杭天，樊尧等分析了作业疲劳与险兆事件的关系，并在国内最先提出作业疲劳对险兆事件有直接影响，认为工作任务量大、过度疲劳工作会使矿工对作业风险的识别能力变差，易引发人的误操作，从而发生险兆事件。

（2）疲劳的身心表现

疲劳会使个体的生理、心理发生一系列的变化。图兰戈和梁（Tourangeau 和 Leung）等发现作业时间长、睡眠时间短、工作环境恶劣、任务难度大、任务单调重复等都会带来作业疲劳。从其发展过程来看，初期疲劳时，会感到疲倦和身体乏力；若继续作业，则会导致个体机能降低，进入疲劳过度的状态，表现为思维、动作减缓，注意力不集中，动作协调和持久能力下降，不安全行为增加。根据作业疲劳的不同表现，学者将作业疲劳划分为不同维度，陈建武等将作业疲劳划分为生理疲劳和心理疲劳 2 个维度。斯麦茨（Smets）等认为疲劳包含 5 个维度：总疲劳、生理疲劳、心理疲劳、情绪低落和能动性不足。阿斯伯格（Ahsberg）则将疲劳划分为身体疲倦、能量不足、身体不适、缺乏动机和困倦 5 个维度。作业疲劳危害较大，一旦产生作业疲劳，就会降低员工作业效率，从而带来生产安全事故。

（3）作业中的生理疲劳和心理疲劳

本书按照疲劳产生的性质，将其划分为生理疲劳（体力疲劳）和心理疲劳（精神疲劳）两种。生理疲劳是由于人体连续不断的活动或短时间的剧烈活动，使人体组织中的资源耗竭或肌肉内产生的乳酸不能及时分解和排泄引起的。心理疲劳有时是由于长时间集中于重复性的单调工作引起的，因为这种工作不能引起劳动者行为动机和浓厚的直接兴趣，加之没有适当的休息与调换工作的性质，就会使人厌倦和焦躁不安，甚至失去控制情绪的能力。在有些情况下，心理疲劳可能是因为有的工作需要用脑判断精细而复杂的劳动对象，脑力消耗太大而引起的。在另一些情况下，可能由于人事关系矛盾或家庭纠纷等令人很伤脑筋的事情，造成精神疲劳。

生理疲劳和心理疲劳在劳动中并不一定是同时产生的。有时身体上并不感到疲劳，而心理上却感到十分厌倦。也有时虽然工作负担很重，身体上感到疲劳，但由于工作富有意义或做出了成就而感到精神轻松，仍能很有兴趣地工作。生理疲劳和心理疲劳既有一定的区别，又有一定的联系，并且相互制约。在生理上疲劳时由于某种动机的驱动和意志上的努力，可以继续工作一段时间，但不能维持过长，超过某种限度，勉强工作就会引起过度的疲劳。这不仅有碍于劳动者的身心健康，而且容易产生意外事故。因此，在实际工作中，要尊重人体的生理规律，对延长劳动时间和加班必须予以严格的限制。

2. 疲劳产生的原因

劳动中引起疲劳的原因很多，根据日本著名疲劳研究专家、国际工效学会理事长大岛正光对疲劳的一般原因和心理原因的分类，结合我国的实际情况，可以给出疲劳的一般原因和心理原因，见表 2-1 和表 2-2。

表 2-1　疲劳的一般原因

（1）不熟练	（9）过长时间加班
（2）睡眠不足	（10）拘束、固定地作业时间过长
（3）连续作业时间过长	（11）工作单调、简单重复、缺乏变化
（4）休息时间不足	（12）年龄过轻，或高龄
（5）连续多日白班或夜班	（13）环境不利（高温、照明不足、振动、噪声等）
（6）白天和夜间连续作业	（14）有害物质的作用
（7）作业强度过大	（15）不利的作业条件
（8）劳动中能量代谢率过高	（16）由于疾病体力下降等

表 2-2 疲劳的心理原因

（1）生产热情低下	（7）对健康担心
（2）兴趣丧失	（8）危险感，危机感
（3）工作不安定（如不安心本职工作，担心失去工作等）	（9）生产责任过大
（4）拘束感，束缚	（10）种种不满（对工资、福利、晋升、不平等待遇，以及对整个企业的不满等）
（5）家庭不和	（11）职业工种与个性特征不适应
（6）惦记家务事	（12）对疲劳的暗示

由表 2-1 和表 2-2 可知，产生疲劳的原因是复杂多样的，既有劳动强度过大、作业时间过长、作业环境较差及身体条件不适应等一般性原因，又有诸如缺乏对本职工作的积极动机、工作中存在消极的心理因素等众多的心理原因。

3. 作业疲劳的检测

目前尚未形成客观直接测定评价疲劳的方法，因此现有测评方法常通过对劳动者生理、心理等指标的间接测定判断其疲劳程度。作业疲劳的主要测量方法包括主观感觉询问表评价法、生理参数测量法、心理作业测量法、生物化学测量法，以及几种方法相结合的综合作业测量法。

（1）主观感觉询问表评价法

主观感觉询问表评价法主要是通过调查表或作业疲劳评价量表等方式，一般将疲劳分成几个级别，由调查员调查填写或由受试者亲自填写，凭受试者的主观感受进行作业疲劳直接测定的方法。例如，张载福等通过采用问卷调查法收集资料，对某监狱民警的疲劳情况进行了调查和分析，探讨了年龄、学历等不同个体特征与监狱民警疲劳程度的关系；杨颖等运用统计学原理对作业疲劳症状自评量表和一般调查表获得的数据进行分析，研究了护士的睡眠质量与疲劳的关系；徐凯宏等采用库珀-哈珀（Cooper-Harpe）量表评分和自感用力度评分方法对作业疲劳工间休息制度进行了研究；刘克俭、王滋春、徐琳等均采用调查表法分别对客轮驾驶作业人员、铁路列车调度员、铁路座位作业女工腰背痛疲劳状况和发病规律等进行了调查研究。

主观感觉询问表评价法的重点是制定科学、合理、可行的询问评价表，询问评价表制定的好坏直接关系到作业疲劳研究结论的科学性和可靠性。日本产业卫生学会疲劳研究会提供了疲劳自觉症状调查表（表 2-3）。该表认为疲劳由身体因子、精神因子和感觉因子构成，对这三个因子，每个列出 10 项调查内容，把症状主诉率按时间、作业条件等加以分类比较，就可以评价作业内容、作业条件对工人的影响。

（2）生理参数测量法

生理参数测量法主要是通过仪器设备对人体的能量消耗、心率、心电、脑电、肌肉表面肌电、眨眼率、瞳孔大小等生理参数进行测定，建立某些生理参数与作业疲劳之间的关系，以选定的某个生理参数或几个生理参数的有机体作为作业疲劳的评价指标，进而通过选定生理参数的测量结果来研究作业疲劳的方法。例如，王向银等以仿真技术为支撑，通过人体新

表 2-3　疲劳自觉症状调查表

身体因子		精神因子		感觉因子	
1	头重	11	思考不集中	21	头疼
2	周身酸痛	12	语无伦次	22	肩头酸
3	腿脚发软	13	心情焦躁	23	腰疼
4	打呵欠	14	精神涣散	24	呼吸困难
5	头脑不清晰	15	对事物反应平淡	25	口干舌燥
6	困倦	16	小事想不起来	26	声音模糊
7	双眼难睁	17	做事情差错多	27	目眩
8	动作笨拙	18	对事物放心不下	28	眼皮跳，肌肉跳
9	脚下发软	19	动作不准确	29	手或脚抖
10	想躺下休息	20	没有耐性	30	精神不好

注：无自觉症状在栏内侧画×，有自觉症状在栏内画√。

陈代谢能量消耗值来量化评估装配作业中人体的疲劳程度；张祖怀在分析驾驶人生理（心率、呼吸频率和腰部肌肉表面肌电值）变化与疲劳的关系基础上，总结并提出了基于人体生理指标的驾驶疲劳研究方法；王生等采用肌电技术，观察疲劳过程中肌电变化情况，探讨肌电技术作为判断肌肉疲劳的一个客观指标，研究了实验室坐姿手持不同负荷时，肌肉疲劳过程肌电变化情况；胡淑燕等提出了基于脑电频谱特征的驾驶人疲劳预测方法；邢娟娟等应用电生理技术，通过局部和全身疲劳反应指标，对我国煤矿工人体能负荷与疲劳人机工程学进行了研究，对评价和判断工人疲劳方面的标准和方法提供了很好的经验。

（3）心理作业测量法

心理性作业疲劳一般是指由于作业者的心理系统发生变化而引起的作业疲劳，与作业者的情绪、动机和兴趣等密切相关。心理作业疲劳测定一般是通过劳动负荷的强度、持续时间，以及工作负荷强度的分布来进行评价的，其测量方法更侧重于心理学实验方法，既可以直接采用主观感觉询问表评价法来评价受试者的主观作业疲劳，也可以通过测量、记录和分析人体皮肤电、呼吸、脉搏、血压等多项生理参数变化评价受试者的心理作业疲劳情况。心理作业疲劳测量方法是研究心理原因引起作业疲劳的重要方法，其难点是如何排除由于生理作业疲劳等其他因素的影响。针对作业疲劳而言，心理作业疲劳一般通过心理学测试方法对劳动负荷的强度、持续时间，以及工作负荷强度的分布来进行评价，从而为制定合理的作业负荷、持续时间及作业负荷分布提供依据，提高作业人员的作业积极性和作业能力。

（4）生物化学测量法

疲劳的生物化学指标可以分为中枢疲劳指标和外周疲劳指标。

研究发现，中枢（主要是大脑）是疲劳的首发部位，中枢神经细胞内代谢物质的变化引起中枢神经兴奋性的降低是造成中枢疲劳的重要因素。首先，中枢神经细胞唯一直接的能源物质是 ATP（三磷腺苷）合成酶。ATP 通过释放能量维持神经细胞的兴奋性，进而使作业人员能够维持一定的工作强度和工作时长。血液中的葡萄糖是中枢神经系统最为重要的能源物质，长时间的工作会使中枢神经系统和外周组织对血糖的吸收和利用都相应增加，造成体内血糖浓度下降，导致神经细胞血糖供应不足，影响 ATP 的生成，降低神经细胞的兴奋性。其次，中枢神经的兴奋性受到神经递质的影响。中枢神经的兴奋性受兴奋性递质和抑制性递质的共同调节。现有研究表明，中枢疲劳时常伴有多巴胺、去甲肾上腺素水平下降，以及 5-羟色胺水平上升。除了神经递质之外，认知活动还可使大脑皮质中的腺苷水平上升，从而抑制中枢神经系统的兴奋性，诱发脑力疲劳。有学者检测大脑在持续认知活动诱发脑力疲劳实验前后血清氨基酸水平，发现脑力疲劳时血清支链氨基酸、络氨酸、半胱氨酸、甲硫氨酸、赖氨酸和精氨酸的水平，均明显下降。此外，有研究发现血清皮质醇及超氧化物歧化酶水平的升高与脑力疲劳呈正相关。最后，中枢神经中氨含量的增加也会导致中枢疲劳。血氨的增加可能有以下原因：神经递质脱氨作用，神经末梢和胶质细胞内氧化脱氨基作用，嘌呤核苷酸循环加强而生成氨，运动中氨生成增加，血氨通过血脑屏障进入破坏神经系统的平衡。血氨增加到一定的浓度会影响神经系统的机能状态，出现各种疲劳症状，如反应慢、肌肉无力、呼吸急促等。

外周主要是指外周神经和肌肉，通常被认为是运动的执行器官。外周疲劳指标包括骨骼肌部分的传导机制、收缩机制及骨骼血流及物质能量代谢等变化。首先，神经肌肉接点的生化指标可以预测个体的疲劳程度。长时间作业后，突触前衰竭，乙酰胆碱在神经肌肉接点前释放不足，运动终板不能除极化，导致骨骼肌肉细胞不能产生收缩，进而影响机体的运动能力，即产生疲劳。其次，由于长时间作业而导致化学因素如乳酸堆积、细胞内糖源耗竭、产生的自由基数量增加等生化指标变化会导致细胞膜损伤或通透性暂时增大引发疲劳。再次，在持续作业性运动中肌质网功能改变，使肌质网对钙的摄取量减少，导致钙离子在细胞内的浓度增加，钙离子与肌钙蛋白不易分离，进而肌动蛋白与肌球蛋白的相互作用将受制约，肌肉持续收缩，从而使机体产生疲劳。最后，代谢因素即机体供能物质的消耗和乳酸代谢产物的增加也可预测作业人员疲劳程度。长时间训练，不仅使 ATP 储量下降，肌糖原和肝糖原也大量消耗，甚至造成血糖水平下降，造成肌肉收缩时能量供应不足，进一步可引起中枢疲劳。

（5）综合作业测量法

由于生理作业疲劳和心理作业疲劳往往是可以相互转化的，针对某一个岗位或某一工种，研究其生理和心理综合作业疲劳对提高作业人员的工作积极性和作业效率可能更具有实际意义。例如，廖坤静等运用层级分析法从整体环境及个人生理、心理、技术等方面提出航海人员驾驶疲劳因子的评价模型；康卫勇等综合主任务测量法、生理测量法和主观评价法三种脑力负荷的评价方法，建立了飞机座舱视觉显示界面脑力负荷综合评价系统。目前较为常用且简便易行的是闪光融合值测定法。

闪光融合值测定法使用的仪器为闪光亮点融合仪。受试者观看一个频率可调的闪烁光源，记录工作前和工作后受试者可分辨出闪烁的频率数。具体做法是先从低频次做起，这时视觉可见仪器内光点不断闪光。当增大频率，视觉刚刚出现闪光消失的频率值称为闪光融合阈值；光点从融合阈值以上降低闪光频率，当视觉刚刚开始感到光点闪烁时的频率值称为闪光阈值。它和融合阈值的平均值称为临界闪光融合值。人体疲劳后闪光融合值降低，说明视觉神经出现钝化。这一方法对视觉显示终端（VDT）前的作业人员的疲劳测定最为适用。一般测定日间或周间变化率，也可分时间段测定。大岛正光给出的闪光融合值变化允许值见表2-4。

表 2-4 闪光融合值变化允许值

劳动种类	第一工作日间降低率		作业前值的周间降低率	
	理想值（%）	允许值（%）	理想值（%）	允许值（%）
体力劳动	-10	-20	-3	-13
中间劳动	-7	-13	-3	-13
脑力劳动	-6	-10	-3	-13

通过测定得知，全身性疲劳也会在视觉方面有所表现，而视觉疲劳对闪光融合值的变化更为敏感。鞍钢劳动卫生研究所对鞍钢计算机房 507 名 VDT 作业人员进行测定的数据见表2-5。

表 2-5 VDT 作业人员闪光融合值的变化

光源颜色	作业前	作业后 1h		作业后 2h	
		频率	降低率（%）	频率	降低率（%）
红	30.4	29.7	2.30	27.63	9.11
黄	34.3	33.1	3.48	31.66	7.87
绿	31.8	30.7	3.46	28.88	9.18

综合作业疲劳测量法对于评价某个岗位或某个工种作业人员的作业疲劳情况更全面、更真实；但不能反映具体的心理或生理、全身或局部对作业疲劳的影响关系。该方法一般用于在明确了生理、心理导致的作业疲劳规律的前提下进行，目的是更全面、更客观、更真实地反映作业者的疲劳情况。

4. 疲劳的预防与安全

（1）合理设计操作的用力方法

操作时的用力方法应当遵循解剖学、生理学和力学原理及动作经济原则，提高作业的准确性、及时性和经济性。

（2）合理安排作业休息制度

休息是消除疲劳最主要的途径之一。无论轻劳动还是重劳动，无论脑力劳动还是体力劳动，都应规定休息时间。休息的周期、休息的方式、休息时间的长短、工作轮班及休息日制度都应根据具体作业性质而定。

（3）克服工作内容单调感

单调作业是指内容单一、节奏较快、高度重复的作业。单调作业所产生的枯燥、乏味和不愉快的心理状态，称为单调感。克服工作的单调感可以这样做：①培养多面手，帮助工作人员不定期变换工种，如从事基本作业的工人兼辅助作业或维修作业，工人兼做基层管理工作等；②延伸工作，按工作进展延续扩展工作内容，如参与研究、开发、制造等，激发工作热情和创造力；③进行操作再设计，在操作设计上根据人的生理和心理特点进行重组，如合并动作、合并工序，使工作多样化、丰富化；④显示作业终极目标，使作业者意识到单项操作是最终产品的基本组成，中间目标的实现，会给人以鼓舞，增强信心；⑤定时发布动态信息报告，让工人知道自己的工作成果；⑥推行消遣工作法，作业者在保证任务完成的前提下，可以自由支配时间，如弹性工作制等，可以减少时间浪费，充分利用节约的时间进行休息、学习、研究，提高工作生活质量；⑦改善工作环境，可利用照明、颜色、音乐等条件，调节工作环境，尽可能令人舒适。

（4）改进生产组织与劳动制度

生产组织与劳动制度是产生疲劳的重要影响因素，改善经济作业速度，制定合理的休息制度和轮班制度，能够改善个体的疲劳状况。现在，我国许多企业在劳动强度大、劳动条件差的生产岗位，都实行"四班三运转制"，效果不错。这是因为每班只连续 2 天，8 天周期分为 2 天早班、2 天中班、2 天夜班，另外 2 天休息。变化是延续而渐进的，减轻了机体不适应性疲劳。另外，疲劳累积有时间特征，大量研究表明，事故发生率较高的时候通常是在工作即将结束的前 2 个小时，一般事故高峰期是上午的 11 点和下午的 4 点，这个时候正是工人疲劳积累到一定程度的时刻。合理安排工间休息时间，也能预防劳动者的疲劳产生，能够有效预防生产事故的发生。

2.4.2　生物节律因素

人体生理节律又叫生物钟，迄今为止，科学家已经发现的人体生理节律有 100 多种，其中主要有年节律、月节律、日节律等。

1. 工作能力的昼夜波动

研究表明，人的各器官系统不能在长时间内保持均匀的工作能力，这种能力具有周期性变化的特点。其周期有时为 24 小时，或更长时间。人们发现，每个人的心跳快慢、体温、肌肉收缩力量及激素分泌等都有明显的昼夜节律，即随着白天和黑夜的交替，上述生理指标也会发生变化。显然，这些变化会直接影响人的生理、心理机能。

瑞典一企业在研究事故的原因时，仔细观察了人的工作能力在 24 小时内的变化，结果表明，人的工作能力的波动与实验证明的人体植物性生理节律是一致的，如图 2-15 所示。

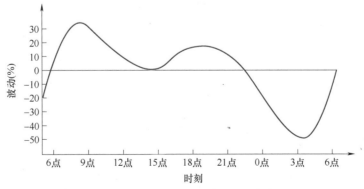

图 2-15　人在 24 小时内工作能力的变化曲线图

图 2-15 中的曲线表明，在 24 小时周期内，出现两个高峰（最高点在上午 8 时到 9 时，随后第二个高峰在 19 时左右）和两个低谷（第一个低谷在 14 时许，而凌晨 3 时左右降到最低点）。总的结论是，人的最高的工作能力出现在上午时间内，而在夜间工作能力则急剧下降。许多研究表明，事故的发生与人的昼夜工作能力的波动曲线是相应的。例如，火车驾驶人的错误刹车操作与驾驶人 24 小时昼夜生理节律密切相关；显示屏（荧光屏）监测人员的信号侦察能力也具有昼夜节律性变化；医院一天中医疗错误的频次变化与医护人员轮班制的时间节奏十分一致；国内某煤气公司对 10 年中三班工人检查煤气表的差错率所做的统计表明，错误的发生率与工人一天 24 小时内人体机能的下降变化惊人的一致。这些事实表明，昼夜生理节律是事故的一个潜在原因。

2. 事故发生频次的昼夜分布和月份分布

有研究者对某企业历年发生的 325 起事故（主要是重伤、死亡和重大经济损失事故）的昼夜频次分布进行了统计，结果发现，在一天 24 小时内，事故频次分布很不均匀，并大致呈现三个事故多发时间，即 9 时前后，14 时和 0 时。另外，凌晨 3 时前后也分布较多，国外有人曾把凌晨 3 时左右发生事故较多的现象称为"魔鬼的凌晨 3 点"。

某企业在一年内的不同月份事故发生的次数差异很大，见表 2-6。全年中 5 月、10 月事故发生率最高；6 月、7 月、8 月持续在较高的水平上，事故发生率最低的月份为 4 月、9 月、11 月，大约是 5 月事故数量的 1/4，是 10 月事故数量的 1/2；其他 4 个月份则在中等水平。据统计，在一般工业生产行业中，一年中事故发生的规律是：6 月、7 月、8 月三个高温月份和 12 月、1 月两个受年底和春节影响的月份事故发生率较高，其他月份则相对较低。

表 2-6　某企业在一年内的不同月份事故发生的次数差异

月份	1	2	3	4	5	6	7	8	9	10	11	12
事故数	27	23	25	17	51	32	29	31	18	35	13	24

2.4.3　睡眠、意识觉醒水平与药物因素

1. 睡眠不足与睡眠失调

人的一生约有 1/3 的时间在睡眠中度过，可见睡眠对人类生命活动的重要性和必要性。人在觉醒状态下工作、学习和劳动之后所产生的脑力、体力的疲劳，必须经过充足的睡眠才能得以解除。但是，有很多人常处于睡眠不足或睡眠失调的状态中，对人的生理和心理产生不利影响，并会增加人在劳动活动中的心理和行为的不稳定性。

睡眠不足是指相对个人睡眠习惯，睡眠时间较少的情况。但在某些病理状态下，如患有失眠症或嗜睡症的人，他们在一般的休息时间里，不能达到恢复精力的睡眠效果，也会经常出现睡眠不足的状态。引起睡眠不足的原因是多种多样的，除了病理性失眠症之外，大多数是由于各种原因耽误了睡眠时间所致。如夏季高温季节，天气炎热难以入睡，特别是上早班的工人，下午直到晚上休息时，天气较热难以入睡，到下半夜凉爽一些时又快要起床上班了。还有很多情况是因忙于其他工作（如参加会议等）、家务、社交或业余娱乐活动而耽误

了睡眠时间，造成睡眠不足。

睡眠失调即觉醒与睡眠关系的失调，根本来讲是人脑活动昼夜节律的破坏。轮班工作已被认为是引起睡眠失调的主要因素。轮班工人睡眠失调的发生率为 10%～90%（通常在 50% 以上），而日班工人睡眠失调的发生率只有 5%～20%。轮班工作制下的煤矿工人失眠发生率为 33.6%。大量研究表明，倒班工作与某些官能性疾病有关系。其中，主要的官能性疾病是肠胃病、睡眠失调和神经系统功能紊乱，有时可能产生轻度的头痛、神经过敏、手颤、注意力集中困难等。这些大都对安全生产有不利影响。

2. 意识觉醒水平与作业可靠度

意识觉醒水平是指人脑清醒的程度。中枢系统能否意识集中而注意于当前的活动，以有效而安全地进行其工作，依赖于意识水平层次的高低。意识层次理论将大脑意识水平分为 5 个层次，并根据研究给出了相应的可靠度，见表 2-7。认为人的内在状态可以用意识水平或大脑觉醒水平来衡量，人处于不同觉醒水平时，其行为的可靠性有很大差别。

人处于 0 级状态如睡眠状态时，大脑的觉醒水平极低，不能进行任何作业活动，一切行为都失去了可靠性。

表 2-7　意识觉醒水平与作业可靠度

层次等级	意识水平	对注意的作用	生理状态	可靠度
0	无意识，神智昏迷	0	睡眠、癫痫发作	0
Ⅰ	正常以下，恍惚	不起作用，迟钝	疲劳、单调、打瞌睡、醉酒	<0.9
Ⅱ	正常，放松	被动的，内向的	平静期，休息，常规作业	0.99～0.99999
Ⅲ	正常，明快	主动积极的，注意范围光，注意集中于一点	积极活动时的状态	>0.99999
Ⅳ	超常，极度兴奋	判断停止	紧急防卫时的反应，慌张以致惊慌	<0.9

处于第Ⅰ层次状态时，大脑活动水平低下，反应迟钝，易于发生人为失误或差错。

处于第Ⅱ、Ⅲ层次时，均属于正常状态。其中，层次Ⅱ是意识的松弛阶段，大脑大部分时间处于这一状态，是人进行一般作业时大脑的状态，应以此状态为准，设计仪表、信息显示装置等。层次Ⅲ是意识的清醒阶段，在此状态下，大脑处理信息的能力、准确决策能力、创造能力都很强。此时，人的可靠性比处于层次Ⅰ时高 10 万倍，几乎不发生差错。因此，重要的决策应在此状态下进行，但该状态不能持续很长的时间。

处于第Ⅳ层次为超常状态，如工厂大型设备出现故障时，操作人员的意识水平处于异常兴奋、紧张状态。此时，人的可靠性明显降低，因此应预先设计紧急状态时的对策，并尽可能在重要设备上设置自动处理装置。

3. 精神性药物造成的心理危害及对安全的影响

精神性药物有抑制剂、兴奋剂和致幻剂三种类型。它们能够刺激、抑制或者模拟神经递质化学信使活动，影响人对其他刺激的正确反应。

酒精是一种抑制剂，能够镇定神经活动、减缓身体机能，长期酗酒会使大脑萎缩。在酒精的影响下，人们常出现以下反应：感觉迟钝，观察能力下降；记忆力下降；责任感低，草率行事；判断能力下降，出错率高；动作协调性下降，动作粗猛；视听能力下降，易出现幻象和错听；语言表达能力下降；情绪波动较大，攻击性强；自我意识缺乏，易冒险；易患缺氧症。随着血液酒精浓度的增加，人的操纵能力逐渐降低，对安全作业的影响很大，所以煤矿禁止喝酒的人员下井。

咖啡因、尼古丁属于兴奋剂，能够暂时性地刺激神经活动和唤起身体功能。人们通过服用兴奋剂来保持清醒、提升情绪，但兴奋作用终止后，服用者会感受到一种代偿性的迟钝反应，并且可能感到疲劳、头痛、易怒、沮丧等。

大麻等致幻剂则能够歪曲知觉，使人在没有感觉输入的情况下，也能产生生动形象。幻觉体验达到高峰时，人们通常会感觉到自己与身体分离，情绪往往从愉悦到漠然再到恐慌。

无论是哪一种精神性药物，都具有成瘾性，对人的认知、情绪和行为都有不利影响。据调查，1962—1973 年美国空军发生的 4200 起飞行事故中，与药物有关的占 64 起，与饮酒有关的占 25 起，共计损失飞机 66 架，死亡 128 人。

复 习 题

1. 什么叫神经元？它的基本功能是什么？
2. 神经冲动的传导方式有哪些？什么是电传导和化学传导？
3. 解释大脑皮层的功能及其在人类心理和行为中的重要意义。
4. 遗传是如何影响人类的行为和环境的关系的？
5. 疲劳会对人产生何种影响？应当如何对疲劳进行测评？
6. 意识觉醒水平与作业可靠度有何种关系？

3

第 3 章
认知与安全

3.1 | 感觉、知觉与安全

3.1.1 感觉与安全

人们在生产活动或日常生活中，为了保证安全，首先要对生产的过程、所使用的工具、所加工的对象、所处的环境等有所认识，而人的一切认识都是从感觉开始的。

1. 感觉概述

在日常工作、学习、生活中，人们要避开危险，避免事故的发生，首先需要觉察到危险释放的"信号"，例如，听到背后传来的警铃声，看到黑烟从某处升起，闻到空气中刺鼻的气味，皮肤感受到周边温度的上升……人通过身体各种感官获取信息，了解周围环境正在发生的变化，这些都是人的感觉（sensation）。

"警铃声"是由人耳感受到空气中声波的振动引起的；"黑色"是由烟雾颗粒表面不反射可见光引起的；"刺鼻的气味"是由空气中某些化学物质作用于鼻黏膜引起的；"温度的上升"是由空气热量变化刺激皮肤温觉感受器引起的。这些都是周边环境的个别属性，人脑接收和加工了这些属性，进而认识了这些属性，这就是感觉。因此，感觉是脑对客观事物个别属性的反映。事物的个别属性是指客观事物最简单的物理属性（颜色、形状、大小、软硬、光滑、粗糙等）和化学属性（易挥发与易溶解的物质的气味或味道），以及有机体最简单的生理变化（疼痛、舒适、凉热、饥、渴、饱等）。感觉虽然是一种简单的心理现象，但有极其重要的意义，感觉是认识的起点，离开了对客观世界的感觉，一切高级的心理活动都难以实现，有机体将失去和周围世界的平衡，生命也难以维持。

2. 感觉的产生

感觉是在刺激作用下分析器活动的结果。分析器是人感受和分析某种刺激的整个神经结构，它由感受器、传入神经和大脑的相应区域三部分组成（图 3-1）。

在感觉器官中，直接接受刺激并产生兴奋的装置叫作感受器。它是感觉器官中的感觉细胞或神经末梢，如眼球中视网膜上的视细胞。感受器实际上是一种能量转换器。当外界的各种信息（光、声音、温度等）作用于感受器时，感受器能将各种刺激的能量（机械的、物理的、化学的等）转换成神经冲动，然后通过传入神经传达到大脑皮层的相应区域，从而产生各种感觉。

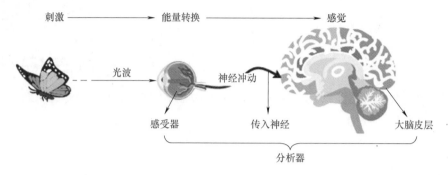

图 3-1　感觉的形成过程

分析器的结构揭示了感觉产生的过程：

1）第一步是刺激过程。心理学将作用于感受器的客观事物叫作刺激物，将刺激物对感受器施加的影响叫作刺激。由刺激引起感受器发生变化的过程叫作刺激过程。在刺激过程中，感受器将各种刺激能量（机械的、物理的和化学的）转换成神经冲动，反映刺激的性质和强度。

2）第二步是传入过程。神经冲动经由传入神经传送到大脑皮层的神经中枢。在传入过程中对信息进行初步加工。

3）第三步是感觉的产生。由传入神经传来的信息先达到皮层投射区，再输送到皮层联合区进行更高级的加工，通过对神经信号的译码，产生对刺激物的觉察、分辨和确认。

分析器的所有部分都是作为一个统一整体而活动着的。其中任何一个部分受到损伤，就不能产生感觉。例如，视觉的产生就是视网膜上的视细胞、视神经和大脑皮层枕叶视觉中枢联合活动的结果，如果眼球、视神经完好无损，而视觉中枢受到损伤，那么这个人还是不会产生视觉。

3. 感觉的分类

感觉依据感觉分析器和它所反映的特定刺激物，可以分为外部感觉和内部感觉两大类。外部感觉是个体对外部刺激的觉察，主要包括视觉、听觉、嗅觉、味觉和皮肤觉。内部感觉是个体对内部刺激的觉察，主要包括运动觉、平衡觉和机体觉。其中，视觉和听觉是最重要的感觉。各种感觉对应的适宜刺激及其分析器组成详见表 3-1。

4. 感受性与感觉阈限

感觉是由刺激物直接作用于感官引起的。但是，并不是所有作用于感官的刺激都可以最终被觉察、分辨和确认，只有特定范围的刺激才能引起感受器反应。感觉的产生，不仅与客观刺激有关，而且与人的主观感受能力有关。人的感觉能力及相应的刺激范围称为感受性（sensitivity）和感觉阈限（sensorythreshold）。

表 3-1 各种感觉对应的适宜刺激及其分析器组成

感觉种类		适宜刺激		分析器		
				外周感受器	传入神经	皮层相应区
外部感觉	视觉	390~800nm 的光波		视网膜上棒状与锥状细胞	视觉神经	枕叶区的视区
	听觉	频率范围 16~20000Hz 音强范围 0~140dB		内耳蜗管内的科蒂氏器官（螺旋器）	听觉神经	颞叶区的听觉区
	嗅觉	气体分子到达一定浓度，不同物质浓度不一		鼻腔上部嗅膜中的嗅细胞	嗅觉神经	颞叶内部的嗅区
	味觉 甜觉	溶解于水或唾液中有味道的化学物质	0.1mol/L 浓度的蔗糖	分布在舌面、咽喉部、额及会厌上的味蕾	味觉神经	颞叶内部的味区
	酸觉		0.0018mol/L 浓度的醋酸			
	苦觉		0.000008mol/L 浓度的奎宁			
	咸觉		0.01mol/L 浓度的氯化钠			
	皮肤觉 触觉	物体的机械、温度或电的作用		皮肤上和外黏膜上的各种专门感受器。如迈斯纳氏触觉小体、巴西尼氏环层小体、克劳斯氏球、罗佛尼氏小体和皮层深处的自由神经末梢等	肤觉神经	皮层上中央沟后回代表点，皮层下区部位有关代表点
	冷觉					
	温觉					
	痛觉					
内部感觉	运动觉	肌肉收缩程度与四肢位置变化		肌肉、筋腱、韧带、关节中专门感受器	动觉神经	皮层上中央沟前回（乙状回）
	平衡觉	人体位置所发生的重力、方向的变化		内耳迷路中的前庭和三半规管	静觉神经	颞叶区内的静觉区
	机体觉	有机体内部各器官、各系统活动的改变		位于消化、呼吸、循环、泌尿、生殖器官中小壁和植物性神经系统的神经节中	机体觉神经	皮肤上的代表点和丘脑

（1）绝对感受性与绝对感觉阈限

人能感受到的最小刺激是多少？音乐声要轻到什么程度才不会被别人听见？灯光的亮度要低到什么程度才不会被人们看到？这些问题指的就是各种刺激的绝对感觉阈限（absolute sensory threshold），也就是产生感觉体验的最小刺激量，用 R 来表示。在实验室里，心理学家是这样对绝对感觉阈限进行操作性定义的：某一刺激在多次实验中能够有一半的次数被准确探测到的强度。人的感官觉察这种微弱刺激的能力叫作绝对感受性（absolute sensitivity），用 E 来表示。

绝对感受性可以用绝对感觉阈限来衡量。绝对感觉阈限越大，即能够引起感觉的最小刺激越大，感受性就越小。相反，绝对感觉阈限越小，即能够引起感觉的最小刺激越小，则感受性越大。因此，绝对感受性与绝对感觉阈限在数值上成反比，可用公式表示如下：

$$E = 1/R \qquad (3-1)$$

显然，绝对感觉阈限是存在个人差异的，如一个人闻到了某种微弱的气味，但是身边的朋友却没有闻到。同一个人在不同精神状态、身体状态下，其绝对感觉阈限也不尽相同。人的各种感觉的绝对阈值都很低：就视觉而言，健康的眼睛可以看到晴朗的夜空下约 50km 外的一只烛光；就听觉而言，人的耳朵在安静环境下能听到约 6m 外手表的嘀嗒声；就味觉而言，人的味蕾能品尝出约 7.5L 水中的一茶匙糖的味道（一茶匙糖的体积大概为 4.94mL）；就嗅觉而言，人的鼻腔能够嗅到 1L 空气中散布的 10^{-8}g 的人造麝香的气味。低于绝对感觉阈值的刺激，即便它存在，人类也感受不到。

（2）差别感受性与差别阈限

同时觉察多个刺激的情况下，当两个刺激属于同类时，它们之间强度的差异必须达到一定程度，才能引起差别感觉。刚刚能引起差别感觉的刺激物间的最小差异量，即两种刺激被视为不同刺激的最小物理差异叫作差别阈限（difference threshold），也叫作最小可觉差（just noticeable difference，JND）。人对于最小差异量的觉察能力，叫作差别感受性（difference sensitivity）。差别感受性与差别阈值在数值上也成反比例：差别阈限越小，即能引起差别感觉的刺激物间的最小差异强度越小，差别感受性就越大。当两个刺激的差别低于差别阈限时，人就不能准确地觉知到有多个刺激的存在。这意味着，如果环境当中存在两个以上的刺激需要被感知，或者需要人能觉察到环境中某种刺激发生的变化，那么这些刺激之间的差异或刺激的变化量必须达到一定的数值。

德国心理学家韦伯（Weber）在研究感觉的差别阈限时发现：引起差别感觉刺激增量 ΔI 与原刺激量 I 的比值是一个常数 K，也称为韦伯分数，用公式表示为 $K = \Delta I/I$。这个公式也叫韦伯定律。也就是，当刺激强度低的时候，最小可觉差也小；当刺激强度高的时候，最小可觉差也大。那么根据韦伯定律，当室友要求你调低在看视频音量时，如果原来音量很高，那么你必须把音量调低很多，室友才能感觉出音量的变化；反之，如果音量已经很小了，你只需要做微微调整，你的室友就能感觉到。

不同感官之间 K 值是不相同的，不同感觉韦伯分数见表 3-2。在各种感官通道中，听觉对差异的感受是最灵敏的。

表 3-2　不同感觉韦伯分数

感觉类别	韦伯分数
重压（在 400g 时）	0.013 = 1/77
视觉明度（在 100 光量子时）	0.016 = 1/62
音高（在 2000Hz 时）	0.003 = 1/333
响度（在 1000Hz，100dB 时）	0.088 = 1/11
举重（在 300g 时）	0.019 = 1/53
皮肤压觉（在 0.045N/mm^2 时）	0.136 = 1/7
橡皮气味（在 200 嗅单位时）	0.104 = 1/10
咸味（在每公斤 3g 分子当量时）	0.200 = 1/5

后来的研究表明，韦伯定律仅适用于中等强度的刺激。对于过弱或过强的刺激，韦伯分数都会发生变化。

5. 感觉的特性与安全

感觉有以下五个特性，它们都和安全有密切关系。

（1）对机体状况和感觉器官功能的依赖性

不管是哪种感觉都与一个人的机体状况有关。人的机体不健康或有缺陷，都直接影响感觉的发生和水平。例如，患感冒和鼻炎的人，其嗅觉敏感度会急剧下降。因此，为了使人的感受性保持正常，在安全生产中发挥作用，劳动者首先应有一个健康的体魄。有了疾病，也要注意及时医治。带病工作虽精神可嘉，但从安全的角度看，却不一定可取，这样做可能会增加事故的隐患。

机能健全的感觉器官是感觉的物质基础和先决条件。虽然绝大多数人在正常情况下，都有较高的感受性，但个体差异比较大，而且从事不同工种的生产对某种感觉能力的要求也不尽一致。因此，为了使人与工作相匹配，在工种分配时应该对从业者的感受性进行检查和测定。例如，对驾驶员来说，视觉是非常重要的，因此对他们的视力应有特定要求。按我国机动车驾驶有关管理规定，申请大型客车、牵引车等准驾车型的，两眼裸视力或者矫正视力达到对数视力表 5.0 以上。患有红绿色盲的人因辨不清红绿信号灯，因而不宜驾驶机动车辆。

（2）所有感觉都与外在刺激的性质和强度有关

一种感受器只能接受一种刺激。刺激包括刺激的强度、作用时间和强度-时间变化率三个要素，将这三个要素做大小不同组合可以得到不同的刺激。能引起感觉的一次刺激必须达到感觉阈下限，同时，不能超过感觉阈上限，否则感觉器官将受到损伤。基于这一点，为了保证安全生产，就要恰当控制外界刺激的强度，并根据不同目的适当调节和选用刺激方式。例如，作业现场的照明光线，既不能太弱，太弱会大大降低视觉感受性，也不能太强，太强则使人眩目。

（3）感觉的适应性

所谓适应是指由于刺激物对感受器的持续作用而使感受性发生变化的现象。适应能力是有机体在长期进化过程中形成的，表现在所有的感觉中。它对于人感知事物，调节自己的行为等具有积极意义。例如，在夜晚与白天，亮度相差百万倍，若无适应能力，人就不能在不断变化的环境中精细地感知外界事物，调节自己的行动。但适应期的存在又给人感知事物造成了一定困难。因此，在变化急剧的环境中工作时就有可能出现感知错误，从而成为不安全因素。适应的一般规律为持续作用的强刺激使感受性降低；持续作用的弱刺激使感受性增高。

（4）不同感觉间具有相互作用

对某种刺激物的感受性，不仅决定于对该感受器的直接刺激，而且还与同时受刺激的其他感受器的机能状态有关。例如，飞机噪声（听觉）可使黄昏视觉的感受性降到受刺激前的 20%。听到那种刺耳的"吱吱"声（如电锯发出的声音），不仅使听觉器官受到强烈刺激，而且使人的皮肤产生凉感或冷感。食物的颜色、温度等不仅影响人的视觉和温觉，而且影响人的味觉和嗅觉。不同感觉间之所以具有相互作用，归根结底是因为人体是各种感觉构成的一个有机整体。不同器官虽有不同功能，但它们之间存在相互联系，因而能相互影响。

（5）感觉的模糊性

尽管人的感觉器官具有很强的感受性，但对外界事物变化的感知却并不很精确。而且，虽然外界刺激是客观的，但对不同的个体来说，其感受到的结果却有较大差异。这是因为，感觉作为一种心理现象，并非由纯客观刺激所决定的，而是由客观和主观的相互作用所决定的。从主观来看，人的经验、知识、情绪等对感觉都有很大的影响。基于这一点，在生产活动中，为了弥补感觉的这一局限性，必要时必须借助仪器、仪表等物质手段，以便客观、精确地反映事物及其变化，这种靠仪器、仪表等技术装置将原始刺激转换为人的感官易于接受的形式，被称为间接感知。因此，为了保证生产的安全，应该把直接感知同间接感知有机结合起来。

3.1.2　知觉与安全

当感觉信号被传送到大脑的相应区域，并分别被加工成视觉图像、声音或者其他感觉，接下来又会发生什么呢？这些图像、声音等感觉信息意味着什么？这就必须利用大脑的知觉机制。

1. 知觉概述

有关知觉的概念，此处通过一个简单的实例进行描述：当你望向窗外，可能会看见树，还有停放着的自行车及小汽车等，也可能看见行色匆匆的学生。从认知的角度来说，刚才你已经完成了一项令人惊异的成就——知觉（perception）。在此过程中，你接受了传送到大脑的感觉信号，并综合与解释它所包含的全部信息，这些信息经过大脑的加工，产生了对事物整体的认识，这就是知觉。知觉也可以理解为：人脑对直接作用于感觉器官的客观事物整体属性的反映。

知觉的核心问题在于阐释人是如何赋予所接收信息以意义的。还是上述实例，你向窗外望去时，接收到并以某种方式解释了大量的感觉信息，你"看到"树、人，还有其他一些物体。同样看到一棵树，有人只能认出那是一棵树，有人能认出那是一棵蒙古栎，因为认知是能将自己对这一特定物体过去所有经验的解释与综合。也许你自己并不觉得这种成就有什么了不起，毕竟这一心理过程每分每秒都在发生，你已习以为常了。但是，那些正在创造人工智能系统的科学家发现，研究并试图模拟这样的知觉过程尤其复杂。

2. 知觉的产生与加工

知觉是在人的实践活动中发展起来的。刚出生的婴儿既不能把握物体的远近、大小，也没有关于时间的概念。这些知觉是随着他们后天不断地生活实践才发展完善起来的。因此，一个婴儿听到汽车喇叭声，并不能明确这意味着什么。

知觉的产生首先依赖于感受器将感觉信息输入感觉系统，然后将其"向上"传递到大脑皮层。在大脑皮层，有专门的细胞群来探测具体的刺激特征，如长度、色彩、倾斜度等，这些细胞被称为特征探测器。感觉信息通过特征探测器分析判断刺激的特征：是移动还是静止？是刺鼻的？是灼热的？这些刺激特征通常能够决定最终的知觉结果。心理学家将这些特性的加工过程称为自下而上的加工（bottom-up processing）或数据驱动加工（data-driven-processing）。但是自下而上的加工过程并不是唯一发挥作用的过程。

知觉的产生不仅与具体的客观刺激有关，还与感知者的目标、过去经历、知识、心理预期、动机与文化背景有关。人在知觉过程中，不仅需要加工由外部输入的感觉信息，还需要加工在头脑中已经储存的相关信息。后面这种加工叫作自上而下的加工（top-down processing）或概念驱动加工（concept-driven-processing）。例如，在漆黑的夜晚，看到两束灯光在快速移动，即使看不到汽车的轮廓，也能很轻易地判断那是一辆快速行驶的汽车，这正是由于对汽车信息的储备弥补了外在感觉信息的缺失。

知觉加工的方式

这两种加工过程在知觉过程中相辅相成、交互作用，使知觉更加完整精确。一般来说，人在知觉过程中，非感觉信息越少，所需要的感觉信息就越多，自下而上的加工占优势；反之，如果非感觉信息越多，所需要的感觉信息就越少，自上而下的加工占优势。

3. 知觉的分类

（1）根据主导感官划分

根据知觉时起主导作用的感官来划分，可以把知觉分为视知觉、听知觉、嗅知觉、味知觉等。例如，对物体的形状、大小、距离和运动的知觉属于视知觉；对声音的方向、节奏、韵律的知觉属于听知觉。应该说明，视知觉只是表明在知觉形成过程中视觉起主要作用，并不意味着其他感觉就不起作用，而是起次要作用。例如，在听知觉中，常常有动的成分参与。

形状知觉是脑对物体形状特征的反映，它是人类和动物共同具有的知觉能力。但是，由于劳动和社会生活的作用，使人类产生了特有的形状知觉的能力，如识别文字的能力、分辨各种复杂社会表情的能力等。形状知觉是视觉、触觉、动觉协同活动的结果：物体在网膜上留下其形状的投影，提供视觉信息；眼睛沿着被观察对象的外缘轮廓扫描，提供动觉信息；手在物体表面触摸，提供触觉信息。这三类信息在大脑内被整合加工，形成形状知觉。

大小知觉与知觉物体的大小及其在网膜上投影的大小有关：投影大，知觉为大；投影小，知觉为小。然而，单靠投影大小并不足以判断物体大小，因为网膜上投影的大小不仅与物体大小成正比，也与物体和眼睛的距离成反比。相同距离，网膜上的投影大，知觉物体就大；网膜上的投影小，知觉就小。同一投影，距离大，说明实物就大；距离小，实物就小，如图 3-2 所示。在实际大小知觉中，通常会参照环境中的其他物体来把握知觉对象的距离与参照物体的大小比例。此外，对物体的触摸觉经验及眼球沿物体的轮廓进行长、宽、高的扫描，都为大小知觉提供了依据。

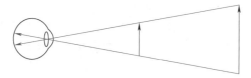

图 3-2　投影固定，距离与知觉大小的关系

物体远近距离或深度的知觉称为深度知觉，也叫距离知觉。形状知觉属于二维空间的知觉，而深度知觉涉及三维空间的知觉，即不仅能知觉物体的高和宽，而且能够知觉物体的距离、深度、凹凸等。深度知觉比形状知觉复杂得多，人们是通过一些线索来知觉物体的深度与距离的，如生理线索（晶状体的调节幅度等）、单眼线索（如被知觉物体的遮挡、线条透视、相对高度等）、双眼线索（双眼视差）等。

人生活在一个充满运动的世界，物体的运动特性直接作用于人脑，为人们所认识，就是运动知觉。运动知觉对人和动物的适应性行为有重要意义：为动物提供了猎物和天敌来临的信号，也为人类生活和工作提供必要条件。例如，行人在过马路时，既要估计来往车辆的距离，又要估计它们行驶的速度。知觉运动的线索在于环境之中，物体运动时不断地掩蔽和暴露出不动的背景的某些部分，这使人能够知觉物体的运动。

（2）根据知觉对象状态划分

知觉还可以根据知觉对象的存在状态来划分。由于事物都具有时间特性、空间特性和运动特性，因此知觉可以区分为时间知觉、空间知觉和运动知觉。运动知觉上文已讲，在此不再赘述。

时间知觉（time perception）是对客观现象持续性和顺序性的感知，一般认为是"知觉到的现在"，是人实现运动控制、语音识别等过程的必要条件，是我们有效安排日常生活和工作的前提，可以区分为时距知觉和时序知觉。其中，时序是指人们能将两个或两个以上的事件知觉为不同的并且按顺序组织起来。时距是指界于两个相继事件之间，间隔时间的长短。人们能够对时距长短做出判断和估计，但又不完全等同于物理时距。同样长的物理时距，人有时会觉得长一些，有时又会觉得短一些，会受到个体的唤醒状态、情绪态度、知识经验、刺激属性等因素的影响。例如，快乐的时光总是转瞬即逝，而等待却显得特别漫长。时间知觉是形成人的时间观念的重要基础。时间知觉差，会造成时间观念不强，从而使工作拖沓、零乱，缺乏有序性，工作无效率，也可能知觉到的时距低于实际时距，造成心理上的紧张，动作慌乱，出现差错。

空间知觉（space perception）是对物体距离、形状、大小、方位等空间特性的知觉，它包括形状知觉、大小知觉、方位知觉、深度与距离知觉、立体知觉等。空间知觉是多种分析器协同活动的产物，视觉、触觉、动觉等的经验与相互联系，对空间知觉的形成具有重要作用。

（3）错觉

知觉还有一种特殊的形态就是错觉，人在出现错觉时，知觉的映像与事物的客观情况不相符合。错觉的种类有很多，常见的有大小错觉、形状错觉和方向错觉、形重错觉、倾斜错觉、运动错觉、时间错觉等。其中，大小错觉和形状错觉、方向错觉有时统称为几何图形错觉。几何图形错觉是种类最丰富的错觉，下面介绍几种较典型的几何图形错觉。

1）水平-垂直错觉：两条等长的直线，一条垂直于另一条的中点，那么垂直线看上去比水平线长一些，如图3-3a所示。

2）缪勒-莱耶错觉：两条等长的直线，由于向外的箭头似乎有视觉上的延伸作用，使下面的直线看上去比较长一些,如图 3-3b 所示。

3）潘佐错觉,也叫铁轨错觉,两条交于一点的射线中间有两条等长的直线,靠近夹角的直线看起来更长,如图 3-3c 所示。

4）多尔波也夫错觉:两个相等面积的圆,位于大圆中的看起来比位于小圆中的面积小,如图 3-3d 所示。

5）冯特错觉:两条平行直线被许多菱形分割后,看起来这两条平行线向内弯曲,如图 3-3e 所示。

6）佐尔拉错觉:一些平行线由于附加线段的影响而看成不平行的,如图 3-3f 所示。

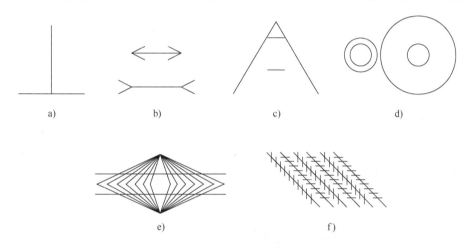

图 3-3 几何图形错觉

错觉是不正确的知觉,它提供给人们的是不正确的信息,而根据不正确的信息所做出的判断和决策必然也是错误的。因此错觉会直接影响人们对事物的正确认识,进而对安全造成危害。因此,研究错觉有实践意义,有助于消除错觉对人类实践活动的不利影响。例如,飞行员在飞行中的空间定向障碍在很大程度上是由错觉导致的,这可能会导致严重的飞行事故。研究这些错觉,在训练飞行员时增加有关训练,或通过仪器、仪表等加以辅助识别,避免事故的发生。

从积极的方面来说,人们可以利用某些错觉为人类服务。例如,设计师利用错觉原理通过色块的搭配制作的立体斑马线呈现出 3D 立体效果,用立体斑马线来模拟路障,可起到减缓车速的作用,如图 3-4 所示。

图 3-4 3D 立体斑马线

4. 知觉的特性与安全

知觉有以下几个比较明显的特性,它们都和安全有密切关系。

（1）知觉的选择性

人在生活中时刻会接触大量的外部事物,但不可能同时都把它们纳入知觉对象,而总是根据当前需要有选择地把其中一部分作为知觉对象。在心理学中,知觉的选择性就是指当客观事物作用于人的感官和头脑时，总是有选择地、优先地反映少数对象或对象的部分属性，而对其余事物或事物的属性则反映得比较模糊的心理现象。一般来说，被清晰地知觉到了的事物便是知觉的对象；而其他模糊知觉到的事物便是这种对象的背景。王安石有诗云：浓绿万枝一点红，动人春色不须多。这里，枝头一点红就是诗人知觉的对象，浓浓的绿叶枝条就是知觉的背景。

人们知觉某一对象的难易，受知觉对象本身及其所处背景两个方面的影响。首先，对象和背景之间的差别越大，把对象从背景中区分出来就越容易，反之就越困难。例如，仪表指针和刻度表盘的颜色如果一样或顺色，则不易辨别出指针的位置，因此在进行设计时应尽量使之反差加大；反之，则易造成误读。周围环境噪声很大，再大的警告信息也不容易被听清楚。其次，刺激物各部分之间的组成方式也影响知觉的选择性。在时间上连续相接或在空间上相隔较近的事物易被人知觉到；在形状、大小、颜色、强度等物理特性方面相似的事物因其构成一个整体而容易被知觉到。此外，在相对静止的背景上，运动的刺激物比静止的刺激物更容易被人感知；在混乱的运动背景上，向同一方向运动的有序的事物易作为知觉对象被感知。此外，知觉者的经验、兴趣、爱好及职业等也都影响知觉对象的选择。

两可图形（ambiguous figure）也叫双关图形，是指图形本身在没有发生改变的情况下，可以在不同时刻被知觉成不同对象的图形，它显示了知觉中对象与背景的关系。常见的两可图形有花瓶-人脸图如图 3-5a 所示、老妇-少女图如图 3-5b 所示。

a)　　　　　　　　　　b)

图 3-5　两可图形

（2）知觉的理解性

人的知觉与记忆、思维等认知过程有密切联系。人在感知当前事物时，总是根据以往的知识或经验来理解它们，力求对知觉对象做出某种解释，使它具有一定的意义，心理学中把知觉的这种特性称为知觉的理解性。观察隐匿图形的过程就体现了这一特性：面对这样一幅斑点图（图 3-6），人们总是试图理解画中的信息，而非将其视为一堆杂乱无章的斑点。

图 3-6　斑点图

和感觉相比，知觉在更大程度上依赖于人的主观态度和过去的知识与经验。同样的外界刺激，对于具有不同知识背景和经验的人来说，其知觉的内容对事物的理解与否及深刻性等会有很大差异，正如那句俗语所言："内行看门道，外行看热闹"，一名有经验的老师傅一眼就可以看出机器运转是否正常或者故障出在哪里。除人的知识、经验外，言语的指导或提示、实践活动的任务、情绪状态等也影响对知觉对象的理解。例如，当环境复杂、对象的外部标志不很明显时，运用言语提示，可唤起人们对过去经验的回忆，有助于对知觉对象的理解；在安全工作中，作业现场的安全警示标志、公共场所的语音提示信息，都能帮助现场人员更好地理解观察到的事物的危险性。

（3）知觉的恒常性

客观事物可能瞬息万变，如物体在颜色、大小、形状或亮度等方面会因其运动状态、距离远近、环境背景不同而使其在感官上形成的刺激发生变化，但是知觉却可以在这种变化下保持对事物相对不变的映像，这就是知觉的恒常性。

在视觉范围内，恒常性主要有以下体现：一扇门从关闭到打开，在视网膜上投影的形状会不断变化（图3-7），但人始终知觉为长方形，这是形状恒常性；一个同学从远处逐渐走近你，他在你视网膜上的投影逐渐变大，但你对他身高的知觉不变，这是大小恒常性；在亮光下看煤块，仍能把它知觉为黑色，这是明度恒常性；室内的家具在不同光源照射下仍被人知觉为同一颜色，这是颜色恒常性。

图3-7　形状恒常性

一般来说，对对象原有的知识和经验越丰富，就越有助于感知对象的恒常性。此外，知觉恒常性还和环境有关。熟悉的环境有助于保持知觉恒常性。知觉恒常性是人长期实践的结果，是人认识世界的需要。

知觉恒常性的积极意义在于：它保证人在瞬息万变的环境条件下，仍能感知事物的真实面貌，从而有利于人适应环境。这对安全生产也很重要。例如，虽然有时某些东西挡住了视线，人们仍能感知其被遮掩部分。但知觉的恒常性也会给人带来错误的判断，因为它对于真正变化了的情况仍用原来的经验或老眼光去理解，因而不能随时调整自己的判断，使人易犯经验主义的错误，从而给安全带来消极的影响。例如，某电厂工人下夜班后看到电梯门开着就跨进去，而电梯由于厅门连锁失灵，轿厢并不在该层，结果造成坠落事故，人受重伤；又如某变电所值班员操作时由于跑错间隔，用钥匙无法打开刀闸的锁，误以为该锁已生锈遂用锯子将锁锯开，强行操作造成带负荷拉刀闸事故。

（4）知觉的整体性

知觉的整体性是指在过去经验的基础上，人的知觉系统具有把个别属性、个别部分综合成为整体的能力。从图 3-8 可以看出，虽然这 7 个点之间无任何线段连接，但仍会看到一个三角形和一个长方形。但是，如果点的数量和分布发生变化，知觉的结果也会不同。可见，知觉的整合作用离不开各个组成成分的特点。

对个别组成成分的知觉又离不开事物的整体特点。图 3-9 就体现了知觉的整体对部分的作用。该图的中间字符"13"，当它处于数字序列中时，可把它看成数字"13"；当它处于英文字母序列时，又可把它看成字母"B"。如果只看中间字符，就无法确定它到底是什么。可见，离开了整体情境，离开了各组成部分的相互关系，部分就失去了它确定的意义。

图 3-8　七点图　　　　　　　　图 3-9　整体对部分的作用

知觉的整体性是知觉的积极性和主动性的一个重要方面。它不仅依赖于刺激物的结构，即刺激物的空间分布和时间分布，而且依赖于个体的知识经验。正所谓"窥一斑而知全豹"，经验丰富的安全工作者可以从一个细小的隐患预见可能诱发的事故，从而采取措施防患于未然。另一方面，由于知觉的整体性，人们有时会忽略部分或细节的特征。例如，人们在检查自己编写的文件时，由于对整体文章和语句的感知是比较熟悉的，有时就难以发现句中个别漏字或顺序颠倒的字词，这就是由于整体知觉抑制了个别成分的知觉。

（5）知觉惯性

知觉惯性又称知觉定式（perceptual set），是指发生在前面的知觉直接影响到后来的知觉，产生了对后续知觉的准备状态。在图 3-10 中，如果先看图 a，再看图 b，那么很容易把图 b 看成萨克斯吹奏者；如果先看图 c，再看图 b，那么很容易把图 b 看成一位女性的肖像。

a)　　　　　　　　　b)　　　　　　　　　c)

图 3-10　知觉定式

知觉者的需要、情绪、态度和价值观等也会产生定式作用。生活中经常会有这种情形：如果今天心情好，于是对一切事情都觉得美好，待人也和气。这实际上就是一种定式，一种把所有事物都知觉为美好的倾向。定式也有强弱之分，如果一个人的某种需要特别强烈，那么他知觉与该需要有关的事物或对象的定式也会特别强烈。

心理定式现象的存在是因为人们在知觉过程中，必须依赖经验来组织和解释人们所不熟悉的信息，这也是提高知觉速度的一种心理策略。但是，一旦过去形成对现实世界的错误观念，以后就很难再看到真实的东西。用在社会认知中，就是人们平时说的"成见"。所以，人在对环境或他人的认识中，还是要充分地利用自己的感官接收更多的客观信息，避免受自己的偏好或他人评论的引导的影响，产生不恰当的心理定式。

3.2 记忆、注意与安全

3.2.1 记忆与安全

1. 记忆的概述

记忆（memory）是在头脑中积累和保存个体经验的心理过程，从信息加工的角度讲，人类的记忆是一个对信息进行编码、存储和读取的信息处理系统。在一个人的经历中，曾经感知过的事物、思考过的问题、采取过的行动、练习过的动作、体验过的情绪和情感，都会有一部分在头脑中保留下来，形成记忆。人类的记忆是一种积极的、能动的活动，记忆与感知系统密切合作：从感觉之中获取信息，并将其转变为能够被存储和被读取的有意义的模式，只有经过这种编码转变的信息才能被记住。同时，人们也是有选择性地接受外界信息，只有对主体有意义的信息，才会有意识地进行记忆。

记忆无论在人的日常生活中，还是在生产、工作和学习中，都有十分重要的作用。首先，记忆是人们积累经验的基础。没有记忆，人类的一切事情都得从头做起，无法积累经验，人类的各种能力也就不能得到提高，危险也就无法避免，安全也就没有保障。其次，记忆是思维的前提。人脑的思维需要对丰富信息进行加工来完成，而信息的储存要靠记忆。可见，没有记忆就难以思维，更不可能做出预见性判断，缺乏预判，人类就不得不承受着更多的风险，并为此付出更多的代价。

2. 记忆的分类

根据记忆内容的不同，记忆可以分为情景记忆（episodic memory）和语义记忆（semantic memory）。情景记忆是根据时空关系对某个事件的记忆，与个人的亲身经历分不开，如曾经走过的街道、参与过的活动。语义记忆是人们对一般知识和规律的记忆，与特定的时间、地点无关，如记住一些定义、公式等。

根据记忆过程中有无意识参与，可以分为内隐记忆（implicit memory）和外显记忆（explicit memory）。内隐记忆即个体在无意识情况下，过去经验对当前作业产生的无意识影响。例如，高尔夫选手不需要有意识地思考如何移动自己的身体就能做出挥杆的动作，学生没有进行专门的记忆也能说出自己教学楼的颜色。与之相反，外显记忆是在意识的控制下，过去经验对当前作业产生的有意识的影响，如为了考试而复习的知识。

根据记忆内容的性质，将记忆分为陈述性记忆（declarative memory）和程序性记忆（proceduralmemory）。陈述性记忆是指对有关事实和事件的记忆，如学生在课堂上学习的各种知识和回忆到某一地点的开车路线都需要陈述性记忆。程序性记忆是指如何做事情的记忆，它往往需要通过多次尝试才能逐渐获得，在利用这些记忆的时候不需要意识参与，也就是属于内隐记忆。例如，在学习开车时，先学习掌握关于驾驶汽车的各种理论知识，这属于陈述性记忆，然后在教练的指导下不断练习，掌握驾驶的技能，这属于程序性记忆。

3. 记忆的结构与加工过程

（1）记忆的结构

记忆是个结构性的信息加工过程，记忆结构由三个不同的子系统构成：感觉记忆（sensory memory）、短时（工作）记忆（short-term memory）和长期记忆（long-term memory），每一子系统对记忆的最终结果都有独特的贡献（表3-3）。

表3-3　记忆结构的三个子系统比较

	感觉记忆	短时（工作）记忆	长期记忆
功能	为便于短时记忆筛选信息而短暂保留信息	参与控制注意力，为刺激赋予含义，将信息与事件联系起来	存储信息
编码	具有鲜明的形象性	通过听觉编码和视觉编码，以便长期记忆存储	按照语义类别编码、语言特点编码、主观组织编码
存储容量	$12 \sim 16s$	7 ± 2 个组块	无限
保存时间	约 $0.25s$	约 $20 \sim 30s$	无限
生理基础	感觉通路	与海马体和额叶有关	大脑皮层

感觉记忆也称感觉登记，它稍纵即逝，只会将视觉、听觉、嗅觉、触觉和其他感觉信息保留不到 $1s$ 的时间。如看电影时，人可以将原本静止的图像看成是运动的，就是由于感觉记忆的作用。感觉记忆使这些感觉信息能够保留足够长的时间来接受大脑审查，决定哪些信息能够进入短时记忆。

短时（工作）记忆从感觉寄存器中选择性地提取信息，然后将其与长期记忆中存储的信息进行关联，进行新旧信息的加工，有时人们会感觉某种事物看起来很熟悉，就是这种关联。这一过程中会选择有意义的信息进行编码，以便长期记忆存储。短时记忆可以将信息保留 $20 \sim 30s$，且容量有限，大致为 7 ± 2 个组块，如不加区号的固定电话号码位数长度没有超出短时记忆容量，所以可以很方便地通过当下一次诵读后将号码拨出，但手机号码位数因为超出了短时记忆容量范围，要在收听一遍诵读之后就拨出全部 11 位数，会感觉比较困难。短时记忆的内容如果得到复述的机会，就有可能进入长时记忆，以备日后提取。

长期记忆从工作记忆那里接收信息，并且根据词语和概念的意义进行编码，意义相似的词语或概念被连接到了一起，所以可以把长时记忆视为一张巨大的、由各种关联交织起来的网。就目前研究所知，长时记忆的容量是无限的，目前还没有人能够使长时记忆容量饱和。长时记忆就像头脑中的脚手架，建立的关联越多，它能保留的信息就越多。而且，除非遭受外部伤害或罹患疾病，长时记忆有时存储的时间长度甚至是人的余生。

（2）记忆的加工过程

人类的记忆是一个信息加工的过程，是在一定时间内展开的，可以分为编码（encoding）、存储（storage）和提取（retrieval）3 个基本过程。感觉记忆接受外界的信息，短时记忆对其进行选择性编码并将其输入长时记忆，而长时记忆的信息也可以在需要的时候被提取到短时记忆中，如图 3-11 所示。

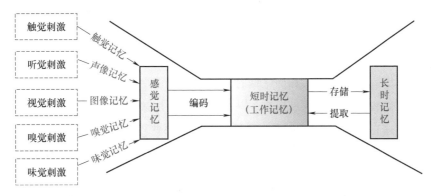

图 3-11　人类记忆模型

在生活中，人们会接收到大量感觉信息，记忆就是将其变为可以储存和读取的有意义的模式。因此，记忆的第一步就是将接收的感觉信息编码成为有用的格式。记忆的三种子系统中都有编码过程的存在，感觉记忆编码主要依赖于感觉信息的物理特征，短时记忆编码方式主要有听觉编码和视觉编码两种形式，长时记忆根据词语和概念的意义进行编码。这一过程是自动而迅速进行的，以至于人根本意识不到。例如，即便你没有刻意去记住早饭吃了什么，但是你还是能轻而易举地回想起来。有关概念的记忆，如"知觉"的定义，通常需要你努力地进行编码才能形成有用的记忆，这叫作精细加工。通常是将新的概念与记忆里现存的信息联系起来，如与具体的事例联系起来，或者与"感觉"的定义联系起来。

记忆的第二步就是存储，这一过程将编码的信息进行保留。复述是短时记忆信息存储的有效方法。复述又分为机械复述和精细复述，单纯的机械复述并不能加强记忆，只有通过将短时记忆的信息进行分析，并与已有经验建立联系的精细复述才能得到好的记忆效果。有效的复习和一些记忆手段是保障长时记忆的信息存储有效的方法。如果你想将那些难记的信息长期保存下来，那么你必须在这些信息消失之前对其进行重新编码。例如，收听学术讲座时，你只有几秒的时间在教授的言语中找到某种模式或意义，否则这些信息就会丢失。

记忆的第三步就是提取，这是从记忆中查找已有信息的过程。如果记忆被恰当地编码，那么一个具有提示性的线索能够让记忆系统瞬间找到相关信息。提取大多发生在长时记忆，有再认和回忆两种形式。再认是指人们对感知过、思考过或体验过的事物，当它再度呈现时，仍能认识的心理过程。回忆只是这些经历在头脑中重新出现的过程。不过提取并不总是那么顺利的，因为人类的记忆系统有时会犯错，会扭曲信息。好消息是，有一些有效的办法可以应对这一问题。

4. 克服遗忘提高记忆能力

生产活动中的每一个环节都需要记忆的参与，如为了提高劳动效率，人需要有熟练的操作技能，操作技能是人在后天实践中通过经验的积累而逐步掌握的；同样，为了保证生产的安全，工人们需要学习安全知识，熟悉安全操作规程，掌握机器的性能，接受以往生产事故的教训等，所有这些，都离不开记忆。因此，提高人的记忆能力是提高工作效率、保证安全生产的基本前提。

（1）克服遗忘

长时记忆的提取主要有再认和回忆两种形式，如果记过的内容既不能回忆也不能再认，或发生错误的回忆和再认，这就是遗忘。从信息加工角度来说，遗忘就是信息提取不出来或提取出现错误。遗忘是人的正常生理心理现象，对于那些不必要的、应淘汰的信息的遗忘，遗忘是有积极意义的，但对于必须保持的信息，遗忘是消极的。因此，心理学家致力于研究遗忘规律，以便找出克服遗忘的办法。

德国心理学家赫尔曼·艾宾浩斯（Hermann Ebbinghaus）最早研究了遗忘的发展进程。他自己既是主试者也是被试者，通过记忆一些没有意义的音节，如 YIC、CEX 等，并试图在不同长短的时间间隔后回忆起这些音节。这个方法能很好地测量经过了短至片刻、长至数日的时间间隔后，还有多少信息能够保留在记忆中。图 3-12 就是根据他实验的结果绘制的曲线，这就是著名的艾宾浩斯遗忘曲线。从该图中可以看出，遗忘在学习之后立即开始，曲线起初陡直下降，但随着时间间隔变长又变得平坦。学习后的第一天往往是遗忘信息最多的一

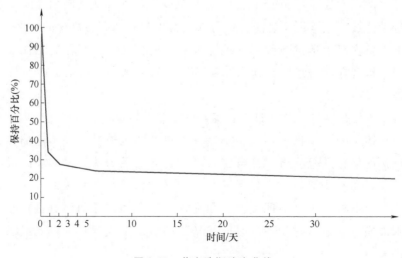

图 3-12　艾宾浩斯遗忘曲线

天，一般在学习 20 分钟后遗忘就可达到 41.8%，而在 30 天之后遗忘仅有 78.9%。后来很多学者重复了他的实验，所得结果与艾宾浩斯的结论大体相同。

遗忘曲线提示人们：学过的知识，如果不经过复习，是不可能永久完全保持在记忆中的。克服遗忘最好的办法就是加强复习，根据艾宾浩斯遗忘曲线合理安排复习时间，利用多样化的复习方式，能有效延长记忆保持的时间。

（2）改善记忆效果

1）用记忆术来提高你的记忆力。记忆术是记忆专家通过将信息与已存在于长时记忆中的信息进行关联而对其编码，并将其保存于长时记忆的方法，如位置记忆法、自然语言中介法、图像转换法等。事实证明，人与人之间记忆方面的差异主要是由于处理记忆材料时的具体做法不同而引起的。研究还发现，所谓的记忆高手并非天生，他们的确都掌握了一些记忆的窍门或有效方法。所以，只要了解记忆的客观规律，学会一些记忆的科学策略和方法，通过不断的练习和实践，任何人都能提高记忆力。

2）有明确目的记忆效果更好。记忆的效果和记忆目的有密切的关系。心理学实验证明，目的对记忆效果有直接影响，在其他条件相同的情况下，记忆目的越明确、越具体，则记忆的效果越好。生活实践和心理实验也表明，只有那些被认为重要的信息，人们才会主动去学习它们、记住它们。

3）集中注意力的记忆效果更好。提高记忆效率，必须从集中注意力开始。注意的选择功能使心理活动指向那些有意义的、符合需要的、与当前活动相一致的各种刺激，同时避开或抑制那些无意义的、附加的、对当前活动有干扰的各种刺激；注意的保持功能使大脑在对外界大量信息进行编码储存时，心理活动处于积极的组织和维持状态。注意的这些特性使客观事物在人脑中反映得更加清晰、完整，记忆得更加扎实、深刻。

4）对记忆对象产生直接兴趣。兴趣分为直接兴趣和间接兴趣，直接兴趣就是对事物和活动本身感兴趣。凡是能引起人的直接兴趣的对象，就记得快、记得久。在生产活动中，为了加强对安全知识的记忆，采取一些生动、有趣的组织方式，如举行安全知识竞赛、安全操作演示，较之枯燥地背诵条例会产生更好地记忆效果。

5）将记忆对象与自己的经历或经验联系起来。在记忆的时候，不要机械地复述材料，而要积极思考，充分调动自己思维的积极性和主动性，与自己头脑中已经储存的信息和经验相联系，与记忆材料建立共鸣，这样能达到深刻理解，较容易记住。前提是，头脑中必须储存较为丰富的信息或经验，因此平时要多留意周围事物，要养成爱学习的习惯。

6）将记忆对象整合为更容易记忆的形式。按顺序的记忆效果优于不按顺序的记忆，把无规则排列的事物，按照一定顺序排列整理，可以是逻辑顺序、时间顺序、空间顺序等；控制每次记忆材料的数量，每次记忆的材料越多，实际记住的反而越少；有节奏、有韵律的材料更易记住，这是因为节奏和韵律能帮助人们迅速和牢固地形成各词之间的联系，因此，把要求记住的较难材料编成顺口溜、打油诗可帮助记忆。

3.2.2 注意与安全

现实生活中，我们会发现，一个人即便在意识清醒、身体健康的情况下，也会对眼前的人或事视而不见、充耳不闻，更不会对其做出什么反应了。这个时候经常会说这个人走神了。走神儿涉及心理学的概念就是注意。

1. 注意的概述

注意（attention）是认知主体心理活动对特定对象的指向与集中，是一种意识的调节状态。

注意有两个特点：指向性和集中性。注意的指向性是指，人在每个瞬间，心理活动或意识总是选择了某个对象，而忽略其他对象。指向性不同，人们从外界接收的信息便不同。注意的集中性是指，当心理活动或意识指向某个对象时，就会在这个对象上集中或紧张起来，同时提高兴奋性，从而抑制与此不相关的对象，保证所指向的活动得以顺利开展。注意的指向性和集中性是密不可分的。当人的注意状态高度集中时，注意指向性的范围就会狭窄。例如，一个人认真看书时，他的心理活动或意识指向的是书中的内容，如果他长时间全神贯注地指向书中的内容，就能排除外界刺激物的干扰。

注意对心理活动具有选择、维持、整合和调节功能，也就是帮助人们选出那些有意义的、重要的、符合需要的刺激，并使其总是保持在意识之中，得到完整认识。此外，当人们需要从一种活动转向另一种活动的时候，注意的调节作用，还能保证个体实现活动的转变，从而适应不断变化的环境。

2. 注意的分类

不随意注意
与随意注意

人对事物的注意有时是自然而然发生的，不需要任何意志的努力；有时是有目的的，需要付出意志的努力来维持。根据引起及维持注意有无明确目的性和意志的努力程度不同，可把注意分为不随意注意、随意注意和随意后注意三类。

（1）不随意注意

不随意注意是指没有预定目标、不需要意志努力的注意，也叫无意注意。引起不随意注意的原因包括刺激物本身的特点及人自身的状态。一般来说，强度越大、与周围环境对比越强烈、具有新意或运动变化的刺激物，越容易引起人们的不随意注意。例如，一声巨响、一种你从未见过的动物、一位极速奔跑的路人都会被你从众多其他事物中毫不费力地注意到。人们自身的主观状态，如需要、兴趣、情绪、态度、对事物所持的期待，以及过去的经验等都会影响人的不随意注意。

不随意注意既可帮助人们对新异事物进行定向，使人们获得对事物的清晰认识，也能够使人们从当前正在进行的活动中被动离开，干扰正在进行中的活动，因而具有积极和消极两方面的作用。人们常将引起不随意注意的因素运用于装潢、广告、安全标语、服装、玩具等的设计上。在工作、学习环境的设计中也要注意避免不随意注意的产生，干扰工作、学习的正常进行。

（2）随意注意

随意注意，又称有意注意，是有预定目的、需要一定意志努力的注意。我们要学习一种新知识，完成某项工作，就需要把注意力积极投入目标对象，甚至需要克服一定的困难，使注意较长时间稳定于目标对象。它是注意的一种积极、主动的形式，是人所特有的注意形式。

随意注意受多种因素的影响，包括活动的目的与任务、对活动的兴趣和认识、人的知识和经验、活动的组织、人的性格及意志品质等。注意活动的目的越明确、越具体，越易引起和维持随意注意；对活动本身或活动结果感兴趣，能产生稳定而集中的注意；与自己已有知识、经验有联系的事物或活动，容易维持随意注意；具有良好生活、学习组织安排能力的人，更容易维持随意注意；具有顽强、坚毅性格特点的人，易于使自己的注意服从于当前的目的与任务，更容易产生稳定而持久的随意注意。

（3）随意后注意

随意后注意，又称有意后注意，是一种有自觉的目的，但无须意志努力的注意。它同时具有不随意注意和随意注意的某些特征。从发生上讲，随意后注意是在随意注意的基础上发展起来的。例如，打字员在初学打字的时候，原本可能并不感兴趣，但为了工作需要，不得不付出很大努力去学习，经过不懈地练习终于将技术掌握得非常熟练，即使不去关注十指的操作，也能迅速地盲打大段文字，这时的注意就是随意后注意。

随意后注意既服从于当前活动的目的与任务，又能节省意志的努力，因而对完成长期、持续的任务特别有利。培养随意后注意关键在于发展对活动本身的直接兴趣及活动的熟练性。对于各种较复杂的智力活动或动作技能，要设法增进对这种活动或技能的了解，让自己逐渐喜爱它，并自然而然地沉浸其中，也可以通过不断练习，使活动的熟练度达到不需意志努力而能继续进行的程度，如有的妈妈飞速地织毛衣。随意后注意的突出特点是自动性。

3. 注意的品质

在进行任务安排和作业设计时，应了解人注意的品质及影响因素。在不增加人注意负担的情况下，使人能合理分配注意资源，维持各项活动的正常进行。注意有几个重要品质，分别是注意的稳定性、注意的转移、注意的广度和注意的分配。

（1）注意的稳定性

注意的稳定性也就是注意的持久性，是指人的心理活动在一定的时间内相对稳定地保持在某些刺激上。如果心理活动不能长时间地保持固定的状态，而是间歇地加强和减弱，就叫注意起伏。注意的稳定或起伏是注意时间特征的呈现。在生产生活中，许多作业要求人们持续稳定的注意。在自动化甚至是智能化的今天，工人们从手动操作者转变为终端监视者，必须时刻保持觉醒状态，此时神经经常处于高度集中状态。心理学家研究发现，任何人的注意不能以同样强度维持30min以上，超过30min，作业效率就会下降，错误率就会上升。这就提示我们在组织活动或安排任务时，应考虑注意起伏现象的客观存在，不宜安排持续时间过长的活动。

注意保持时间的长短与注意主客体两方面都有关系：受人本身生理条件影响，会出现注意的起伏现象，个体对活动目的的理解、兴趣大小、身体状态等也会影响注意的持续时间；

与刺激物的特点有关，单调、缺乏新异性的刺激和工作就不易持续太长时间。如果要保持作业人员注意的稳定性，那么活动的任务应当明确而连贯，内容多样，丰富有趣；作业人员也应运用意志努力，对自己的注意力进行监控、调节。

（2）注意的转移

注意的转移是指人根据任务的变换，把注意资源主动地从一个刺激转移到另一个刺激上，也是注意对象切换速度的特征的呈现。注意转移的快慢难易与注意主客体两方面都有关系：首先，与活动的性质有关，由易转难，较难转移，转移的目的性越强，越容易转移；与人的态度、经验有关，对后继工作没兴趣，自然转移也会较困难，经常进行注意训练也有助于快速转移注意。这里强调"主动转移"。如果是被动转移，则属于注意的分散，即注意力离开当前的活动任务而被无关刺激所吸引，就是发生了人们常说的"分心"现象。客观上，外界的干扰或无关刺激的出现，会引起注意的分散。主观上，作业人员处于疲劳或健康状况不佳时，或内心有其他担忧、焦虑或关注的情况时，也容易受无关刺激的影响。

（3）注意的广度

注意的广度也叫作注意的范围，是指人在一定时间内能够知觉的对象的数量。能够知觉的对象数量越多，换句话说就是注意的广度越大。影响注意范围的因素有三个：一是知觉对象的特点，有规律的、集中的、互相联系的刺激，注意范围大；二是任务要求，如看东西既要求记住形状，又要求记住颜色，就比只记一种注意范围大；三是人的经验，经验越丰富，操作越熟练，注意广度越大。因此，在生产中，应尽可能将操作或者监控对象排列整齐有序，避免分散、无序，操作者也应丰富自身经验储备，平时多积累、多练习。实践证明，有经验的技工注意的范围更广，这是他们经常训练的结果。

（4）注意的分配

注意的分配是指人们在同时进行两种或几种活动时，将认知资源分配给不同的注意对象。严格地说，在同一时刻，注意不能分配，即所谓的"一心不能二用"。但在实际生活中，注意的分配不仅是可能的，还是必要的，如驾驶人开车，不仅要注意前面的路况，还要不时查看后视镜或两边道路的情况。能否合理注意分配，是有条件的：

1）同时进行的几种活动都是比较熟练的，而其中一种活动需达到自动化水平，才能做到注意分配。就像经验丰富的驾驶人，他可以边开车边关注前后左右的路况，是因为他的驾驶技术已经达到不需意识努力就能正确操作的程度。

2）取决于活动的复杂程度，如果是同时进行两种脑力劳动，注意分配困难；如果是脑力和体力活动同时进行，脑力活动的效率会降低很多；如果同时进行的活动过多，出现时间负荷过载，那就无法实现注意分配，哪怕很简单的事情做起来也会犯错。

4. 安全注意力

雷森（Reason）在1990年最先提出人因失误是由安全注意力下降所致。安全注意力下降会影响员工正常的安全警觉性和安全判断力，容易出现不安全行为。

总的来讲，安全注意力是指人对安全生产的关注程度，即对作业环境中的信息进行选择，关注与安全生产相关的刺激信息，排除与安全生产无关的刺激信息。安全注意力水平越高，则越能及时控制和预防生产生活过程中的危险有害因素，实现安全生产的目标。与注意的品质相结合，安全注意力的广度就是人在作业环境中安全注意力的范围，是指人在某一时刻内能清楚地观察或认识到与安全生产有关的信息对象的数量；安全注意力的稳定性反映了人对安全生产的持续性注意程度，是指人在生产作业过程中的一定时段内，较为稳定地将注意力集中于安全生产活动，是衡量安全注意力品质的重要指标；安全注意力的分配是指人在生产过程中的同一时间内对两种或两种以上的安全刺激信息进行注意，或将安全注意力分配到各项生产操作中；安全注意力的转移是指在生产过程中人可以依据安全生产目标主动将安全注意力从一个对象转移至另一个对象。

保持作业人员安全注意力，应从个人因素、工作环境、安全管理多个层面综合处理。一方面，作业人员应当通过意志努力保持恰当的注意状态，指向明确抗干扰、注意集中不涣散、维持稳定不疲软；另一方面，作业环境的设计和安排也应当有利于作业人员保持注意的良好状态。例如，要恰当控制刺激的强度。强烈的刺激干扰，会引起作业者的无意注意，使注意对象转移而引发事故。作业设备摆放应条理有序，避免杂乱无章，以防缩小注意的范围，特别是在紧急情况下，造成注意选择的困难。此外，进行作业安排时，要了解注意起伏的规律，尤其是高度紧张需要意识集中的作业，其持续时间也不宜过长。

3.3 思维、决策与安全

3.3.1 思维与安全

1. 思维的概念与特征

思维（thinking）是一种高级认知活动，是个体对客观事物本质和规律的认知，是认识的高级形式。在安全生产中总结事故原因、判断一处隐患、评估风险程度，所有这些想问题、做判断、拿主意、定措施、想办法的心理活动，都是思维活动。认知心理学认为，思维是以已有知识和客观事物的知觉映像为中介，形成客观事物概括表征的认知过程。按照信息论的观点，思维是人脑对进入人脑的各种信息进行加工、处理变换的过程。

思维不同于感觉、知觉和记忆。感觉、知觉是直接接受外界的刺激输入，并对输入的信息进行初级加工。记忆是对输入的刺激进行编码、储存、提取的过程。思维则是对输入的刺激进行更深层次的加工，它揭示事物之间的联系，形成概念，并利用概念进行判断、推理，解决人们面临的各种问题。但思维又离不开感觉、知觉、记忆活动所提供的信息。人们只有在大量感性信息的基础上，在记忆的作用下，才能进行推理，做出种种假设，并检验这些假设，进而揭示感觉、知觉、记忆所不能揭示的事物的内在联系和规律。

思维具有以下一些基本特征：

（1）思维的间接性

思维的间接性是指思维对事物的把握和反映，是借助已有的知识和经验认识那些没有直接感知过的或根本不能感知的事情，以及预见和推知事物的发展进程。例如，人们常说的"以近知远""以微知著""举一反三""闻一知十"等，就反映了思维这种间接性。因而，在生产过程中，人们不必非要自己亲身经历过事故，通过分析他人已经发生过的事故案例，也能获得预防事故发生的经验，掌握事故发生的原因和规律，从而做到防患于未然。

（2）思维的概括性

思维的概括性是指人脑对于客观事物的概括认识过程。所谓概括认识，就是它不是建立在个别事实或个别现象之上，而是根据大量的已知事实和已有经验，通过舍弃各个事物的个别特点和属性，提取它们共同具有的一般或本质属性，进而将一类事物联系起来的认识过程。通过思维概括可以扩大对事物认识的广度和深度。例如，1941 年美国安全工程师海因里希（Heinrich）统计了 55 万个机械事故，通过对大量个别、似乎是偶然发生的事故调查和原因分析，提出了著名的海因里希法则。

（3）思维和语言具有不可分性

正常成人的思维活动，一般都是借助语言实现的。语言的构成是"词"，而任何"词"都是已经概括化了的东西，如人、机器、人—机系统等都反映的是一类事物共有或本质特性。利用语言进行思维大大简化了思维过程，也减轻了大脑负荷。

2. 思维的分类

（1）直观动作思维、形象思维和抽象思维

依据凭借物的不同，可将思维分为直观动作思维、形象思维和抽象思维。

直观动作思维是以具体动作为工具解决直观而具体问题的思维。例如，骑行中自行车出了故障，人们会下车检查自行车的相应部件，找出故障部位，进而排除故障。这种通过实际操作解决直观问题的思维活动，就是直观动作思维。

形象思维是以头脑中的具体形象来解决问题的思维活动。它的思维形式或采用的"思维元素"是具有直观性的表象，如图形、符号、语言等，是一种运用很广泛的思维。例如，在做任何事情之前，人们会先在头脑中规划这件事应该怎么做，具体步骤是什么，然后再按照规划的步骤具体做这件事。

抽象思维，也叫逻辑思维，是以抽象的概念作为思维元素来进行的思维。当人们面对理论性质的任务时，需要运用概念、理论知识来解决问题。例如，学生学习各种科学知识、思考数学问题，科学工作者进行某种推理、判断，都要运用这种思维。逻辑思维是人类思维的典型形式。

在正常成人身上，上述三种思维往往是互相联系、互相渗透的，单独运用一种思维来解决问题的极少。从思维的发展来看，经历着从动作思维到形象思维，再到抽象思维的过程。

（2）辐合思维和发散思维

依据思维活动的方向和思维成果的特点，思维可分为辐合思维与发散思维。辐合思维是指人们利用已有知识经验，向一个方向思考，得出唯一结论的思维。辐合思维是一种有条理、有方向、有范围的思维活动。例如，由 A>B，B>C，C>D，得出唯一结论：A>D。发散思维是指人们沿着不同的方向思考，重新组织当前的信息和记忆系统的信息，产生大量、独特的新思想的思维。例如，如何预防事故？回答这个问题可以从不同角度思考，诸如加强安全监管、加大工人安全培训力度、安全隐患排查等措施。这种思维方式在解决问题时，可以产生多种答案，得出大量不同的结论。究竟哪种答案最好，则需要经过检验。

（3）常规思维和创造思维

根据思维活动及其结果的新颖性，思维又可分为常规思维和创造思维。对已有知识经验没有进行明显的改组，也没有创造出新的思维成果的思维叫作常规思维。对已有知识经验进行明显的改组，同时创造出新的思维成果的思维叫作创造思维。创造思维是高级的思维过程，它是辐合思维和发散思维的有机结合。

3. 思维的品质与安全

思维的品质是衡量思维能力优劣、强弱的标准或依据。一般思维的基本品质主要通过思维的广阔性、批判性、深刻性、灵活性、敏捷性等体现出来。

（1）广阔性

思维的广阔性是指能全面而细致地考虑问题。具有广阔思维的人，在处理问题初做决断时，不仅考虑问题的整体，还照顾到问题的细节；不但考虑问题本身，而且还考虑与问题相关的一切条件。思维的广阔性是以丰富的知识经验为基础的。知识经验越丰富，就越有可能从事物的各个方面、各种内外的联系中来分析问题、看待问题和解决问题。因而思维的广阔性是安全的保证。

（2）批判性

思维的批判性也称思维的独立性。它是指在思维中能独立地分析、判断、选择和吸收相关知识，并做出符合实际的评价，从而独立地解决问题。思维的批判性或独立性是使自己保持创新头脑的重要品质。具有较强的思维批判性或独立性的人，往往有较强的自主性，对别人提出的观点和结论既不盲目地肯定和接受，也不盲目地予以否定，而是经过深入思考，得出自己独立的见解。相反，缺乏思维批判性的人，往往没有自己的主见，容易受他人的影响。在生产活动中，这种人极易出事故，并且出了事故还不知道什么原因导致的事故。

（3）深刻性

思维的深刻性是指能深入事物的本质考虑问题，不被表面现象所迷惑。具有深刻性思维的人，喜欢究根究底，不满足于表面的或现成的答案。缺乏思维深刻性的人最多只能透过现象揭示其浅层次的本质，而具有思维深刻性的人则能揭示其深层次的本质，看出别人所看不出来的问题。例如，要分析事故发生的原因时，有的人只考虑造成事故的直接原因，而有的人则看得更深，不仅考虑直接原因，而且考虑造成直接原因的原因，从而能找出防止事故发生的根本措施和方法。

（4）灵活性

思维的灵活性是指一个人的思维活动能根据客观情况的变化而随机应变、触类旁通，不受思维定式的消极影响，可以将问题转换角度，使自己的经验迁移到新的情境之中，从而提出不同于一般人的新构想、新办法。平时人们所说的"机智"，主要是指思维的灵活性。思维灵活的人不固守传统和已得的经验，当一个思维方向受阻时可以转换到其他方向上去，但不是无原则地看风使舵，也不等于遇事浅尝辄止。思维不灵活的人往往表现得比较固执，爱钻牛角尖，"一条道跑到黑"，"撞了南墙也不回头"，思想僵化，遇事拿不出办法。

（5）敏捷性

思维的敏捷性是指能在很短的时间内提出解决问题的正确意见和可行的办法来，体现在处理事务和做决策时能当机立断，不犹豫、不徘徊。思维的敏捷性不等于思维的轻率性。思维的轻率性也表现出快速的特点，但往往浮浅且多错。思维的敏捷性是思维其他品质发展的结果，也是所有优良思维品质的集中表现。它对于处理那些突发性的事故具有特别重要的意义。因为在这种情况下，即使是短暂的延误，都可能造成更为严重的后果，受到更大的损失或伤害。

此外，思维的品质还涉及思维的条理性或逻辑性、思维的新颖性和创造性等。它们在安全生产中也是非常重要的。思维的条理性差，说话、办事就会缺乏条理。表达不清，让人不知所云或办事丢三落四，则极易引起事故。思维的创造性差，凡事处理都总是老一套，对简单问题可能还有效，但遇到新问题就会抓瞎。总之，良好的思维品质是人们做好一切工作的最重要的主观条件和基本保证。

4. 思维品质的提高

为了改善自己的思维品质，增强思维的效能，提高思维能力，行之有效的办法有以下四点：

第一，要多参加实践活动，在广泛的实践活动中有意识地锻炼自己。实践是一切认识的根源，也是发展人自身能力，包括思维能力的最根本的途径和手段。

第二，要善于学习。学习是丰富自己的知识储备，增加记忆表象的重要方法。实践可以使人们获得直接经验和亲身体验，学习则可以使人们获得别人的经验，把间接经验变成自己的知识财富，从而为思维加工提供更多的材料，同时也为思维向广阔性、灵活性与敏捷性方面发展提供实际可能。值得指出的是，在学习中，一般工人大多倾向于学习那些直观的、可立即应用的现实性知识，而对理论知识，则认为抽象难学，从而有所忽视。这种状况对提高思维能力是不利的。理论知识反映的往往是概念性的或者规律性的知识，它的覆盖面更宽，对现象的把握更深刻，更能引发人的思考。学习理论知识是提高思维深刻性的重要途径。

第三，要勤于动脑。思维是脑的功能，勤于动脑就是养成爱思考的习惯。只有勤于思考，凡事多动脑筋，才能积累思维的经验，掌握一些必要的思维技巧和方法。现在，因为智能手机的普及，很多碎片时间都被手机占满，失去了宝贵的思考时间，应每天留一些独立思考的时间，从手机的依赖中释放出来。

第四，要克服不良心理。注意克服影响思维效果和效率的不良心理，如负面情绪、缺乏耐心和恒心、浮躁等。

3.3.2 决策与安全

决策作为人类日常生活中不可或缺的一部分，在人们的社会生活中日益重要。决策的科学性不仅关系个体和家庭的生活质量，影响企业的经营管理，甚至影响国计民生。决策作为自然科学和社会科学紧密结合的综合性研究领域，与心理学、管理学、经济学、统计学和数学等诸多学科关系密切。

1. 决策的概述

虽然决策涉及人们日常生活中的方方面面，但对于什么是决策，并没有一致的结论。各学者从不同的研究角度出发，认为决策有着不同的定义。

西蒙（Simon）认为，决策（decision-making）涉及对备选方案进行比较和评估的过程。决策是问题解决过程中的一个部分。问题解决是指对目标与手段的搜索、判断、评价直至最后的选择的全过程。在这个范围内，西蒙将决策定义为对备选方案进行评估和选择的过程。哈斯蒂（Hastie）认为，决策是一种高级的认知过程，是人类智力活动的核心成分。决策与判断是人类根据自己的愿望（效用、个人价值、目标、结果等）和信念（预期、知识、手段等）选择行动的过程。根据信息加工的观点，决策是信息反映多对一的映射关系。也就是，为了产生一个选择往往要获取大量的信息，并对它们做出评价。

决策具有三个核心特征：

1）结果的不确定性。这种不确定性是由世界的概率性质决定的，一个给定的选择可能产生不同的结果，如果某些可能的但不确定的结果是令人不悦或代价昂贵的，那么这种不确定决策就是有风险的。

2）时间因素。时间在两个方面影响决策进程。首先，有些决策一次性就可以完成，有些决策则需要很长时间，随着事态的发展不断做出决策。其次，时间压力也会对决策进程的本质造成重要影响。

3）经验因素。经验会从多个方面影响决策。专家往往可以在面临决策问题时，立刻凭直觉本能地做出正确的决定，而新手往往要权衡良久，还可能做出错误决定。

2. 决策的信息加工过程

决策过程是一个信息流动和再生的过程：在决策的各个阶段，信息在信息源（通过信息载体）和决策者之间交互，将知识、数据、方法等传递给决策者，影响决策的制定；同时，决策形成过程中产生的新知识、新数据、新方法又回流到信息源，经过信息载体的整理加工生成新的信息记录下来，并同时完成信息载体中错误、陈旧信息的修改更新工作；信息对决策的影响还体现在决策实施过程中，信息流可以随时把出现的情况和问题反馈给信息载体，经过信息再生过程后记录下来，用以指导新的决策工作。

图 3-13 是决策的信息加工模型。

第一阶段是线索搜寻阶段，决策者需要从环境中寻找线索或信息，这些线索或信息常常透过不确定的"迷雾"来进行加工，它们可能是模糊的或可能被错误解释。选择性注意就是指选择加工哪些线索（被感知具有更高的价值），过滤哪些线索，这在决策中起到关键作用。这样的选择是以过去的经验（长时记忆）为基础的，需要付出努力或者注意资源。

第二阶段是情境评估或诊断阶段。选中的和觉察到的线索现在成为决策者理解、意识和评估所面临的情境基础，这一过程也被称为诊断。这时，决策者对事件的当前和将来状态持有假设，这些假设将成为决策的基础。诊断过程依据两个来源的信息：经过选择性注意过滤而来的外部线索（自下而上的加工）和长时记忆存储的信息。后者为决策者提供了系统状态的各种可能的假设，并且为每一种假设可能成真的概率或期望提供评估（自上而下地加

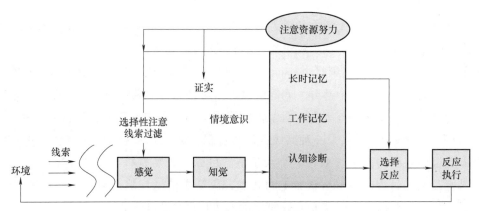

图 3-13　决策的信息加工模型

工）。决策与其他信息加工过程的区别在于其诊断或情境评估往往并不正确。这可能是源于线索的不确定性，抑或源于决策者自身的选择性注意和工作记忆等加工进程的缺陷。

第三阶段是行动选择阶段。决策者能够根据长时记忆生成一组可能的行动路线或备选方案，但是如果对事件的诊断是不确定的，那么可用其不同的选择结果来审视相应的选择风险。风险需要综合考虑两个变量：发生的概率和后果好坏的程度。底部的主反馈回路精确地反映了决策的迭代本质。首先，决策的后果反馈有时可以用来协助改善诊断。其次，反馈可能在一个学习的进程中起作用，来改进整体决策的质量，如从过去的错误中汲取经验。这种反馈可能最终在长时记忆中被处理，被决策者用于修正其决策的内在规则或进行风险评估，也就是决策的技巧。

3. 决策的分类

在实际生活中，通常存在两种决策情境：一是确定性情境，该情境中的几种决策方案是确定的，个体根据主观价值判断做出决策；二是不确定性情境，该情境中的几个决策方案是不确定的，即每个方案的客观价值或获得概率是不确定的或两者都是不确定的。很显然，在现实生活中，人们面临更多的是不确定情境中的决策。例如，驾驶人在驾驶过程中需要根据车况、路况等多种信息操纵汽车。因此，驾驶人做出驾驶决策是作为一种不确定情境中的决策而存在的。

传统上，不确定情境中的决策又可分为两类：一是概率已知的不确定性决策，通常称为风险决策；二是未知概率的不确定性决策，通常称为模糊决策。风险决策是指在两个或两个以上的、不以决策者的主观意志为转移的环境条件下，决策者根据自己的概率判断所做的决策。风险决策需要满足以下条件：①决策者希望达到的目标明确；②存在着两个或两个以上的不同类型的环境条件，这些环境条件的出现不以决策者的主观意志为转移；③尽管决策者不能控制环境条件，但决策者有能力准确或相对准确地预知各种环境条件出现的概率；④存在两个或两个以上的备择方案。在风险决策中，各种环境的概率可以按经验或推理来进行确定。例如，在一副扑克牌中抽出一张牌，这张牌是红心 A 的概率是 1/54。模糊决策是指在出现两个或两个以上概率未知的环境中，决策者根据主观的概率判断所做的决策。在模糊决策环境中，有关环境的概率人们没有办法按经验或推理来估计，因为没有相应的频率或概率分布可做参考。因此，在模糊决策环境中，个体完全按照主观概率来进行决策。安全生产中致害事件与后果事件的关系（例如物体打击导致人身伤害）可以看作概率确定的风险事件，但前因事件与致害事件关系（例如未戴安全帽与遭受物体打击）并不是概率确定的，这就使人们在对前因事件引发后果事件的关系做判断时，更有可能采用模糊决策，完全按照主观概率决策，当其主观经验中缺少类似事件时，就有可能低估前因事件的风险程度。

4. 决策的影响因素

（1）生物学因素

有关性别的研究表明，决策在男性与女性决策过程中存在着显著的差异。当然，性别差异的背后也可能体现的是男性和女性在行为动机、认知加工、社会身份认同等方面的社会的、心理的差异。

有关年龄的研究表明，与成年人相比，虽然青少年看起来更勇于承担风险，但青少年很少会做出明智的决策。例如，青少年存在更多的危险驾驶、不安全性行为及滥用酒精等。但这并不是由于逻辑推理能力发展缓慢引起的，而是由于两者之间心理能力（冲动控制、抵制同伴影响等）发展水平的差异导致了决策上的差异。由于青少年的心理能力正处于发展阶段，因此其情绪管理、延迟满足及抵制同伴影响的能力并没有达到最佳状态。由于决策受到心理能力与逻辑推理能力交互作用的影响，青少年的这种状况就使其不能很好地做出决策。

（2）心理学因素

1）成就动机。成就动机高的人因其强烈的争取成功的倾向，导致了其对机会的积极认知。成就动机低的人则因对失败的回避，强化了威胁认知。成就动机中的"逃避失败"变量对个体在风险情境中的反应方式及机会—威胁认知也具有显著影响。

2）情绪。人类在决策过程中，个体对刺激的情绪反应比认知评价更快、更为基本。这种促使个体做出初步、快速评价的第一反应，往往是自动产生的，并在随后影响个体的信息加工和判断。正性情绪状态下，个体倾向做出概率性决策，更倾向于规避风险；而在负性情绪状态下个体倾向做出非概率决策，更倾向风险偏好。

3）框架效应。由于描述方式的改变而导致决策者选择偏好发生改变的现象称为框架效应。框架效应的动态特性受任务性质、任务内容和所处情景的共同影响。框定效应在大概率时存在而在小概率时不存在甚至与之相反。在获取决策信息的过程中重新表述编辑过的决策信息便形成自我框架。自我框架对风险选择的效应部分显著，且对风险选择的影响方向会因情景的不同而不同。自我框架在情绪上的差异也对风险决策有着显著影响。

积极信息条件下，个体更多采用自动加工策略，更倾向于风险寻求；消极信息条件下，个体更多采用控制加工策略，更倾向于规避风险。

4）风险偏好。风险偏好表明了决策者对风险的态度。不同决策者对待风险的态度存在明显的个体差异，对风险的认知及个体成就动机的不同也使其在情景中的反应方式存在显著差异。对于风险偏好的理论研究主要有效用理论和组合理论两种。效用理论认为，人的决策的目的是获得备选方案的效用最大化。效用是决定决策行为的直接因素，决策任务的得益与损失特征能明显影响人们对他人风险偏好的预测。

5）决策风格。决策风格是决策者对问题的思考与反应，以及认知、价值观及处理压力的方式。决策风格主要用来定义个人如何思考周围环境和处理信息及决策的方式。因此，决策风格可以预测个体的决策行为。决策风格是一种决策习惯，是决策过程的个人特征。决策风格反映的是一个决策者决策过程中带有明显个人特征的心理活动。依据理性方式可将决策风格划分为分析型与启发型。分析型决策风格在收集资料、分析资料、整合备选方案之后选择最佳方案；启发型决策风格则运用常识和直觉来做决策。

3.4 人失误的预防

3.4.1 基于信息加工处理的行为模型

因人失误造成的安全问题已经成为现代人机系统中日渐突出的一个问题。要减少事故的发生，甚至消除人因失误，就必须找出人的失误机理，对症下药。心理学家对其进行了长期不懈的研究，迄今为止，提出了诸多典型的人员认知模型或框架，基于这一框架更深入地理解人失误，为人失误的预防提供了理论基础。

1. Wickens 信息处理模型

威肯斯（Wickens）提出了信息处理模型，如图 3-14 所示。该模型以信息流的方式分析了人的认知与信息加工过程。在这个模型里，操作人员像是一个信息处理器，外界的刺激首先触发他接收信息的过程，接着对信息进行分析，并根据分析结果做出决策与计划，最后执行操作。在信息加工过程中，最后做出的执行反应往往导致环境的变化，也就是产生了新的环境信息。新的信息会被感知，形成反馈路径。

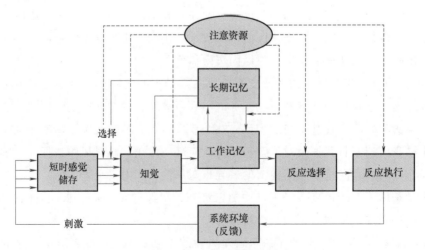

图 3-14　Wickens 信息处理模型

资料来源：威肯斯等，《工程心理学与人类绩效》，泰勒和弗朗西斯出版社，2015 年。

在信息加工过程中注意是非常重要的一个环节，它起到两个非常重要的作用：第一，是对感觉和知觉到的信息的过滤器作用，注意选择具有某些特点的信息进行下一步加工，而挡住其他信息；第二，为信息加工的不同阶段提供注意资源，在加工各个阶段都需要注意的加入，以便更好地完成这一环节。注意力资源影响着信息分析、决策与计划、执行三个阶段及工作记忆的存储，要确保操作人员集中处理某个任务，需要避免或减少注意力的分散。

2. S-R-K 模型

拉斯姆森（Rasmussen）从人机交互的角度，将人的认知模型与人因失误相结合，提出了一个解释人的行为的认知行为模型。该模型将人的行为分为技能型（skill-based）、规则型（rule-based）和知识型（knowledge-based）三种类型，该模型也简称 S-R-K 模型，如图 3-15所示。

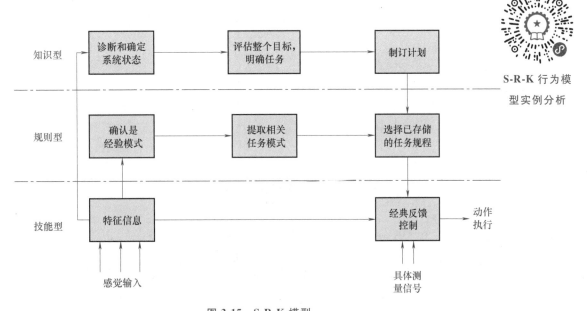

S-R-K 行为模型实例分析

图 3-15 S-R-K 模型

资料来源：拉斯姆森，《信息处理和人机交互》，1986 年。

在技能型行为中，操作者面对非常熟悉的任务场景，做出的已经高度熟练、自动化了的习惯性反应，即 S-R 模式的行为过程。这样的行为模式往往无须有意注意或复杂的分析判断。该种行为模式取决于操作人员的能力水平和对该项任务的经验。

在规则型行为中，操作者面对比较熟悉的操作任务，在对当前信息处理的基础上，从记忆经验中提取符合当前信息的操作规则，并调动相应的技能，构建所需的行为系列，最后加以实行，是 S-O-R 模式的行为过程。

在知识型行为中，操作者面对没有成熟的动作规程，甚至是从未出现过的情景时，既有经验规则无法对当前刺激做出解释，没有相对应的行为可以选择，必须从对外部状况的认知和解释出发，做出相应的决策和行动计划，调用已经掌握的技能，按照计划执行相应的动作。

3. 通用认知模型

通用认知模型最早是由雷森（Reason）于 1987 年提出的，如图 3-16 所示。通用认知模型是基于 S-R-K 模型并参考人的"问题求解"框架思想而开发的，其主要特点包括：第一，它以 S-R-K 模型为基础，采用将人的认知行为分为三种行为模式；第二，它使用"问题求解"框架构建具体行为模式中人的认知行为过程，而没有使用认知功能或认知模块，建立了三个层级的行为之间的关系。不同层级的行为经历不同的认知过程，最终通过执行行动达成行动目标。人有许多技能型和规则型水平上的活动，即使到了知识型水平，也要返回到技能型和规则型水平进行后续活动。通用认知模型从技能、规则、知识三个认知水平，将人的认知行为过程综合为一个有机整体。

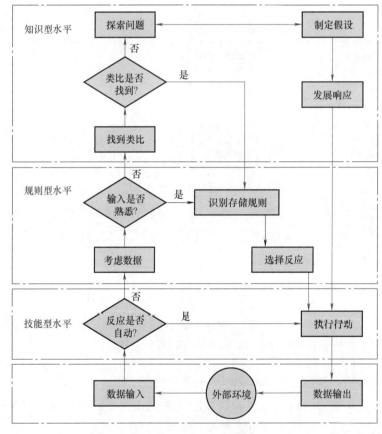

图 3-16　通用认知模型

3.4.2　人失误的类型和原因

1. 人失误的类型

按照对失误的不同关注方向，可以将人失误做不同的分类。

（1）执行意向中的失误和建立意向中的失误

在不同层级的行为中，人的感知、判断参与深度不同，行为的基础不同，人失误的表现形式和原因也各不相同。

雷森使用拉斯姆森模型将人的失误按照行为中意向的参与情况分为在执行已形成行为意向的过程中发生的失误和建立意向过程中的失误。执行行为意向中的失误，主要体现在技能型行为中，表现为疏忽和遗忘。疏忽是指意图正确，但采取了错误的动作；遗忘是指在该采取动作的时候没有采取动作。疏忽和遗忘与操作过程中注意力不集中、刺激-反应间的关联性错误有关。建立意向过程中的失误，主要发生在规则行为中，表现为错误和违反。错误是指意图和动作都发生差错。违反是指操作者有意识或受环境迫使不得不采取违背现有规则的行为。

（2）可观察的失误和不可观察的失误

埃里克·霍尔纳格尔（Eric Hollnagel）提出的认知可靠性与失误分析方法强调情境环境对人的行为的重要影响，认为人的失误不仅有行为表现上的可观察的失误，还有发生在对情境的认知、判断等思维过程中的不可观察的失误。可观察的行为失误主要表现为执行中在动作方式、时间、目标、顺序上的失误或动作的遗漏。不可观察的失误主要是在认知过程中观察、解释和制订计划中的失误。观察过程的失误表现为观察目标错误、错误辨识和没有进行观察；解释过程的失误表现为诊断失败、决策失误、延迟解释；制订计划中的失误表现为不适当的计划、优先权错误。

（3）认知失误和行为失误

综合雷森和霍尔纳格尔的观点，人失误主要体现为认知的失误和行为的失误两大类。

华莱士（Wallace）将认知失误定义为人们在正常能力范围内能够完成的任务，但未能完成。这个定义意味着一个人拥有完成任务的能力，但是其他因素会干扰任务的完成。认知的失误主要体现在感知、记忆、注意和判断决策几方面。感知失误的基本表现是作业人员对作业环境中的人-机-环境系统中作用于感官的各种刺激觉察和识别的失误。记忆失误的基本表现是作业人员未能检索到相关和熟悉的与工作相关的信息。注意失误的基本表现是作业人员在工作时无法将注意力集中于任务和与任务相关的信息。判断决策失误的基本表现是作业人员在对有关状态或操作是否安全进行分析判断、推理决策等思维活动时出现的失误。

行为失误是作业人员在工作时未能以预期或有目的的方式执行适当的行为或行动，发生动作上的差错。既可能表现为不作为差错，如在设备检修时不断电、不停机，也可能表现为作为差错，如操作方向错误、操作程序错误、操作对象错误、操作强度错误等。

2. 人失误的原因

斯万（Swain）曾经指出，人失误的发生主要有两个方面的原因：一是由于工作条件设计中规定的可接受的界限不恰当，超出了人的能力范围，造成人的失误；二是由于人的不恰当的行为引起的人失误。针对这两方面原因，人失误的预防也应从两方面入手：一是以人的心理活动，特别是认知活动特征为依据，进行符合人的认知能力要求的人-机-环境系统的设计；二是加强对人的管理，特别是行为的监督与检查。

尽管感知和判断决策是个体运用感官和大脑进行信息加工处理的过程，但在这个过程中，外部环境、刺激特点、任务情境等都会对人信息的获取与处理产生影响。因此，要减少这类认知失误，需要在了解人的认知特点的基础上进行人机交互界面、人机作业环境、人机作业活动的合理设计。

行为失误是事故的直接原因，并且因其表露于外，易于观察、易于分析，可以直接采取管理措施对人的行为进行干预，同时也往往成为事故原因分析的重点，但应该看到行为失误常常是感知失误或判断决策失误的延续，是各种失误累积效应的表现。因此，从个人的角度分析事故原因，常需通过外在行为分析其心理层面的原因。

3.4.3 认知失误预防

认知失误主要发生在人与机器、环境交换信息及人的信息加工过程中，因此，减少人的认知失误就需要在人-机-环系统设计时充分考虑人在生理、心理方面的独特性和局限性，进行以人为本的人机设计，使机器运行和作业环境符合人的信息处理的速度、精度和对外在环境的需要。

1. 预防注意失误

注意是各种心理活动所需的一种状态，任何认知过程都有注意的参与，作为认知失误的其中一种类型，预防注意失误显得尤为重要，以下介绍基于人的注意品质在人的作业、环境和设备设计中的四个预防要点。

（1）预防注意起伏的策略

注意的局限性首先表现在注意存在起伏现象。为完成一定的任务，可能需要操作者较长时间将注意集中在某一活动或对象上，这时就需要对活动或操作所需的时间进行测量和设计，应避免迫使人长时间地将注意指向单一的活动或对象，如需较长时间的注意稳定量，就需要对活动加以设计，如增加活动的趣味性、意义性，以维持注意的稳定性。特别是在现代工业生产中，自动化设备的大量引入，人的作业就从直接对设备工具的操作转为对系统运行状况的监控，作业人员很多时候处于单调作业状态，大脑唤醒水平较低，更容易出现注意起伏周期缩短、注意集中程度下降，感受阈限增高，警戒水平下降的情况。这时甚至需要系统通过增加一些虚假信息，要求作业人员做出反应，来保持意识觉醒水平和注意的可靠性。

（2）增加注意指向的策略

注意的局限性还体现在注意的指向往往需要一定的条件，或者是操作者的目标引导、兴趣推动，或者是外部刺激某些能引起注意的特征。通常来讲，处于视野中央的、明亮的、响亮的、新颖醒目的、动态的或具有其他突出特点的刺激，符合人的定向反应的要求，容易引起人的注意。在注意的通道方面，如果在视觉信号加工过程中，突然出现听觉通道和触觉通道的信息，那么后者更容易被注意到；如果视觉信号和听觉信号以同样的频率反映在人的期待模型里，视觉信号会有一定的优势。因此，在环境与机器设计时，应注意人机界面，特别是显示界面的设计，使重要信息在空间、强度、传递通道方面与其他信息有所不同，或以操作者熟悉的形式呈现，从而增加被注意选择的机会。

（3）加快注意转移的策略

有些操作需要操作者灵活的注意转移能力，但是当刺激呈现之间的间隔过短时，操作者对随后出现的刺激的反应就会变得困难，较前出现的刺激和随后出现的刺激之间间隔越短，对随后出现的刺激所需的反应时间越长，甚至无法做出反应。这样的现象称作心理不应期。在心理不应期内，其他的认知活动都是难以进行的。因此，任务的设计，特别是复杂的任务之间的间隔不应过短。需要进行快速的操作转换时，应使操作者对其中任一项操作都能达到"自动化"的程度，也就是反射层次的操作。

（4）实现注意分配的策略

还有些作业要在同一时间内完成多项相同或不同性质的任务，如操纵机器的工人需要一边观察仪表，一边进行控制和调节作业。这些同时进行的工作，需要操作者具有注意分配的能力。需要注意分配的作业，应当为操作人员提供事先的学习和练习，对每一种活动都达到熟悉程度，其中至少一种达到自动化或部分自动化，这是进行注意分配的前提。

注意分配的实现会受到刺激的空间位置、相似程度、刺激的强度和内容等因素的影响。所以，在进行人机界面设计或作业设计时应注意：①同时注意的信号应当处于相邻的位置，否则，如果一个处在注意中心，另一个处在注意边缘，那么处于注意中心的刺激更容易被注意到。例如，汽车后部，中央高位刹车灯就比两侧较低位置的刹车灯更容易被后车驾驶人注意到，从而可减少追尾事故的发生；②需要同时注意的刺激应当刺激强度相当，如果两个刺激强度相差悬殊，那么较弱的刺激就难以得到注意资源的分配；③出现注意分配困难时，应优先考虑重新进行任务设计，避免使操作者处于时间共享过载、注意分配困难的作业条件下，减少对人心理努力程度的要求，如重新设计任务，将一人完成的任务分解为多人合作完成，或重新设计操作程序，避免多个动作同时完成，再或者开发自动化程序，代替其中部分人工作业。

2. 预防感知失误

无论是人的绝对感受性还是相对感受性，都依赖于刺激的强度。所以，一味地通过训练提高人的感觉能力是不可行的，更主要的办法还是基于人的感知特点对刺激的强度、形式、传播等进行合理设计，控制无关因素对感知的干扰和影响，使作业人员能够接收到必要的信息，并做出快速、准确的识别和判断。

（1）提供适宜的刺激

要提供适宜的刺激，使刺激达到能引起人的正常感觉所需的范围。例如，能引起人视知觉的光刺激波长应在 $380 \sim 780\mathrm{nm}$ 之间，正常听力能觉察的声音频率为 $16 \sim 20000\mathrm{Hz}$。刺激强度并不是越强越好，如过度刺耳的警报不仅会使作业人员陷入慌乱、无法思考，还会影响作业人员解除危机必需的交流。再如，人对不同方位图形形状识别的速度和准确性受图形形状本身的影响。日本学者对各种几何图形采用了实验方法来确认其识别特性。实验要求被试者头不转动，眼睛注视中心点，然后将各种图形分别在人眼水平方向各视角处出现 $8\mathrm{ms}$。结果发现，三角形符号最易辨认，在偏离眼睛注视中心点 $35°$ 处三角形符号还能被正确识别；圆和等边六角形在偏离眼睛注视中心点 $20°$ 处就容易辨认出错；其他不特定的图形，一旦偏离眼睛注视中心点就容易辨认出错。处于作业人员不同方位的信息包含图形信息时就应当考虑哪一种图形更能得到准确的识别。

（2）合理化刺激的对比

人极少情况下仅接收到单一的刺激，那么同时接收的刺激之间的对比也成为影响感觉效果的一种重要因素。换个角度看问题，就可以通过制造刺激物之间的对比来影响人的感觉。例如，在对设备仪表盘进行设计时，为了提高读取数值的速度和准确率，要使指针、刻度、字符等的颜色与仪表板的颜色对比更符合色觉原理；从颜色对比清晰度来看，排在前三位的颜色对比依次是黑底配黄字、黄底配黑字、黑底配白字，而不是日常所说的"白底黑字"。

（3）环境设计

通过视觉获取信息，环境照明、感觉对象在环境中呈现的位置都会影响到对刺激物的觉察和识别。一般情况下，环境照明应均匀、稳定，在亮度上，视野内的观察对象、工作面和周围环境的最佳亮度比为 5∶2∶1，最大允许亮度比为 10∶3∶1。刺激物在视野中的位置最好在最佳视野区内，即在静视野中上 30°下 40°，左右各 15°～20°范围内，否则处于视野边缘上，作业者就只能感受到刺激是否存在，而无法进行细节的辨认。

对听觉来讲，噪声声压级大于 40dB 时，听觉阈限的变动与噪声强度成正比。在一般噪声环境中使用听觉设备传递语言信息，信号功率比噪声功率大 6dB 才能获得满意的通话效果。因此，作业场所中传递信息的物理刺激必须考虑其自身与环境强度的对比、掩蔽等效果对作业者信息接收与识别的影响。如果周围环境中存在超过 90 分贝的高频噪声，那么作为信号的声音刺激在低频范围内使用强度较小的声音成分也能很容易听到，效果比在同样的高频范围内使用更高强度的声音还要好。总体来讲，应当尽可能减少环境中的无关刺激，减少对作业人员获取信息的干扰。

（4）作业者的心理准备

作业者的准备状态，特别是对作业的预期会影响对信息的觉察和判断。在一些信号搜索作业中，作业者的预期会帮助作业者预先估计信号出现的时间、方位和表现形式，从而节约信号检索所需的资源、提高效率。因此，设计者应尽可能将信息按照符合使用者预期的模式进行组织，如言语信息可按照文字拼音顺序或意义关联进行组织，图形标示应出现在相关操作区内而不是间隔较远的操作区。作业者的准备状态，还对目标的确认有很大影响。如果作业者对即将出现的信号预期增加时，他更可能将出现的刺激感知为目标信号。例如，一名检验员在预知一批产品因设备问题可能出现瑕疵时，在检验过程中，更可能将产品表现出的一些现象判断为瑕疵。当操作者对检测结果与收益抱有一定的预期时，则会影响对检测标准的把握。特别是当遗漏检测信号可能造成极其严重的后果时，检测人员就会自动调低反应的标准，以保证较低的漏报率，尽管这会增加虚报的可能性。尽管有些时候预期会提高认知的效率，但也使认知结果的不确定性增加。因此，在一般情况下，为提高认知的准确性，还是应当为作业人员提供更完整、有明确意义、便于识别的信息，以自下而上加工为主。在工业设计中，可通过提供检测结果反馈、放大信号强度、降低信号呈现速度、向检测者提供相应的视觉或听觉模型等措施减少这种由于不敏感或反应偏向造成的损失或浪费。

（5）刺激信号冗余设计

在实际工作或生活场景中，还应当考虑当表征信号的某种属性失效或对某类群体失效时，人们有可能无法感知到其存在。因此，按照安全学冗余系统的思想，向作业者提供的作业信号也应当根据需要尽可能进行冗余设计。例如，交通信号灯其实就包含了两套编码系统，首先是采用信号灯的位置编码，然后将颜色作为冗余编码信息。这样无论是对色盲人群，还是遇到信号灯颜色系统失效，信号灯依然能传递交通指令信息。

3. 预防记忆失误

记忆失误也能导致事故，如记错操作指令、不能回忆故障状态下的处置措施等会造成操作错误。在各类预防记忆失误的设计中，应当首选的依然是减少作业对人记忆的依赖、减轻人的记忆负担的措施。

（1）减少短时记忆压力

短时记忆信息激活量有限，信息保存时间较短，特征相似的项目间容易发生混淆，容易受其他任务的干扰等。预防工作记忆差错的首要办法是最小化工作记忆的负荷。减少记忆内容可以通过简化编码系统，使用熟悉的、简短的文字、数字、图形、符号作为复杂内容的表征来实现。在操作时如果能提供操作步骤、操作结果信息可视化反馈或操作动作占用特定的空间位置等，也能减少作业者需要记忆的操作环节，也无须在发生遗忘时重新开始。缩短所需的保持时间则可以借助其他记忆载体或通过改善人机界面实现。例如，windows 视窗系统将多层、多类的操作及操作结果在显示器上即时呈现，大大缩短了对心理上保持这些信息持续时间的需求。其他一些改善工作记忆效果的措施还包括：多通道信息显示，增加信息被扫描的次数；突出记忆项目之间的区别性特征，以减少记忆时的混淆；在指示语中使用简短的词汇和语句，可以避免在执行紧急程序时因指示语记忆错误而发生差错。

（2）减轻长时记忆负担

长时记忆的问题主要是人在将信息存入长时记忆和从长时记忆中提取信息过程中，发生记错、遗忘和提取错误。操作人员不会像设计人员那样对产品及产品使用拥有充分而熟练的认知，系统设计者需要了解使用者的心理模式，即他们在使用相关产品时获得信息和保持信息的模式，而不是只关注信息物理储存和提取的技术。例如，使控制器的操作方向与系统的变化方向保持一致，为不同功能的控制器提供特定的空间位置等，都可以在操作者的认知和机器的状态之间产生逻辑关联，便于操作者记忆，降低识记和提取的难度。长时间的监视作业造成的感受性降低主要是由于监视作业中需要将监视所得信息与记忆中的标准进行比较，以判断机器的运行状况，从而造成记忆负担过重。为减轻这种负担，系统可以持续为作业者提供作业指导信息，如在呈现信号的同时，呈现作业标准，这样就避免了对操作者长时记忆的依赖。这种做法也被称作"把知识放在具体环境里"。此外，将环境和设备标准化也可以起到简化记忆的作用，作业人员无须因设计不统一而增加更多记忆任务。

4. 预防决策失误

即使作业人员在信息的感知和记忆提取方面没有差错，仍然有可能在做出行动选择时出现偏离目标的结果，即决策的失误。各种可能的行动方案价值或效用并不完全相同，但人们往往不具备进行最佳决策的条件，只能是效用平衡的结果，也就是满意策略的决策，进行决策就意味着要承担一定的风险。特别是在信息不完全、复杂多变、有时间压力、结果不确定时，风险越高。当面临环境中的人际压力、成本约束、目标冲突等因素的制约时，决策就变得更为困难。这里主要分析在决策的不同阶段，减少决策失误的办法。

（1）避免信息遗漏

决策首先需要收集信息，但由于注意的选择性和感官功能的局限性，人们只能收集到决策所需信息的部分而非全部，甚至被突出的或较早出现的无关信息所吸引。因此在信息收集阶段，可以通过计算机或其他信息采集设备对信息进行整合与集中呈现，从而减少因作业人员信息遗漏而做出错误的决策。例如，煤矿瓦斯监控系统通过地面终端系统将井下所有监控设备的信号进行集中处理，减少了瓦斯超限报警遗漏的可能。

（2）积累丰富的经验

在做出最终的决策之前，人们总是会综合分析影响行动的各种因素，预见各种可能的结果，形成若干假设的行动方案。在这个阶段决策者的经验就成为一个重要的影响因素。熟练的飞行员和新手在处理模拟飞行器出现问题时，从接收信号到最终采取行动所需的时间差达到45s，这一差异说明，新手对出现的问题形成了更多的假设，做了更多尝试性的行为，因而花费了更多的时间。当前AI技术的发展、大数据的应用，使人工智能的应用更加广泛，但在突发情况的处理方面，经验丰富的作业人员通过直觉判断形成行动方案仍然有计算机不可比拟的优势。

（3）避免风险认知偏差对决策的影响

决策者要在各种方案中做出取舍，这时常常受到各种风险认知偏差的影响而最终采取危险的行为，呈现出有限理性人的特点。一种常见的偏差是对小概率伤害后果的过度乐观，即认为可能的不良后果不会恰好发生在自己身上。另外，人们还普遍存在一种损失厌恶心理。在确定的较小损失和不确定的较大损失两种决策中，人们会更多地选择后者，即尝试更冒险的行动，寄希望于成功的可能。这样的决策偏好使作业者在发生错误操作时，总是企图通过更多的尝试来改变这一错误造成的不利后果，而难以冷静下来思考正确的处理方式。校正认知偏差的办法就是提供不安全行为的真实事例而不是统计数字，触发其情绪体验，同时增加不安全行为被发现的概率和纠正后果的成本，从而降低决策者追逐冒险决策的动机。

针对有限理性人决策的特点，理查德·塞勒（Richard Thaler）认为帮助人们做出有利于他们健康、安全或幸福的决策的办法不是不断地提醒人们进行理性决策或培养人们理性决策的能力，而是按照人们的认知特点和偏好，创设一定的情境或提供特定的信息，使其自然选择最终有利的行为。例如，针对决策者的风险偏好优化安全奖惩措施，强化奖惩的即时效果，从管理上提升不安全行为被发现的概率和减少不安全行为的损失后果，降低安全行为的经济社会成本，增加决策者之间的沟通与评价等，使行为决策者能更多看到不安全行为的消极后果，对不安全行为产生的损失产生厌恶心理，或主动在信息和环境的引导下选择安全行为。

复 习 题

1. 感觉是如何产生的？

2. 什么是绝对感觉阈限和绝对感受性？

3. 什么是相对感觉阈限和相对感受性？

4. 知觉有哪些特性？

5. 什么是错觉？错觉对安全生产有什么影响？

6. 感觉记忆、短时记忆和长时记忆的联系和区别是什么？

7. 简述艾宾浩斯的记忆实验和遗忘曲线。

8. 注意的品质表现在哪些方面？

9. 思维的基本特征是什么？

10. 用信息加工的观点看决策过程是怎样进行的？

11. 简述 S-R-K 模型及不同层级行为失误中的认知失误。

12. 怎样减少认知中的人失误？

第 4 章
情绪、压力与安全

4.1 情绪的组成与功能

人在认识世界、改造世界的过程中，不是无动于衷的。俗语说："人非草木，孰能无情？"人在感觉、知觉、记忆、思维时，总伴随着欢乐、悲伤、厌恶、愤怒、恐惧等情绪体验。美好的事物，使人产生爱慕之情；丑恶的事物，使人产生憎恶之感。情绪作为生物因素与社会因素、先天因素与后天因素相互结合而产生的整合性的心理活动，在个体的学习、工作和身心健康方面均发挥着重要作用。

4.1.1 情绪的定义

情绪如同"时间"和"意识"等概念，人们时刻在经历，却很难对其准确定义，哲学家和心理学家已经争论了 100 多年，仍然没有形成统一的定义。由于关注的情绪成分不同，使用的技术手段和研究方法也不尽相同，因此对情绪的定义也存在很大的差异。根据普卢奇克（Plutchik）进行的一项统计可知，心理学界至少有 90 种不同的情绪定义。身体知觉论、进化论、认知论三种取向的定义，反映了人们对情绪内涵的不同认识。

1. 身体知觉论取向

身体知觉论的观点认为，情绪来自对身体变化的知觉。通常，人首先体验到的是情绪感受（如感到害怕），之后才体验到一系列的身体变化（如心跳加快、手心出汗等）。但是美国科学心理学之父詹姆斯（James）则提出了相反的观点，认为"情绪是伴随对刺激物的知觉直接产生的身体变化，以及我们对这些身体变化的感受。通常认为我们因失败产生悲伤然后痛哭；遇到熊时因害怕而发抖逃跑；然而实际上的顺序应该是因痛哭而悲伤，因为发抖而害怕"。这是心理学界对情绪下定义的最早尝试，尽管现在看来并不完全正确，但这一定义却启发了后来的相关情绪研究。

2. 进化论取向

持进化论的研究者认为，情绪是对环境的适应，尤其是人类祖先在适应自然环境挑战过程中形成的同时动员多个不同成分来应对和解决所遇到的问题。这种进化论的情绪观侧重强调情绪的适应和动机功能。汤姆金斯（Tomkins）认为，"情绪是有机体的基本动机，是一组有组织的反应，当这组反应激活时，能够同时使大量身体器官做出相应的反应模式"。伊扎德（Izard）继承了汤姆金斯的观点，强调情绪的适应性以及情绪外显行为即表情的重要性，通过表情将情绪的先天性、社会习得性、适应性和信息交流功能联系起来，认为"情绪的定义应该包括生理唤醒、主观体验和外部表现三个方面"。以上两种情绪定义都强调情绪是生物体在对自然环境的适应过程中进化而来的，是由基因编码的反应程序，能够被环境中的刺激事件或情境诱发。同时，这种反应程序包括多种成分。

3. 认知论取向

情绪的认知论取向认为，情绪反应产生的前提是对事件的评价。早在古希腊时期，哲学家亚里士多德（Aristotle）就提出过类似观点，他认为感受来自我们对世界的看法以及我们与周围人的关系。例如，愤怒来自我们对他人是否蔑视我们的评价。以阿诺德（Arnold）为代表的情绪认知主义取向研究者认为，情绪来自对某一事件意义和重要性的评价，人对于遇到的事件的重要性评价决定了体验到的情绪类型。情绪认知评价理论强调对外部环境影响的评价是情绪产生的直接原因，并概括出情绪产生的 3 个来源，即外部环境刺激、身体生理刺激和认知评价刺激，兼顾了个体内外环境、皮层和皮层下部及不同心理过程之间的联系。这一取向将认知评价作为情绪反应的核心，能更好地解释不同情绪之间的区别。

由于各种取向对情绪的定义互不统一，各自关注点也有所不同，因此无法对情绪做出明确的定义。上述三种情绪研究取向比较一致的地方在于情绪都伴随着一定的主观体验、外部表现和生理唤醒。区别在于这几种成分的产生顺序不同，并且不同条件下某些成分并不必然出现（例如，个体可以有意识地抑制自己的外部表情）或是以其他方式出现（例如，个体可以有意识地表现与自己内心体验不一致的外部表情）。因此，我国学者傅小兰尝试从狭义的角度，将情绪定义为"情绪是往往伴随着生理唤醒和外部表现的主观体验"。这个界定比较简洁易懂，且涵盖较全面，本书对情绪的理解将参照该定义。

4.1.2　情绪的成分

伊扎德对情绪成分的划分最具有代表性，他将情绪划分为主观体验、外部表现、生理唤醒三个成分。

主观体验是指个体对不同情绪的自我感受，具有愉快、享乐、忧愁或悲伤等多种体验色调。每种具体情绪的主观体验色调都不相同，给人以不同的感受。但情绪作为人对客观事物的态度体验，具有主观性。一方面，个人所发生的情绪，只有当事人自己才能体验到；个人对每一种情绪，如快乐或悲哀等，也有不同的体验形式。另一方面，由于人对客观事物的态度不同，因此，不同的人对同一事物可以有不同的体验。主观体验是情绪的重要成分，没有主观体验，个体就不知道何谓喜、怒、哀、乐，就不知道是否产生了情绪。情绪的主观体验与外部反应存在着某种相应的关系，主观体验会引起相应的面部表情，面部表情也会引起相应的主观体验。但在某些条件下，表情反馈无法达到个体的意识水平，无法引起主观体验。

外部表现通常称为表情，包括面部表情、姿态表情和语调表情。面部表情是面部肌肉变化组成的模式，主要是指眼部肌肉、颜面肌肉和口部肌肉的变化。例如，愤怒时：皱眉、眼睛变狭窄、咬紧牙关、面部发红等；高兴时：额、眉平展、面颊上提、嘴角上翘等。姿态表情可以分为身体表情和手势表情两种。不同的情绪状态下，身体姿态会发生不同的变化，如恐惧时会紧缩双肩；手势可以单独使用，也可以和言语一起使用，双手一摊手舞足蹈就分别表达了无奈与高兴的情绪。语调表情是通过言语的声调、节奏和速度等方面的变化来表达的，例如，高兴时语调高昂、语速快。现实生活中，如果能够将三种表情结合起来看，会更有利于准确地判断个体的情绪状态。表情在情绪和情感活动中具有独特作用，它既是传递情绪和情感体验的鲜明形式，也是情绪和情感体验的重要发生机制。

生理唤醒是指情绪产生的生理反应和变化，它与广泛的神经系统有关，如中枢神经系统的额叶皮层、脑干、杏仁核等，以及自主神经系统、分泌系统和躯体神经系统。不同情绪的生理反应模式是不同的，如满意、愉快时心跳节律正常，恐惧时心跳加速。不同的情绪也会激起同样的生理唤醒，如喜爱、愤怒和恐惧，都使心率加快。

4.1.3 情绪的结构

情绪是异常复杂的心理概念，具有其独特的内部结构。虽然目前心理学界对情绪的结构尚未能形成一致的看法或理论观点，但对情绪的结构进行理论分析和实验探索的取向主要可以分为两类：分类取向（categorical approach）和维度取向（dimensional approach）。

1. 情绪分类取向

情绪分类取向源于达尔文（Darwin）的进化论思想，其代表人物包括汤姆金斯、伊扎德和艾克曼（Ekman）。他们认为，情绪是个体在进化过程中发展出来的对外部刺激的适应性反应，主要关注情绪的各个组成部分，试图将情绪分为几种彼此独立的、有限的基本情绪（basic emotion），但在具体情绪的数量和概念上却并未达成一致。同时，他们还认为，情绪主要由几种相对独立的基本情绪及由基本情绪结合形成的多种复合情绪构成。基本情绪是人和动物所共有的、先天的、不学而能的，有共同的原型或模式；它是在个体发展的早期就已出现的，每一种基本情绪有独特的生理机制和外部表现；非基本情绪或复合情绪，是由多种不同基本情绪混合而成，或者由基本情绪和认知评价相互作用而成。

在基本情绪分类方面，研究者以进化论思想为基础，提出了不同的情绪分类学说。汤姆金斯较早提出存在八种原始的（天生的）主要情绪：兴趣—兴奋、享受—快乐、惊奇—吃惊、苦恼—痛苦、厌恶—轻蔑、愤怒—狂怒、羞愧—耻辱、惧怕—恐惧。艾克曼基于自己的研究提出存在快乐、悲伤、愤怒、恐惧、惊讶和厌恶六种基本情绪，如图4-1所示。伊扎德在他的情绪分化理论中提出存在10种基本情绪，分别是快乐、悲伤、愤怒、恐惧、厌恶、惊讶、兴趣、害羞、自罪感和蔑视。艾克曼提出的这种基本情绪分类学说在学术界具有很大的影响。

有的研究发现某些情绪之间存在高度相关，如焦虑和抑郁存在显著正相关，这说明不同情绪之间存在彼此关联，这启发研究者们可以采用几个基本维度来解析情绪的基本结构。

2. 情绪维度取向

有研究发现，某些情绪之间具有高相关性，如焦虑和抑郁存在显著的正相关关系，这说明不同情绪之间相互关联，这启发研究者假设可以采用几个基本维度来解析情绪的基本结

  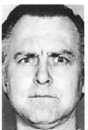 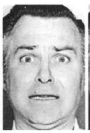 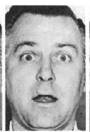 

快乐　　　　悲伤　　　　愤怒　　　　恐惧　　　　惊讶　　　　厌恶

图 4-1　艾克曼的 6 种基本情绪

资料来源：艾克曼，《面部和情感中跨文化的常量》，人格与社会心理学杂志，1971.17（2）：124。

构。因此，情绪的维度取向认为情绪是高度相关的连续体，是一种较为模糊的状态，无法区分为独立的基本情绪，同类情绪在其基本维度上都高度相关。

关于情绪的维度也有不同的划分。

冯特（Wundt）最早提出情绪的三维学说，认为情绪过程由三对情绪元素组成，即愉快—不愉快、兴奋—沉静、紧张—松弛，每对元素都有两极之间的程度变化。继冯特三维观点之后，施洛伯格（Schlosberg）根据面部表情的研究提出愉快—不愉快、注意—拒绝、激活水平三维理论。

梅拉比安（Mehrabian）和拉塞尔（Russell）也提出情绪状态的三维度模型，即愉悦度-唤醒度-支配度（pleasure-arousal-dominance，PAD）。愉悦度是指积极或消极的情绪状态，如兴奋、爱、平静等积极情绪与羞愧、无趣、厌烦等消极情绪。唤醒度是指生理活动和心理警觉的水平差异，低唤醒如睡眠、厌倦、放松等，而高唤醒如清醒、紧张等。支配度是指影响周围环境及他人或反过来受其影响的一种感受，如愤怒、勇敢或焦虑、害怕。高的支配度是一种有力感、主宰感，而低的支配度是一种退缩感、软弱感。但后来，拉塞尔发现支配度更多地与认知活动有关，愉悦和唤醒就可以解释绝大部分情绪变异，且各种情绪不是单独、紧密地聚集在愉悦或唤醒维度上成为相互分离的两类，而是在两个维度上均有一定取值。因此，拉塞尔又进一步提出情绪的环形模型，认为情绪可以分为愉悦度和唤醒度，愉悦表示情绪效价，因此又称效价-唤醒模型，如图 4-2 所示。愉悦和唤醒分别是圆环的两个主轴，各种情绪较为均匀地分布在圆环中，即为情绪的环形结构模型。该模型认为所有情绪都有共同的、相互重叠的神经生理机制。

沃森（Watson）和特勒根（Tellegen）采取自陈式情绪研究方法，提出积极—消极情感模型（positive and negative affect，PANA）。他们认为积极情感（positive affect，PA）和消极情感（negative affect，NA）是两个相对独立、基本的维度，如图 4-3 所示。积极、消极情感分别对应愉悦、不愉悦，表示情绪的效价，但积极、消极情感彼此相互独立、相关度几乎为零，不是一个维度的两极。另外，积极、消极情感都包含着唤醒成分，积极情感是愉悦和高唤醒的结合，消极情感是不愉悦与高唤醒的结合。后来，沃森将积极、消极情感更名为积极唤醒和消极唤醒。

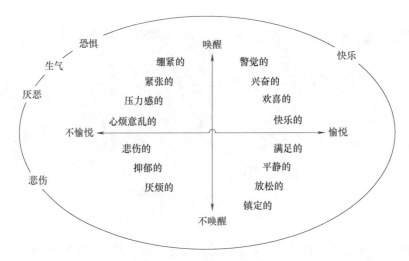

图 4-2 情绪的效价-唤醒模型

资料来源：梅拉比安和拉塞尔，《环境心理学的方法》，麻省理工学院出版社，1974年。

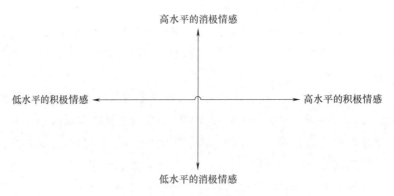

图 4-3 积极-消极情感模型

资料来源：沃森和特勒根，情绪结构的共识，心理文摘，1985，98（2）：219。

4.1.4 情绪的功能

情绪的功能

在早期，许多研究者把情绪归结为心理活动的伴随现象、后现象或副产品，认为情绪本身似乎没有任何目的或功能，这就是所谓的情绪的副现象论。后来，另外一些心理学家对情绪的副现象论并不完全认同，他们主张情绪并非一种从属的副现象，而是一个独立的心理学范畴，有其独立的心理过程和生理基础，在人的生存发展中具有独特的功能和作用。一般而言，认为情绪具有以下四大功能：适应功能、动机功能、组织功能和信号功能。

1. 适应功能

情绪是个体适应环境、求得生存的前提。当特定的行为模式、生理唤醒及相应的感受状态3种成分出现以后，情绪就调动有机体的能量使有机体处于适宜的活动状态，并将相应感受通过行为或表情表现出来，以达到共鸣或求得援助。因此，情绪自产生之日起便成为适应生存的工具，情绪能够帮助有机体做出与环境相适宜的行为反应，从而有利于个体的生存和发展。根据奥特利（Oatley）和约翰逊-莱尔德（Johnson-Laird）的观点，情绪是在进化过程中个体对来自环境的各种挑战和机遇的适应。个体在目标实现过程中会做出有意识或无意识的评价，当目标实现、受到威胁或阻碍、需要做出调整时，情绪就产生了。此时，情绪会重新组织并指引个体的行为朝着新目标努力，以应对受到的干扰。情绪的功能性在于：为个体提供了对与目标相关的行为的评估，并根据评估结果引导个体的适应性应对行为。奥特利和约翰逊-莱尔德提出的五种基本情绪及其诱发原因和行为转变，见表 4-1。

表 4-1 五种基本情绪及其诱发原因和行为转变

情绪	诱发原因	行为转变
高兴	子目标得以实现	继续计划，在需要调整时做出适当修改
悲伤	主要计划或目标失败	什么也不做/寻找新计划
焦虑	自我保护目标受到威胁	停止活动、警惕周围环境/逃跑
愤怒	目标受到阻碍	更努力地尝试/攻击性行为
厌恶	味觉目标（字面上或隐喻意义上的）受到违反	排斥该物体或回避

另外，面部表情在动物和人类进化过程中有重要的适应性功能。例如，婴儿在具备言语交际能力之前，主要通过情绪表情来传递信息，成人也正是通过婴儿的情绪反应来获知和满足他们的需要。随着人类社会生活的丰富和发展，许多具有适应意义的表情动作获得了新的社会性功能，成为一种交际手段，用来表达思想和感情。例如，用微笑表示友好，通过察言观色了解对方的情绪状况，以便采取适当的对策等。

2. 动机功能

情绪是动机系统的一个基本成分，能够激发和维持个体的行为，并影响行为的效率。情绪对学习行为具有重要的动机功能。兴趣和好奇心等强烈的正向情绪能够激励学习者的积极学习行为，获得最佳的学业成绩。正所谓："知之者不如好之者，好之者不如乐之者。"情绪还是一种重要的道德动机。人们在对自己或他人进行道德评价时产生的、影响道德行为产生或改变的复合情绪，被称为道德情绪。例如，羞耻、内疚、尴尬和自豪等自我意识情绪，以及愤怒、蔑视、厌恶、钦佩、感激和移情等他人指向情绪。这些道德情绪能够提供道德行为的动机力量，既能够激发良好的道德行为，又可以阻止不良的道德行为。众多研究表明，真正的自豪、移情和感激情绪，能够激发个体的亲社会行为；内疚和羞耻与青少年犯罪及吸毒、酗酒等不良行为等存在显著负相关，更易激发个体的补偿行为。当然，愤怒也易于激发个体的攻击行为。此外，适度的情绪兴奋可使个体身心处于活动的最佳状态，进而推动其有效地完成任务。有研究表明，适当的紧张和焦虑能促使个体积极地思考并成功地解决问题。

3. 组织功能

情绪是心理活动的组织者，它不仅对其他心理活动诸如知觉、注意、记忆、决策和思维等具有组织作用，也影响个体行为。

情绪对其他心理活动的影响，表现为积极情绪的协调、组织作用与消极情绪的破坏、瓦解作用。研究表明，中等强度的积极情绪如愉快，可为认知活动提供最佳的情绪背景，从而有助于提高个体的认知效果；消极情绪如痛苦，其强度越大，个体认知活动的效果就越差。研究发现，不管是情绪性刺激还是个体的情绪性状态都会对注意产生一定影响；情绪不仅会影响记忆的准确性，如负性情绪可以提高人们记忆的准确性，减少错误记忆的可能性，而且会影响记忆的内容，例如，负性情绪可以提高空间工作记忆任务的成绩，但会降低言语工作记忆任务的成绩；正性情绪可以提高言语工作记忆任务的成绩，但会降低空间工作记忆任务的成绩。

情绪还常常支配个体的行为。当处于积极、乐观的情绪状态时，个体容易注意到事物的好的一面，其行为比较开放，愿意接纳外界事物，倾向于和善、慷慨和乐于助人；而处于消极悲观的情绪状态时，则会万念俱灰，容易放弃自己的愿望，对他人也会变得冷漠、不关心，甚至产生攻击行为。决策者的预期后悔或预期失望等预期情绪，以及决策时体验到的预支情绪和偶然情绪，都会直接或间接地影响个体的认知评估和决策行为。

4. 信号功能

情绪在人际交往中具有传递信息、沟通思想的功能。通过情绪外部表现信息的传递，人们可以知道他人正在进行的行为及其原因，也可以知道自己在相同情境下如何进行反应。这种情绪的沟通功能是通过情绪体验与外部表现之间的硬联系（Hardwired emotional response）实现的。丁伯格（Dimberg）在实验中探讨了这种硬联系，实验中，快速（8ms）呈现愤怒的和高兴的人脸图片，被试者产生了对应图片表情的面部肌肉反应，当观看愤怒人脸图片时，被试者的皱眉肌活动显著提升，而观看高兴人脸图片时，被试者的皱眉肌活动显著降低。

情绪也可以传递人际关系的信息。面对一些积极的配偶线索时（如漂亮、年轻、身体健康等），个体的身体姿势、面部表情及语音线索可以有效地传递爱和亲密，例如微笑能够传递积极信息，可以被视为一种愿意建立关系的信号。一个人微笑的频率也会影响他人对其亲善度和吸引力的评价。情绪的传递也可以表现两个人之间的权力地位关系。通常，人们将眉毛较低、经常皱眉的个体识别为有权力的人，而将眉毛较高或抬眉的个体识别为较顺从的人。这些面部线索能够对应不同的面部表情，有权力地位的个体通常在人际交往中表现出较多的愤怒，而顺从的个体则通常表现出较多的恐惧和惊讶。这种不同情绪的传递能够暗示并保持人际关系中的不同地位关系。

4.2 情绪状态与安全

情绪状态是指，在某种事件或情境影响下，在一定时间内所产生的情绪。依据情绪发生的强度、持续性和紧张度，可以把情绪状态分为心境、激情和应激。心境是较微弱而持久的情绪状态，具有渲染性和弥散性的特点；激情是强烈而短暂的情绪状态，具有冲动性和暴发性的特点；应激是在出乎意料的紧急情况下出现的高度紧张的情绪状态，往往有两种极端的表现，一种是惊慌失措，目瞪口呆，另一种是急中生智，力量骤增。由此可见，情绪状态对人的行为安全具有重要影响。

4.2.1 心境与安全

1. 心境的特点

心境是一种比较微弱、持久且具有渲染性的情绪状态，构成其他心理活动的"背景"并影响它们的功能执行。

从发生强度和激动性上看，心境是一种微弱、平静的情绪体验，它的发生有时人们根本觉察不到。

从持续的时间上看，心境的持续时间相对持久，但也有较大差别。某些心境可能持续几小时；另一些心境可能持续几周、几个月或更长的时间。一种心境的持续时间依赖于引起心境的客观刺激的性质，如失去亲人往往使人产生较长时间的抑郁心境。一个人取得了重大的成就（例如，高考被录取，实验获得成功等），在一段时期内会使人处于积极、愉快的心境中。人格特征也能影响心境的持续时间，同一事件对某些人的心境影响较小，而对另一些人的影响则较大。性格开朗的人往往事过境迁不再考虑，而性格内向的人则容易耿耿于怀。

从影响范围来看，心境是一种具有非定向的、弥散性的情绪体验，即心境不指向某一特定事物，而是使人们的整个心理活动和行为都染上了某种情绪色彩，如心情舒畅时，干什么都兴致勃勃；悲观失望时，干什么也没有信心。

2. 心境与其他心理活动的一致性

相关研究发现，心境具有一致性。人们倾向于加工与当前情绪状态相一致的情绪信息，这也被称为心境一致性。个体的学习或记忆与当前的心境状态有关，具有积极心境的个体总是对令人高兴的感知觉、注意、解释和判断产生偏好，并且也能从记忆中回忆起更多令人高兴的信息，而具有消极心境的个体的情况正好相反。当前对心境一致性的研究结果并不统一，有研究发现心境一致性只出现在积极心境中，也有研究发现心境一致性只出现在消极心境中，还有研究发现无论是在自然情境还是在实验诱发情境中，心境一致性是有时出现、有时不出现的。

自心境一致性效应假说提出以来，心境与情绪信息的决策、判断的关系已逐渐成为研究的焦点。有研究者认为，情感在许多判断和决策中是一种影响因素，情感先于判断，人们使用情感启发模式获悉对风险和收益的判断。积极或消极情感的想象会引导对兴趣信息的判断和决策，人们心中的客体和事件的表征紧随情感的程度而变化。心境具有启动作用，影响决策者的风险知觉和冒险意图。决策者所做的判断往往与决策者当时的心境保持一致，焦虑情绪促进了对将来事件的悲观估计。有研究者使用短片诱发心境，发现愉悦心境会增加做出积极判断的倾向，悲伤心境会增加做出消极判断的倾向，诱发的心境与未来事件的效价存在一致性效应。

3. 心境与安全、健康的关系

心境对人们生活、工作、学习、健康有很大的影响。积极向上、乐观的心境，可以提高人的活动效率，增强信心，对未来充满希望，有益于健康。消极悲观的心境，会降低认知活动效率，使人丧失信心和希望。经常处于焦虑状态，有损于健康。

在生产劳动中，保持职工良好的心境，避免情绪的大起大落是非常重要的。心境与生产效率、安全生产有很大关系。心理学家曾在一家工厂中观察到，在良好的心境下，工人的工作效率提高了 0.4% ~4.2%；而在不良的心境下，工作效率降低了 2.5% ~18%，而且事故率明显增加。这是因为工人在心境不佳时作业，认识过程和意志行动水平低下，因而反应迟钝，神情恍惚，注意力不集中，除了工作效率下降外，还极易出现操作错误和事故。

引起心境变化的原因很多：外部客观因素，如生活中的重大事件、家庭纠纷、事业的成败、工作的顺利与否、人际关系的干扰等；生理因素，如健康状态、疲劳、慢性疾病等；气候因素，如阴天易使人心情郁闷，晴好天气则使人心情开朗；环境因素，如工作场所脏、乱，粉尘烟雾弥漫，易使人产生厌烦、忧虑等负面情绪。人的世界观、理想和信念决定着心境的基本倾向，对心境有着重要的调节作用。因此，保持一个干净舒适的作业环境，创设一个宽松友好的社会环境，努力培养、激发积极的心境，学会做自己心境的主人，经常保持良好的心境，对安全生产工作也是至关重要的。

4.2.2 激情与安全

激情是一种强烈的、暴发性的、为时短促的情绪状态。这种情绪状态通常是由对个人有重大意义的事件引起的。重大成功之后的狂喜、惨遭失败后的绝望、亲人突然死亡引起的极度悲哀、突如其来的危险所带来的异常恐惧等，都是激情状态。

1. 激情的主要特点

（1）暴发性

激情的发生过程十分迅猛，大量心理能量在较短时间内喷发而出。

（2）冲动性

激情一旦发生，个体完全被情绪驱使，言行缺乏理智，带有很大的盲目性。此时个体的自我控制能力减弱，行为容易失控。

（3）持续时间短

冲动一过，激情也就弱化或消失了。

（4）明确的指向性

激情通常由特定对象引起，如意外的成功会引起狂喜，理想的破灭可导致绝望。

（5）明显的外部表现

激情往往伴随着生理变化和明显的外部行为表现，例如，盛怒时全身肌肉紧张，双目怒视，怒发冲冠，咬牙切齿，紧握双拳等；狂喜时眉开眼笑，手舞足蹈；极度恐惧、悲痛和愤怒后，可能导致精神衰竭、晕倒、发呆，甚至出现所谓的激情休克现象，有时表现为过度兴奋、言语紊乱、动作失调。

2. 激情的影响

（1）积极激情和消极激情的影响

积极的激情能鼓舞人们积极进取，为正义、真理而奋斗，为维护个人或集体荣誉而不懈努力，因而对安全是一种有利因素。但在消极的激情下，往往会出现"意识狭窄"现象，即认识活动的范围缩小，理智分析能力受到抑制，自我控制能力减弱，进而使人的行为失去控制，甚至做出一些鲁莽的动作或行为。负面激情不仅会严重影响人的身心健康，同时也是安全生产的大敌，容易成为事故的温床。有人用激情暴发来原谅自己的错误，认为"激情时完全失去理智，自己无法控制"，这是有争议的说法，一般认为人能够意识到自己的激情状态，也能够有意识地调节和控制它。因此，个人对在激情状态下的失控行为所造成的不良后果都是要承担责任的。

（2）和谐激情和被迫激情的影响

瓦勒兰（Vallerand）等人对企业 CEO 的研究中，把激情定义为一种对活动、物体或所爱的人的强烈倾向，是发现重要性并投入大量的时间和精力在其中的状态，并提出了激情的双元模型。双元模型认为，根据激情内化入个体身份的方式的差异，可将激情分为两种独立的类型：和谐激情（harmonious passion）和强迫激情（obsessive passion）。和谐激情是指想自由从事活动的一种强烈愿望，来自激情自动内化到个体身份中，这种内化过程发生在个体愿意接受并认为激情是重要的而非给自己造成压力。当个体具有较高的和谐激情时，他们会表现出更多的开放性，在参与活动时体现更少的防御性。在执行和完成任务的过程中，个体会体验到积极的结果。强迫激情是一种不可控的被动参与激情，这个过程来源于内心的和/或人际的压力。当个体在强迫激情上程度较高时，个体更加敏感，对正在发生的活动具有防御性，会有经历冲突的风险，并体验负性情感。

善于控制自己的激情、做自己情绪的主人很重要，在通常情况下，合理释放、适当转移注意力、运用心理换位、加强自我修养与学会制怒等，都能够在一定程度上缓和、调节或控制激情的消极影响。而且激情并不总是消极的，发射卫星成功时研制人员的兴高采烈，运动员在国际比赛中取得金牌时的欣喜若狂，在这些激情中包含着强烈的爱国主义情感，是激励人上进的强大动力。

4.2.3　应激与安全

1. 应激的特点

应激是指人对某种意外的、威胁人的生命安全的环境刺激所做出的一般（非特异）适应性反应。飞行员在飞行中遭遇发动机突然发生故障、战士受命排除定时炸弹，此时他们的身心处于高度紧张状态，这就是应激状态。因此，应激具有以下特点：①超压性，无论是在危险情境时，还是在紧要关头时，个体都会由于客观事物的强烈刺激而承受巨大心理压力，并集中反映在情绪紧张度上；②超负荷性，在应激状态下，个体必然会在生理上和心理上承受超乎寻常的负荷，个体必须充分调动体内的各种能量或资源去应付紧急、重大的事变。

2. 应激来源

（1）根据引起应激状态的事件的来源划分

1）紧急情况引起的应激。环境或系统突然发生变化，有可能造成损失或伤害，进而在短时间内造成应激。这种应激大多是瞬间发生的，来得快，去得也快，但稍不注意就会造成极大的伤害，给人带来的紧张感最强。

2）工作超负荷引起的应激。在短时间内要处理大量的任务，就会造成工作超负荷，这种应激大多在短时间内发生，比如几天或者几周，任务也比较明确，在任务完成之后，应激就会消失。

3）生活事件引起的应激。生活中的事件也会影响工作绩效，这类应激大多是长期的，会在很长一段时间内让人保持一种低落、烦恼的心情，对工作的影响也是长期的。

（2）根据事件引起的主要应激状态划分

1）生理应激源。生理应激源是指环境中的光线、声音、振动等对身体不利而产生的应激。生理应激源的影响分暂时的和长期的，对于暂时的影响，只要不危害安全和作业绩效，就可以忍受；但对于长期的影响，就必须要减少强度，不管对当时是否有影响。

2）心理应激源。心理应激源是指由于个体感受到威胁而产生的应激，这些威胁包括受伤害、失去尊严、失去有价值的事物、死亡等。

3. 应激反应

尽管引起应激的起因各有不同，但人在应激状态下，会出现机体的一系列相同的生物性反应，如肌肉紧张度、血压、心率、呼吸及腺体活动都会出现明显的变化。这些变化既可能产生积极的影响，也可能产生消极的影响。积极影响表现为急中生智、力量倍增，个体的体力与智力都得到"超水平发挥"，从而化险为夷，转危为安，及时摆脱困境，人在此时常常能够做出许多平时根本做不到的事情。而消极影响则表现为惊慌失措、意识狭窄、动作紊乱、四肢瘫痪。

在应激状态下，人们会出现工作记忆受损，很难利用工作记忆完成当前的各种心理活动，但长时记忆中的知识和技能却可能不受影响，甚至能够很快提取出来，这就是我们通常所说的"急中生智"。矿工在煤矿发生事故的情况下，恐慌和紧张使得他难以理解和记忆当下的安全提示或指令，但如果平时有充分的训练，熟练掌握应急技能，形成动作程序和肌肉运动的记忆，就有更大的可能在紧急情况下做出正确的反应。

4. 影响应激的因素

首先，应激受个体认知评价和动机的影响。当作业者认识到环境的变化可能产生严重后果，或有强烈的动机想要避免时，对后果的判断越严重、责任心越强，应激程度就会越高。

其次，个体对自己能力的评估会影响应激状态。当情境对一个人提出了要求，而他意识到自己无力应付当前情境的过高要求时，就会体验到紧张而处于应激状态。

此外，应激状态的某些消极影响是可以调节的。过去的知识经验、冷静的性格特征、高度的责任感等，都是在应激状态下避免行为混乱的重要因素。

4.3 压力应对与安全

联合国国际劳工组织发表的一份调查报告认为："心理压力将成为 21 世纪最严重的健康问题之一"。工作压力不仅损害个体健康，破坏组织的健康，也是安全生产的潜在危害因素。

4.3.1　压力概述

1. 压力研究的起源

压力与应激在英文中都是同一个词"stress"。"stress"一词在物理学上是"压力"的意思，在 19 世纪末，生理学家、心理学家、社会学家用它来表示动物和人类在紧张状态下的身心反应。1936 年，加拿大生理学家汉斯·塞利（Hans Selye）在他关于基于动物实验对免疫系统的研究论文中也使用了"stress"一词，用来表示动物出现"躯体为了适应施加于它身体的任何需求而产生的非特异性反应"（general adaptation syndrome，GAS）的应激现象。此后，心理学家们不断丰富着应激的研究，应激成为心理学的一个专门的研究领域，其含义不再仅是生理学含义。在中文表达中，更多用"压力"一词。

2. 压力的定义

有关压力的研究，由于研究取向不同，其理论基础也有所不同。生物学的观点认为，个人的生活方式太偏离原始人类所采取的生活方式即会产生压力；心理学的观点认为，人与人的互动形式与其所构成的团体有问题即会产生压力；社会学的观点认为，个人与环境无法适应即会产生压力。

对压力的理解，至少有以下三种：

第一种，压力是一种刺激，从这个意义上讲，压力对人是外部的，是指那些使人感到紧张的事件或是环境刺激，如环境中的重大改变、影响个人生活的困扰。但若把压力看成是一种刺激，则仅仅指出了压力现象的一小部分，忽略了不同个体对相同事件所做的评估有个别差异，不能概括压力的完整意义。

第二种，压力是人体对需要或伤害侵入的一种生理反应，如引起神经系统、内分泌系统的反应。

第三种，压力是一种主观反应，即压力是一种紧张或唤醒的一种内部心理状态，它是人体内部出现的解释性的、情感性的、防御性的应对过程，强调压力的认知成分。这种理解包括三个方面的认知：一是人对环境刺激的认知评价，主要是对挑战的觉察，强调压力产生于人对环境的感知。二是对重要价值的评估，指那些威胁到某个重要价值的刺激才会产生压力。三是对成功的可能性的判断，人是根据觉察到的应对挑战成功的可能性来解释环境的，如果一个人认为自己能很容易地应对挑战，他就没有压力的体验。当然，当一个人被挑战压倒而看不到成功的可能性时，所体验的压力也会很低。

综合以上对压力的认识，压力被定义为人在感知到外部环境刺激后，判断其是否会对自身价值产生影响，进而选择积极或消极的应对行为的一系列心理活动过程。这个定义的特点在于：

1）将压力看作一个动态的过程，即从遇到压力源事件到判断其产生的影响，然后到选择如何应对这个压力事件的一个全过程，这同时也是个体不断的应对压力源事件转化为压力的一个过程。

2）是否产生压力感受的判断标准是自身价值是否受到影响。自身价值包括了生理、心理等不同层次的需要，正如马斯洛的需要层次理论一样，人在不同阶段有不同的需要，而压力也是如此，人在不同阶段或不同状况下产生的压力也是不一样的。一种压力得到释放后，马上又会出现新的更高级的压力。一般情况下，普通人的基本压力是按照生理需要压力、安全需要压力、归属和爱的需要压力、尊重的需要压力及自我实现的需要压力排序的。

3）将压力看作人的积极或是消极的反应，更加全面地解释压力下的行为，同时也表明了个体在应对压力事件上的差别。

4）将压力看作是主观感觉和客观事件的结合。这不仅对认识压力，也对今后衡量压力水平提供了便利。因为人所感觉到的压力往往与其面对压力事件时产生的压力是不同的，当然，由于客观事件产生的压力相对较容易克服，只要压力事件产生的影响消失，压力也就随之消失。而人们经常会为一些说不出、道不明的事情感到压抑，所以在衡量人的压力水平时，不仅要观察其面对的客观事件，还要关注一些与压力事件无关的主观感受。

5）在压力概念中加入"精力衰竭"，这是压力较为严重的一个阶段，是压力的延续。在这个阶段，人的精神状态已经严重受到了压力的影响而表现得较为倦怠、消极。因此，加入"精力衰竭"的概念可以从程度上更加全面地解释压力。

3. 压力源及其划分

压力源是指导致机体产生压力反应的因素。压力源大致可以分为以下四个方面：一是组织层面上的压力，包括人员配置，信息反馈，权利授予，待遇公正及组织支持等；二是直接来自工作的压力，包括时间压力，任务量大，角色冲突及角色模糊等；三是来自个人或人际层面的压力，包括个人的特质以及协作精神等；四是来自周围的环境，包括知识更新，工作环境等。

（1）组织层面上的压力源

随着工业自动化、智能化的发展，组织内的工作环境与工作内容的快速变化不断打破工作者们原有的稳定局面，对人的工作心理产生巨大的冲击，由此造成了人们在一个极短的时间里承受过多的变化之后感到压力重重、晕头转向、不知所措的现象。压力会由于组织内部工作活动方面的各种改变而引发，工作者必须面对的一个新的重要压力源因素就是组织中的各种变化、变动与变革。组织结构变动表现在组织中的各个方面，组织层面的如组织的快速扩张与萎缩，组织内在结构与工作流程的改变，产品结构和管理政策等方面的变化。这些变化会引发个体在工作内容、方法、技术等方面的变化，工作技能知识的更新改进，以及人际状况的改变等。所有这些改变都会在不同程度上给组织成员带来各种形式的压力。

职业生涯发展规划是解决员工工作不安全感的一个重要途径。与职业生涯相关的主要压力源包括工作的稳定性与安全性、职务变化、新职务要求的学习、发展机会等，就像工作过多或过少一样，如个体晋升迟缓（未能像预期那样正常晋升），或过快越职晋升（被提拔到个人能力无法胜任的职位上），都会对个体心理产生压力。

（2）工作层面上的压力源

工作层面上的压力源包括时间压力、职位工作负担不适当、角色失调等。

时间压力源通常是由于要做事情的数量和自己的时间不相符合而造成的，主要是任务多而时间少。许多研究者已经研究了角色过载和长期的时间压力与心理和生理的功能失调的关系，他们发现时间压力源的存在与工作不满意、紧张、感觉到的威胁、心率、胆固醇水平、皮肤抵抗力及其他因素之间存在显著的关系。

个体在组织中最主要的压力往往来自职位工作负担的不适当。所谓职位工作负担不适当，主要表现就是人与事之间的不相匹配，即个体不具备所在职位要求的技能或能力，或个体在所在职位上没有能够全力发挥技能或能力的机会。个体长期处于不适当的职位，会因为这种不适应性而造成工作情绪的不稳定，这是造成个体压力的重要原因。职位工作负担失当的主要表现就是工作超载。当所任工作的难度要求超过个人能力，或者在规定期限内必须完成的工作量过多，时间和自身的能力条件又很难保证顺利完成预期的工作任务时，便会产生工作超载，或称任务超载。工作超载的产生有时是源于职位工作任务过分繁重，但已承担职责；有时是因为个人能力不足以胜任其职位；有时则是由于时间的过度紧迫造成个人所承担的工作任务难以按时完成；凡此都可能造成个体的压力。工作超载作为一种重要的压力源已经成为威胁人们身心健康的重要危险因素。

此外，角色失调也是产生较高工作压力的原因之一。组织的正常运作有赖于组织内部的每个成员自觉、出色地履行自己所承担的工作任务，完成自己的角色任务，每个组织成员必然在组织中扮演一个或多个角色，并且其角色行为必须遵循组织期望的行为规范。如果个人在组织中的角色功能失调，则会带来心理压力，并引发多种消极影响。

角色失调主要表现在角色冲突与角色模糊两个方面。角色冲突指的是当个体在工作中面临多种期待时，如果服从了一种角色的要求，就很难满足另一种角色的要求，这时便产生了角色冲突。角色冲突包括了角色内冲突和角色间冲突两种。角色内冲突主要是指角色扮演者对同一角色产生了相互矛盾的期待，使其角色行为产生冲突，引发工作压力。角色间冲突主要是指同一个人因所担任的不同角色之间的矛盾所引发的冲突。相互冲突的角色要求，使许多人不得不努力在各种矛盾要求中寻求平衡，造成人们在工作中的种种违心之举，并形成极大的心理压力。角色模糊指的是某个人在工作中没有明确的任务事项、权力责任及工作的要求与标准，使之不知如何开展工作的状况，主要表现在职务工作不明确、如何执行工作职务、工作过程不明确、职务工作绩效标准的不明确等方面，这种情况在现代组织中是十分常见的。

（3）个人或人际层面上的压力源

员工的工作时间只占全部时间的 1/3，因此在考虑工作压力时，同时要考虑员工的个人生活因素。一般来说，这些因素主要有家庭问题、经济问题、员工个性特点等三个方面。其中，员工个性特点的不同是影响压力的一个重要因素。我们可以发现，在同等压力下，不同的人有不同的反应。有些人在压力重重的环境中生机勃勃，有些人则萎靡不振，与人们处理压力的能力有关的因素主要有：个人认知、工作经验、社会支持、控制点观念和人格类型。

1）个人认知。员工的反应是基于他们对现实的认知，而不是基于现实本身。因此，个人认知是压力发生与员工反应中间一个很重要的变量。公司裁员时，有的员工害怕自己失去工作，而有的却认为这是脱离公司开展自己事业的一个机会。与此类似，同样的工作环境，有的员工认为它富有挑战性，能够使人的工作效率提高；而有的人却认为工作环境不稳定，危险性太大，要求太高。因此，环境、组织、个人因素中潜在压力的产生并不取决于客观环境本身，而取决于员工对这些因素的认知。

2）工作经验。工作经验与工作压力大致呈反比关系，即工作经验越丰富压力越小。其原因主要有以下两点：第一是选择性退缩。压力感较重的人更可能会自动流动。因此，在组织中工作时间长的员工是那些抗压素质较高的人，或对于他们所在组织的压力抵抗能力更强的人。第二是随着时间的推移，人们会产生一种抗压力的机制。因为这要花费一定的时间，所以组织中的资深成员适应能力更强，压力感也较轻。

3）社会支持。社会支持，即同事或上级主管给予的支持和融洽关系。良好的社会支持可以减轻由于高度紧张工作所带来的负面影响的压力。对于遇到同事不提供帮助，甚至对自己抱有敌意等情况的员工而言，他们缺乏工作中的社会支持。如果员工更多地参与家庭生活、朋友交往及社会活动，他们也能更多地拥有社会支持，这样也会使工作压力相对减轻。

4）控制点观念。根据控制点理论，人分为两种类型，即内控者和外控者。内控者认为自己是命运的主人，自己可以控制命运；外控者认为自己受命运的操纵，生活中所发生的一切都是运气和机遇的作用，自己被外界的力量所左右。大量事实证明，持内控观念的人比持外控观念的人更容易认为他们的工作压力较轻。当内控者和外控者面对相似的情形时，内控者更倾向于认为自己可以对行为后果产生较大的影响。因此，他们采取行动来控制事件的发展。外控者则更多地倾向于消极防守，他们不采取行动来减轻压力，而是屈服于压力的存在。因此，处于紧张气氛中的外控者不仅易于产生无助感，也易产生压力感。

5）人格类型。根据人格理论，可以把人分为A型人格、B型人格及复合型人格。A型人格的人总愿意从事高强度的竞争活动，并长时间保持时间上的紧迫感，他们总是不断驱动自己在最短的时间内做最多的事情，并对阻碍自己努力的其他人和事情进行攻击；与之相反，B型人格的人很少因为要从事不断增多的工作或无休止地提高工作效率而感到焦虑。一个具有A型人格的人总是积极地投入长期的、不断的斗争中，以越来越少的时间，获得越来越多的业绩，而且如果需要，就与别人的反对意见对着干。有研究结果表明，A型人无论是在工作中还是在工作外，都容易产生压力感。

（4）环境层面上的压力源

环境层面上的压力源包括知识更新和工作环境两大部分。

1）知识更新。科学技术的迅猛发展在提高生产率的同时，使一个员工的技术和经验在很短时间内过时。因此，技术的不确定性，也是引发压力感的第三类环境压力源。技术创新会威胁到许多人的就业机会、工资待遇等切身利益，使他们产生压力感。

2）工作环境。工作环境压力源包含了工作的硬环境和软环境两大类。硬环境强调适宜的工作氛围，如通风性、私密性、室温等方面，不适宜的工作环境往往是造成员工工作效率低下的一个重要原因。一般来说，恶劣的、令人不适的、危险的工作环境，如气温过高或过低、噪声、拥挤、工作环境污染严重、工作中过多的无关干扰、夜班、野外或高空作业等，都会产生不安全感、焦虑甚至恐惧，导致一定的工作压力，对工作活动造成消极影响。此外，工作时间过长，或工作时间没有规律，也会导致个体压力的产生。工作的软环境包括经济环境和政治环境。商业周期的变化会造成经济的不确定性，经济紧缩时，一般人会为自己缺乏保障而倍感压力。较小的经济衰退同样也会导致压力水平的上升，因为与经济的下滑相伴随的，往往是劳动力的减少，临时解雇人数增多，薪水下调，工作时间缩短等后果。政治的不确定性也会使人们感受政治斗争或变革引发的政治风暴，产生压力。近些年来，在伊拉克、巴勒斯坦、以色列等国家中，人们因为政权更迭、战争等政治环境的变化而承受较大的压力。

4.3.2 压力的危害

长期工作、生活在较高的压力下，人会出现各种症状，这些反应可以分为三类：生理症状、心理症状和行为症状。

1. 压力下的生理症状

20 世纪 20 年代，坎农（Cannon）提出压力是身心体系的一部分。压力事件会引起肾上腺素和去甲肾上腺素分泌，经交感神经末梢进入血液，引起呼吸、心跳频率增加，将血液从消化系统转移到骨骼肌，并释放体内存储的糖和脂肪，为身体进行战斗或逃跑的反应做好准备。

塞利（Seley）在他关于一般适应综合征的描述中，总结出生理或情绪的创伤会引起身体变化经历的三个阶段：警戒、抵抗、衰竭，如图 4-4 所示。

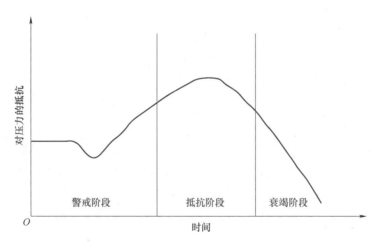

图 4-4 一般适应综合征经历三个阶段

警戒阶段是身体对压力的初始反应。这个阶段也就是坎农所说的战斗或逃跑反应。在这个阶段，身体的交感神经系统被激素的突然释放激活。处于警报响应阶段的物理迹象包括：瞳孔散大、心率加快、呼吸急促、颤抖、皮肤苍白或潮红。

抵抗阶段是身体在最初的压力冲击后试图自我修复的阶段。如果压力情况不再存在，心脏和血压将恢复到压力前的水平。但是，如果压力情况持续存在或者没有找到解决压力的办法，身体就无法到恢复到正常水平，这意味着压力荷尔蒙将继续分泌，血压持续保持高位。

长期的高压力水平会导致免疫、消化、心血管、睡眠和生殖系统紊乱。身体可能出现以下症状：肠道问题、头痛、失眠、悲伤、挫折、兴奋以及注意力不集中等。

衰竭是长期或慢性压力导致的最后阶段。压力源持续存在，不仅会损害身体，也会耗尽情感和精神资源，最终导致身体不再能够应对压力。衰竭阶段的症状包括疲劳、耗竭、对压力的耐受性降低，甚至死亡。

总之，长期压力会削弱人的免疫系统，增加人体患心脏病、高血压、糖尿病和其他慢性疾病的风险。

2. 压力下的心理症状

压力会对认知带来消极的影响。根据一项调查结果，我国企业经营者由于压力导致身心患病的人中，有68.1%的人感到很累而想休息；47.4%的人感到注意力不集中。压力对注意力的影响是广泛的。压力使注意广度下降，注意范围变得狭窄。压力还会使注意集中能力下降。研究证实，许多压力应激源使得注意力从相关任务的信息加工中抽离出来，如生活应激事件等压力源引起的压力导致注意分散，分散作业者对工作有关信息的注意，以至于引发错误操作或由于不能及时发现危险信息而丧失避险机会。压力对人的记忆能力也会产生严重影响。研究发现，当个体处在可知觉到的压力应激环境中时，他们的工作记忆容量出现下降，从而在问题解决中出现认知困难。

压力还会带来一些精神健康问题。过度的压力会导致个体出现失眠、广泛性焦虑障碍、强迫症、急性应激障碍、情感障碍等一系列精神心理问题，对个体的生活和工作造成一定的负面影响。

当个体感觉到压力过度时，有的人出现持续的睡眠困难，可以表现为入睡困难、容易惊醒，有时虽然睡着了，但起床后依然感觉到不解乏、困倦。

广泛性焦虑障碍是指人持续处于紧张不安中，过分担忧和夸大危险，担心的内容和对象较泛化，比如担心患病、遭遇意外、说错话等。有的人莫名地惴惴不安，也不知道自己在担心什么，这称为"自由浮动性焦虑"，常伴有心慌、胸闷、出汗、胃肠不适、失眠等不良症状。也有人出现急性焦虑发作，即"惊恐发作"，表现为发作性的明显恐慌，伴有明显的胸闷、心慌、出汗、头晕、发抖等躯体不适，并常有濒死感或失控、发疯、崩溃感。

强迫症的症状是出现重复的、明知不必要的思想或者行为，明知过分但克制不了，对个体造成困扰。常见的行为表现有重复检查，如反复检查防护措施是否到位；也有的表现为强迫思想，如反复考虑自己的每一个动作细节，确保自己没有不当操作。

急性应激障碍一般在重大的心理应激之后发生。一般在创伤事件后数分钟或数小时内产生，创伤性事件的情境会反复出现在意识里或梦境中，个体可能表现为麻木、情感反应迟钝、意识不清晰、不真实感，或严重的焦虑抑郁；也有人出现行为异常，如乱跑、兴奋、情感暴发；个别症状严重的病人可出现思维不连贯，甚至出现片段式的幻觉和妄想，达到精神病的程度。

情感障碍可以表现为抑郁发作，即心情低落，缺乏动力，懒言懒动，无心做事，最糟糕的情况是悲观、绝望，出现自伤、自杀念头甚至出现相应行为；也有少部分人在心理压力下出现躁狂或轻躁狂发作的情况，包括情绪兴奋，言语增多，频繁地给周围的人打电话，睡眠减少，说大话等。

3. 压力下的行为症状

压力下的行为症状包括：工作中出现满意度低、缺勤率高、次品率高、人际关系差等现象；家庭中夫妻吵架、离婚、与子女沟通困难等现象时有发生；个人方面饮食习惯改变、嗜烟、嗜酒、言语速度加快、烦躁、睡眠失调乃至于工作中发生事故等现象。

一定的压力反应所引起的各种生理、心理和行为改变，不仅可以引发各种身心疾病，而且是伤害发生的重要因素。研究表明，长期从事简单、重复操作的流水线作业工人会表现出思想松懈、注意力不集中、动作节奏减慢等疲劳和厌倦心理，而处于长期持续性或超常应激情况下则会产生各种身心不良状态，表现出各种生理、心理或社会功能障碍或紊乱，产生消极的情绪反应，干扰对信息的感知与记忆，妨碍正确思维和判断，造成不正确的决策和行为。以上都是压力引发事故的诱因所在，当然，适当的压力刺激也可以使人产生积极的心理反应，如警觉、注意力集中、思维敏捷、动作加快、情绪适度唤起、不易受周围干扰因素影响，从而有利于机体对环境变化的应对和调整能力的提高。因此，面对压力情境，个体进行主动调节，产生适当的压力体验，对提高生产与安全绩效有积极意义。

4.3.3　压力与行为绩效

尽管持续的高压力状态对人的身心健康有一定的危害，但压力并不是绝对有害的一种情境或状态。耶克斯（Yerks）和多德森（Dodson）的研究表明适度的压力有助于提高行为绩效。压力有助于唤醒个体生理机能，个体感受到一定的焦虑，随着压力和唤醒水平的增加，焦虑程度增加，为了缓解焦虑，个体会把更多注意力集中在当前的任务上，或者由于压力情境激发了人们行为的动机和兴趣，从而改善人们的表现。这种关联还可能与应激状态下大脑产生的糖皮质激素有关。当糖皮质激素水平轻度升高时，长时记忆表现会上升到最佳的状态，从而提高了人的认知能力和行为水平。

耶克斯和多德森的研究更重要的是发现了压力、唤醒水平与行为绩效之间并不是线性关系，而是呈现倒 U 形曲线的关系，这一关系被称为耶克斯-多德森定律，如图 4-5 所示。该定律表明在唤醒水平较低（较低的压力）时，随着唤醒和动机水平的上升，压力水平提高，作业绩效也相应改善；但在唤醒水平达到一定程度后，压力造成的应激状态开始损害注意和记忆，导致绩效下降，当压力水平继续加大，最后便造成耗竭和崩溃。

进一步的研究还表明，不同的工作难度对适宜的唤醒水平有不同的要求。具体来讲，在相同的唤醒水平下，复杂、困难、不熟悉任务的表现水平会比简单、熟悉任务的

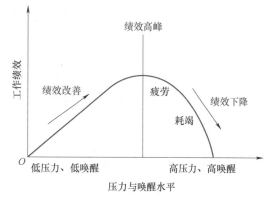

图 4-5　压力水平与工作绩效关系图

表现水平更早出现下降。对简单任务（或熟练的操作者）而言，较低的唤醒，曲线"顶端"或最佳唤醒水平较高，而对复杂任务（或不熟练的操作者）而言，最佳唤醒水平较低，如图 4-6 所示。当工作任务比较简单时，唤醒水平的最优点要高一些；当工作任务复杂时，唤醒水平的最优点要低一些。这说明压力强度的最优点也就是最佳水平，并不是固定不变的，而是随着任务性质的不同而不同。

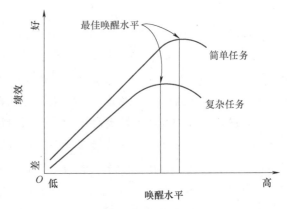

图 4-6　不同复杂程度下工作
任务的压力与绩效关系曲线

总体而言，压力与工作绩效之间的关系呈倒 U 形：即压力感低于中等水平时，有助于刺激肌体，增强肌体的反应能力，个体的工作会做得更好更快；但对个体施加过大压力，提出过多要求和限制时，会使个体绩效降低。这种倒 U 形结构表明，持续性的压力强度会拖垮个人并将其能量资源消耗殆尽，给个体的工作绩效和身心健康带来负面的影响。

4.3.4　压力应对

1. 压力应对的定义

压力应对可以定义为：当个体在面临压力事件时，为努力协调环境和个体需求之间的冲突而采取的一系列行动。

2. 心理调适的条件

压力是人类所面对的古老问题，对于人们平常遇到的各类一般压力问题，人的心理系统均能自动自如地给予一定调适，这是人的健康系统的一项基本功能，因此健康心理系统的养成是应付一般性压力的基础。需要心理调适机制介入的压力应对，往往都是一些有可能构成心理失调的事件。为此，可以把个体有意识的特定压力应对活动看作一种心理调适机制影响下的活动，并从心理调适的角度正确把握压力应对的举措。依据心理调适的理论，良好的心理调适活动依赖于以下几个基本条件。

（1）适度开放的心理系统

任何一个孤立的、与外界脱离的系统都是难以长久维持的，心理系统也是一样，一旦被完全封闭或完全不设防放开，必然会产生心理失调。面对压力，同样需要正确适度地开放心理系统，使自己能够维持良好的心理状态。由此，压力应对优先需要个体具备良好调整心理系统边界结构状态的资源与能力。在外界压力刺激下，适当地开放心理系统，保持适度刺激下的良好心态。

（2）适宜的外界环境

环境系统对于心理调适具有很大的影响。在一个良好的环境条件下，心理系统能够有效吸取有益的能量以应对压力。正所谓择善而居，就是强调了环境对于心理影响的重要性。学会从环境条件中寻求调适平衡心理的支持因素，是许多人面对压力时采取的十分必要的应对之策。

（3）积极健康的人格系统

个体人格系统是影响心理系统机能特征的决定性因素。积极健康的人格系统能够使个体具有正确的人生观与价值观、客观全面的自我意识、积极向上的生活态度与正确的人生信念。由此，个体就能客观全面地认识自身的处境与心理状态，积极主动地调控协调自己的心理活动，准确辨识压力刺激的影响，趋利避害。同时，在适当的压力条件下促进积极健康的人格发展，或在一定的高压条件下磨炼自己的人格意志，可使自己形成较高的压力免疫力与承受能力，这也是个体应对压力十分有效的一个途径。

以上几点虽各有不同，但又难以截然分开。作为良好心理调适的基础，三者之间相互统一、相互联系。当个体面对压力时，任何应对措施的奏效都是和以上三个方面的功能条件分不开的。

3. 压力应对的两种方式

心理系统在与外界环境系统之间发生能量和信息交换的过程中，能够自动自主地调整控制自己的边界结构状态与主体内应状态，在这个过程中心理系统会出现开放与闭合两种选择。据此，压力的应对方式也分为开放与闭合两种，即开放型的压力应对方式和闭合型的压力应对方式。

战斗或逃跑？
——压力应对

（1）开放型压力应对方式

开放型的压力应对方式是直面压力来解决问题，是积极的、向上的，也可以称作问题解决型的压力应对方式。这种压力应对方式在遇到问题时，首先考虑的是这个问题带来的是何种挑战和机遇，并寻求各种方法解决问题，如与同事或上级讨论解决方案，或采取科学的决策方法或总结过去遇到类似的问题是如何处理的。此外，积极的压力应对方式在问题解决之后可顺利从中汲取经验和教训。问题解决型的压力应对方式往往有助于缓解压力。

（2）闭合型压力应对方式

闭合型的压力应对方式是以避开压力的方式达到减轻压力的目的，即为了保护自身不受压力的干扰而闭合自己的一种应对方式。这是一种消极的、情绪化的压力应对方式，所以也被称作情绪型的压力应对方式。常常表现为避难就易、将问题搁置不管或是交给其他人解决，再或者不采取实际的行动而是通过对别人诉说、抱怨及抽烟、喝酒、寻求宗教信仰等方式来缓解压力，这些方法是一种短时期有效的减压行为。长期来看，个体为了促进自身的心理发展与成长，更多时候需要开放自我边界，接受新的变化，通过个体和环境之间的能量与信息交流，促使心理与行为结构的转变。

4.3.5　职业压力的组织解决方案

1. 职业压力管理的意义

21 世纪以来，影响职工身心健康和安全生产的心理压力问题，已成为人们关注的焦点。

近年来的大量研究表明，半数以上的事故源于心理压力所致的不安全心理和行为问题，70%以上身体疾病的发病原因与压力性心理因素密切相关，各类人群中日益严重的心理健康问题也主要由心理压力所致。

职业压力管理不一定能在短期内给企业带来效益，所以很多企业并不认为职业压力管理与企业的安全发展有密切的关系，事实上这种想法是错误的。目前，国际社会已普遍认识到，心理压力使员工个人的身心健康和企业的安全和谐发展都蒙受巨大的损失。英国压力研究中心研究表明，由于工作压力造成的损失已达整个 GDP 的 10%。据美国研究机构调查，每年因员工心理压力给美国公司造成的经济损失高达 3050 亿美元，超过前 500 家大公司税后利润的 5 倍。因此，搞好职工心理压力与良好的安全心理管理已成为 21 世纪企业管理最为迫切的课题之一。

员工作为企业最宝贵的资源和财富的创造者，理应得到尊重和爱护，如果企业可以真正关心压力对员工身心健康的影响，主动为他们解决内心的压力，那么员工必然会毫无后顾之忧地为企业发挥自己的才能，为企业的安全和谐发展竭尽全力工作。因此，重视员工压力管理，应成为组织人力资源管理的一个重要方面，员工压力管理有利于减轻员工过重的心理压力，有效地维护、保持企业的"第一资源"——人力资源，这不但对安全生产和职工健康十分有利，还可以提高整个组织的绩效。

2. 企业压力管理的内容与途径

完整的企业职工压力管理方案是指企业为增进其员工的身心健康而对内部职工进行预防和干预的系列措施，是企业职业压力管理的体系和方法。它包括减少或消除职工所处的工作和管理环境造成的压力源，减轻职工由压力所致的生理、心理和行为反应，以及提高个体压力应对能力与技巧三个方面。其中，第一个方面即职工的压力源管理主要靠组织层面的改进以减少或消除不适当的管理和环境因素来解决，后两个方面主要通过培训的方式来解决。

（1）压力源管理

压力源是压力结果的直接来源，通常所说的过高的工作压力主要就是指压力源因素是呈高压的状态。在对压力源进行全面调查测量的基础上，找出过高压力的主要诱因，进而拟定并实施针对性的压力减轻计划，从源头上消除引起消极压力结果的因素。例如，不良的工作条件如果是引起消极压力结果的主要压力源因素，那么对该因素的调整就表现为以下途径：改善生产现场的环境（如温湿度过高、噪声高、空间狭窄与杂乱），提高设备的质量，重新布置格局，播放背景音乐等，这些措施使员工在工作中体验到安全、舒适、愉快的感觉，从而减轻压力、提高工作绩效。同时，组织必须评价这些措施的执行效果，以确保措施的有效性。

一般来说，影响职工的主要工作压力源都需要组织层面采取干预措施。而减轻或消除工作压力源并不是单纯地改变某个条件或调整某个部门，它涉及诸多方面，如：改善工作条件、增加安全投入、消除安全隐患；严控加班延点，给职工有较多时间休息和照顾家庭；增加组织沟通，搞好上下级及同事之间的关系；增加劳动报酬，保证组织公平；加强职业生涯规划管理，保持企业内部晋升渠道畅通；开展心理和身体健康教育活动，实施职业心理健康管理等。

（2）职工压力管理的培训方案

1）培训对象、内容与目标。开展针对职工压力管理的培训是企业职工压力应对的核心内容和基础。培训工作应根据不同的需要分层次进行，内容要有针对性。通过管理干部与骨干培训、全员与各生产区（队）团体培训、职工个别重点辅导、心理危机干预培训等形式，帮助管理干部和一般员工提高压力应对能力和心理健康素质，促进企业安全生产和提高职工心理健康水平。

2）管理干部培训。管理干部培训主要是进行职业心理健康管理知识和理念的培训。培训内容应集中于如何改进干部的工作方法，怎样减少职工的心理压力和给职工提供心理支持等方面。这也可以称为以"心"为本的管理理念的培训。这里所说的以"心"为本的管理，实质上是以满足职工心理需要和愿望为目标的管理，职工高兴不高兴、满意不满意是衡量是否以"心"为本管理的标准，干部是否对工人心贴心是以"心"为本管理的主要衡量标志。以"心"为本是职工压力管理的根本措施，它能更有效地减少工作压力源，进而在职工面临压力时提供最强有力的支持。

3）全员与团体培训。所谓全员培训，即不分工种的一般化培训。团体培训即根据工作性质和工作条件所区分的不同职能进行的针对性培训。培训内容主要是日常压力源的自我调整和管理知识及针对不同工种工作压力特点的培训。

4）个别辅导。经测试，处在高度压力状态下的职工，他们的身心健康已经受到较大影响，并且很可能存在特殊的难题，这时仅靠一般培训难以提供有针对性的帮助。因此，应采取个别辅导的方式来解决问题。例如，采用咨询热线、网上咨询、单独辅导、个人面询等多种形式，充分解决他们的心理困扰问题。由此，促使他们改变个体自身的弱点，包括不合理的信念、行为模式和生活方式等。条件允许的企业可以提供更多的帮助项目，让职工养成健康的生活习惯，制订健康生活计划，并鼓励（奖励）其实施。

5）企业重大变革时员工心理危机干预培训。在企业重大变革（如重组、并购、裁员、改制及管理制度的重大改变等）特别是发生重大灾害事故时，职工会出现急性压力状态，甚至会产生急性应激性障碍等心理危机症状，这对职工身心健康和安全生产都带来严重影响。被裁减人员不得不接受离开企业的残酷现实，这会使他们产生心理危机。同时这些危机可能会对员工带来很大程度的创伤。所以，在企业重大组织变革等情况下可能造成员工心理危机时，要及时给以疏导。

3. 职业压力管理的成套方案——EAP

（1）什么是 EAP

EAP 是组织为员工设置的一套系统的、长期的福利与支持项目。通过心理专业人员对组织的诊断、建议和对员工及其直系亲属提供的专业指导、培训和咨询，旨在帮助解决员工及其家庭成员的各种心理和行为问题，提高员工在组织中的工作绩效以及改善组织气氛和管理。

（2）EAP 的内容

EAP 内容包括：压力管理、职业心理健康、裁员心理危机、灾难性事件、职业生涯发展、健康生活方式、家庭问题、情感问题、法律纠纷、理财问题、饮食习惯、减肥等各个方面，全面帮助员工解决个人问题。

（3）EAP员工心理援助的具体做法

1）进行专业的员工职业心理健康评估。由专业人员采用专业的心理健康评估方法评估员工职业心理健康存在的问题，及其导致问题产生的原因。

2）搞好职业心理健康宣传。利用海报、自助卡、健康知识讲座等多种形式使员工树立对心理健康的正确认识，鼓励遇到心理困扰问题时积极寻求帮助。

3）对工作环境的设计与改善。一方面，改善工作硬环境，即物理环境；另一方面，通过组织结构变革、领导力培训、团队建设、工作轮换、员工生涯规划等手段改善工作的软环境，在企业内部建立支持性的工作环境，丰富员工的工作内容，指明员工的发展方向，消除问题的诱因。

4）开展员工和管理者培训。通过压力管理、挫折应对、保持积极情绪、咨询式的管理等一系列培训，帮助员工掌握提高心理素质的基本方法，增强其对心理困扰的抵抗力。管理者掌握员工心理管理的技术，可在员工出现心理问题时，很快找到适当的解决方法。

5）组织多种形式的员工心理咨询。对于受心理问题困扰的员工，提供咨询热线、网上咨询、团体辅导、个人面询等丰富的形式，充分解决员工心理困扰问题。

4.4 应急心理救援

事故，不仅会给社会造成公共财产的损失，还会给受害人员带去严重的负面情绪反应，如恐惧、怨恨、无助等。此外，心理的不安全感和敏感性都会增强，很难建立对他人的信任，甚至受害人员心中会形成一层"创伤保护膜"，防止外来力量的入侵和干预。应急救援者的心理安抚对受害人员恢复身心健康有不可或缺的作用，因此，在事故救援中开展应急心理救援非常必要。应急心理救援是指在国家有关部门领导下，主要由精神科医师、临床心理学工作者、社会工作者对灾害中的相关人群联合实施的紧急精神卫生服务。

4.4.1 应急心理

1. 常见的应急心理反应

当事故使人感到生存威胁时，可能会出现一系列包括情绪、思维和行为变化在内的心理反应。

1）情绪方面，积极的一面是情绪体验会更加敏锐，但压力过大或持续过长时间，个体会表现出焦虑情绪（过度紧张、恐惧、担忧等）、愤怒、抑郁等不良情绪，严重者甚至出现惊恐万分、情绪失控、哭泣喊叫等。

2）思维方面，积极的一面在于能够更加警觉和集中注意力，不让危机之外的事情干扰注意力。但不利的一面是压力过大会使个体的注意力变得狭窄——选择性注意，例如只关注和灾害相关的事件，反复查询和灾害相关的信息，反复和周围人讨论灾害的危险性等。个体还可能会感到记忆力和思考能力下降，或者无法做出决策。有的人会对同一个问题反复思考、犹豫不决，反复琢磨，怎么考虑都放心不下，出现"思维反刍"的情况，即思维运动类似食草动物那样反复咀嚼的消化过程。

3）行为方面，积极的一面是由于体内有更多肾上腺素和血糖的调动，脑部和骨骼肌的血流量增加，短期内个体可以更快地采取积极行动。当然，也有的人感到惴惴不安、坐立不宁，有人会通过重复行为获得安全感，比如反复检查、大量进食、咬指甲、抠手皮等。此外，也有的人可能表现为发呆、懒言懒语、动作迟钝或逃避等行为。

2. 应急心理救援的意义

当人遇到重大的紧急事态，机体的常规、常态被破坏，就会产生应激反应。应激反应发生在个人层面，这是正常的、必要的，但更重要的是尽快定下神来，找到定力，找到方向，调整身体和心态，进入从容应对的姿态。

矿难或其他重大公共安全事件发生后，提供针对各种人群和个体的心理援助和社会支持非常必要。从医学角度看，心理干预对预防和减少急性应激性障碍、创伤应激后障碍及其他精神障碍有重要意义，对其他医学专业顺利进行躯体治疗、对伤残康复有重要的促进效果。在微观上可以助人、救人，保持和提升一线战斗团队战斗力；宏观上可以为各个层面的管理、决策提供科学依据和方法。如果再与政府的管理行为和传统的思想政治工作结合起来，作用更佳。

大量事实和经验证明，运用心理学技术处理现场事态和善后问题极有价值。一些发达国家尤其重视抢险救灾、防治疫病中的心理卫生服务。但此类服务并非只是针对受害者的慈善、医疗服务，而是覆盖深广的心理管理措施，应该在各种级别、各种类型的突发公共安全事件应急预案中全面体现。

4.4.2 应急心理救援的机制构建

1. 组织系统

组织系统是心理救援工作中的灵魂，任何工作没有严密的组织保障就如同一盘散沙，更不用说能发挥多大作用了。因此，构建一个管理科学、结构严密、运行高效的组织系统是心理救援的首要任务。根据发达国家的经验和灾难中心理救援的实际，"政府主导、专业机构协助、民间和国际力量参与"的组织系统是比较可行的选择，要充分调动各方力量，从中央到地方、从政府到社会、从决策到执行，都要使之发挥最大效用，形成合理的分工，达到最佳的协调配合。

2. 制度系统

制度是构建心理救援机制的根本保障。没有制度的保障，整个机制的运行就失去了约束，各种组织和人员之间的关系就得到不到有效的规范，各方的利益得不到合理的调整，组织的积极性就得不到有效的激励。从发达国家和地区的经验来看，重视制度建设也是完善心理救援体系的主要内容。制度主要体现在法律和管理两个方面，这不仅是各国关注的重点，更是救援制度建设的主要内容。

1）法律方面，我国已经进行过一些积极的探索。例如，2001年上海市第十一届人民代表大会常务委员会通过了心理卫生服务的地方性法规《上海市精神卫生条例》。2008 年，国务院在发布的《汶川地震灾后恢复重建条例》中明确规定，地震灾区各级政府在组织受灾群众和企业开展生产自救的同时，要做好受灾群众的心理救援工作。标志着心理救援在灾后重建中受到了国家的高度重视，并纳入了法制化的轨道；在《中华人民共和国防灾减灾法》修订草案中也提出了心理救援在灾后救助中的重要意义。心理救援享有合法地位、具备明确的标准和规则，对其发挥应有的权利及应尽的义务，确保顺利、平稳、持续地开展工作具有重要作用。

2）管理制度是机制有效运行的前提。管理制度的构建应体现科学性、全面性和实效性的基本要求。根据心理救援管理的实际情况，其管理制度的建立可以从以下几个方面来着手：

① 建立心理危机的预告、预警制度。各级政府和心理服务工作组要重视心理危机的预防，采取多种措施实行相关的知识宣传与教育，提供心理服务咨询，开展心理健康调查，掌握民众心理健康状态，及时发现和评估紧急事件下民众的心理反应及心理变化态势，做好预警准备。

② 建立应急时期的快速反应制度。从国家到地方都应建立一整套明确的应急心理救援制度，主要包括：应急心理救援专业人才和志愿者的筛选制度、应急心理救援培训制度、应急心理救援信息沟通制度、应急心理救援协作与控制制度、应急心理救援财政支持制度及物资配送制度等，以确保救援需要的人、财、物能够及时组织、及时到位。

③ 建立心理救援中的信息沟通制度。以心理救援官方组织为核心，建立一套既确保其内部上下沟通，又确保与灾民、地方政府、各援助机构、社会群体和国际组织沟通顺畅的合理制度，以便官方的心理救援决策者、实施者和各专业救援人士及时掌握心理救援的进度与发展变化形势，有利于救援政策、策略和计划的及时调整，有利于上情下达和下情上传。

④ 建立统一的心理救援标准制度。心理救援参与力量的来源多种多样，既有政府方面的力量，又有专业组织和民间群体等社会力量。救援者的专业素质参差不齐，倘若没有统一的标准对之进行规范，救援的范围就得不到科学的界定，救援的成效也得不到合理的评价，其工作的效果将会大打折扣，甚至抵消心理救援的作用。因此，研究并制定统一的心理救援标准是有效救援的前提，能够为心理救援提供适当的"准入门槛"和评价标准。

⑤ 建立心理救援的协调制度。协调工作关系着整个救援工作的顺利开展，应建立以政府方面为主导的协调制度，发挥官方的社会管理职能，通过加强协调，促进各方力量的合作，使之共同参与到救援之中。

⑥ 建立有效的人事管理制度和人才激励制度。众所周知，不论干什么工作，人都是第一位的。要合理地使用人才，就要给予必要的待遇、培养、奖励等措施，形成一套有效的使用和管理人才的制度，以确保充足的人力资源。

⑦ 建立有效的资金和物资管理制度。资金和物资就像人身上的"血液"，是心理救援工作运行的物质保障，没有它们的供给，整个救援工作就无法进行下去，这需要从制度层面给予明确规定，本着节俭、高效的原则制定相应的管理办法。

3. 人力资源系统

人力资源系统的构建应在政府的主导下，本着"结构合理、规划有序、专兼结合，以专业队伍为骨干，充分发挥兼职人员的作用，将心理服务工作深入地、广泛地推广到群众中去"的原则来进行。

（1）借助专家的智慧，组建中央和地方的专家智囊团

心理学专家是我国心理卫生事业最宝贵的资源，政府应将他们组织起来，召开定期的咨询会议，充分发掘他们的聪明才智和专长，使之为全国的心理救援出谋划策。国家级的专家智囊团，即由中央下属的国家心理救援中心组建，专家来源主要包括中科院心理所、中国心理学会、中国心理卫生协会等权威机构及国家重点大学中从事心理学研究的专家、医疗和精神卫生系统中的专家等。涉及决策和指导性的工作应发挥专家团的力量来解决，如帮助制定全国性的心理救援服务方案、详细的心理救援方法与技术标准及针对专业人士和民众的宣传教育计划等，提出相关法规、政策、人事规划的建议，还可以对心理救援工作做出权威的监测、评估和预警，对救援工作做出及时指导和调整，并可直接参与对心理干预人员的培训。各省一级的心理救援组织也应重视专家的作用，组建本省的专家智囊团，从本省的高等院校、医疗和精神卫生机构选拔心理学的专家，根据本省实情，提供一些心理服务相关的决策和指导的辅助工作。

（2）保持适度规模的政府心理服务工作队伍

各级政府心理救援专业机构应配备一定数量的工作人员，他们是政府在灾难的预防、应急、救援阶段的实际工作者，承担着救援的组织、协调、指挥、调度、控制和执行等作用。因此，他们无疑是救援的骨干力量，应本着高素质、严要求的标准来组建，以"政治过硬、专业精湛、素质优良、作风正派"的原则进行选拔，在"精减、适用"的原则指导下，确定合理的队伍规模，体现老中青结合、男女结合、知识能力互补的搭配原则。

（3）依托全国各相关领域的专业人士，建立专业人员储备系统

全国心理服务人才短缺是我国的现状，也是制约我国心理服务工作高质量发展的瓶颈。显然，在我国这样一个人口众多、灾难多发的大国，仅靠政府组建的专业队伍和少数专业机构的力量，是远远无法满足心理服务需要的，这就需要发挥大量兼职人员的作用来解决人力不足的难题。储备专业人才、建立人才档案便是调动兼职人才积极性的有效方式，这些人才主要包括各地的心理咨询师、医疗卫生领域的专业医师、教育领域的相关专业教师及学生、有一定专业技能和知识的社区工作者、在职或离退休领导干部、社会工作者和志愿者等。对于这些人才，要在平时就加强对他们的组织和培训，做好救援的准备工作，给予适当的奖励和补助，以便灾难时的及时调动和使用。

（4）培养社区心理服务工作人员

目前，我国很多社区都设有医疗机构，负责社区的医疗卫生业务，但是却普遍缺乏针对民众的心理健康服务，很少有医疗机构把心理服务纳入其职责，这无疑极大地制约了社区医务人员开展心理救援的便民服务功能。因此，要充分重视这方面的建设，加大对社区医务人员的心理学专业培养，以更好地服务社区民众和受灾民众的心理健康。

（5）培训大规模的志愿者队伍

志愿者队伍是心理救援力量的有效补充，他们既可以帮助专业救援人员承担繁杂的行政事务，也可以做一些心理救援的辅助、调查、走访等工作，经过严格和系统培训的志愿者还可以在应急时参与心理救援。志愿者队伍的构成以青年为主，尤其要注重对高校青年学生的吸纳，当然也吸收其他企事业单位的志愿者。不过，对志愿者的选拔不能放松，要制定严格的筛选标准，尽量选择具有心理学相关专业和资历的志愿者，并重视选拔后的培训工作。

4. 宣传教育系统

构建宣传教育系统的目的是将关于灾难事件的应对常识、心理健康及心理危机应对的知识有效地灌输给民众，以全面提高人们对心理健康的社会认知，增强其心理承受能力，从而克服灾难时的恐慌心理，避免严重心理危机的暴发。

根据国外相关经验和我国的国情，要做好心理健康知识的宣传普及工作，构建高效的宣传教育系统，着重应从以下三个方面来进行：首先，政府方面应承担宣传教育工作的发起、组织、指挥和监控的职责。官方的心理服务专业组织应制定完善的宣传教育计划，明确宣传的内容、途径和方法，拿出可行的方案，并在政府宣传部门的协助下组织实施。例如，可以在公共场所设立宣传栏，介绍一些心理危机自救的常识；可以印制心理科普知识的小手册，通过志愿者向民众发放；也可以通过举办专家讲座或咨询服务向民众普及相关知识。其次，充分发挥大众传媒的作用，加强相关知识的社会宣传。电视、广播、网络、报刊等新闻媒体具有受众面广、影响强烈的特点，其宣传常常能够深入人心，影响人们的价值观念。因此，要利用好大众传媒的作用，一方面媒体要发扬职业道德，主动介绍或播放一些心理科普知识；另一方面要在政府的指导和监督下，进行积极的心理健康内容的报道，电视、广播媒体还可推出相关的教育节目，反复播放；或者邀请心理学专家举行定期的心理健康讲座，确保全民接受心理健康的教育。再次，重点抓好以学校为主的教育系统。把心理健康教育纳入中小学的教育课程，配备合格的专业教师，定期组织学生进行心理自救训练；在大学设立心理咨询服务机构，举办心理健康讲座，设置一定的心理健康课程，这些都是学校可以操作的教育方式。最后，要高度重视和发挥学校教育的作用，培养青少年树立心理健康意识和危机预防意识。

5. 学术研究系统

学术研究系统是开展心理服务的重要组成部分，它的功能主要体现在两个方面：一是促进心理学相关理论的发展、进步，为我国开展心理救援事业提供理论指导和智力支持。而我国在这方面的研究与发达国家相比，仍然是比较落后的，由于国情和文化因素的不同，发达国家的现有理论不可能完全适用于我国，我们需要的是在借鉴别国优秀经验的基础上，不断探索出适合我国实情和现实发展需要的理论指导，从而推动心理学的进一步发展。二是担负着培养我国心理专业人才的重任，是输送心理健康服务人才的主要途径。

我国的心理学研究系统由国家心理学专业研究机构和大学的心理学院或心理学系两部分组成。心理学专业机构主要力量集中在灾后心理救援的研究和参与实际救援的工作方面，如汶川地震后，中科院心理所就联合了国内心理学界力量，组织专家进行了大量的灾害心理学和心理救援研究，为我国的灾后心理救援总结了宝贵经验，为相关理论的发展奠定了一些基础。大学承担着科研和教学的双重任务，是我国心理救援研究系统的主要力量之一，有着不可替代的作用。大学的心理学院和心理学系一方面应继续加强对心理学专业人才的培养，增强相关心理干预的课程设置，对心理学专业学生进行系统的心理救援培训并给予必要的实习锻炼，为我国提供充足的心理救援人才储备；另一方面要加大对科研的投入，加强对心理学相关专业研究生的培养，开展相关的学术研究，力争多出成果。

4.4.3　应急心理救援主要技术与方法

心理救援是一种支持性的心理治疗，在操作技术上应强调倾听、疏通和引导。总的来说，可以将其概括为三种：沟通技术、支持技术和干预技术。

1. 沟通技术

沟通技术强调与危机患者建立良好的沟通与合作关系，这是处理危机的前提，重点是要取得危机患者的信任，给他们提供倾诉、宣泄的机会，有利于危机患者释放不良情绪，恢复生活的信心和希望，从而能够稳定其心理，防止危机的恶化。

2. 支持技术

支持技术主要是指采用精神支持和社会支持方法，给患者脆弱的心理以支撑，但并不是患者的一切言行都应给予支持，而只是对他们所表现的正常的、可取的或进步的观点和行为给予鼓励性的支持，从而引导他们朝积极健康的方面发展，克服消极心理，顺利地应对心理危机。这种支持从广义上理解，包括家庭亲友和社会各界的关心、理解；狭义的理解则专指心理健康工作者的工作技术，他们的参与对患者的心理治疗都是积极、有效的。

3. 干预技术

干预技术的核心是帮助患者解决存在的问题，目的是教给患者应对困难和挫折的一些基本方法，通常是按照发现问题、提出选择方案、分析并优选方案、确定施行步骤、执行和结果验证这样的流程来运作，其作用在于促使患者进行有利的思考和行动，帮助他们找到危机的应对方法，增强生活的信心，不仅有利于应对当前的危机，也有利于他们更好地适应未来。

当然，关于心理危机干预技术还有各种不同的划分方法，比如有的还提出共情技术、倾听技术、积极关注技术等，但其实质都大同小异，都是通过一些启发、引导、促进和鼓励的手段，帮助患者恢复心理健康。值得注意的是，上述各种技术的操作必须遵循一定的原则，掌握相应的技巧，必须掌握好运用的尺度，否则干预工作就难有成效，也可能会遭到反感与抵触，或者造成患者的二次伤害。因此，只有专业人士或经过专业培训的人员才能有效运用这些技术，胜任心理危机的干预工作。

复 习 题

1. 情绪的功能有哪些？

2. 情绪有哪些基本类型和维度？

3. 情绪状态与安全有什么关系？

4. 压力的定义是什么？

5. 压力对安全与健康的危害有哪些？

6. 简述耶克斯-多德森定律。

7. 如何管理和应对职业压力？

8. 常见的应急心理反应包括哪些内容？

9. 如何构建应急心理救援机制？

5

第 5 章
个性与安全

5.1 | 个性心理结构

5.1.1 个性概述

个性是一个人独特的、稳定的和本质的心理倾向和心理特征的总和，包括一个人怎样影响别人、怎样对待自己，以及可被认识的内在和外在的品质面貌。个性心理结构包括相互联系的两个方面，即个性倾向性和个性心理特征，如图 5-1 所示。

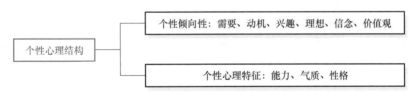

图 5-1　个性心理结构

人在各自的生活中，形成了各自的不同追求，如需要、动机、兴趣、理想、信念、价值观等，心理学上把这些统称为个性倾向性，是关于人的行为活动动力方面的特征，决定着人对认识和活动对象的趋向和选择，是个性结构中最活跃的因素。个性心理特征是个人身上经常表现出来的相对稳定的心理特征，集中反映了人的心理活动的独特性，包括能力、气质和性格，其中性格是区别个人最明显的特点，它是个性的核心。

5.1.2 个性倾向性

个性倾向性是指具有一定动力性和稳定性的心理特点，它是决定个体对事物的态度和行为的内部动力系统，是个性中最积极、最活跃的因素，是个性心理结构的最高层次。它的作用在于组织、引导和推动心理活动按一定的方向进行，从而使心理活动有目的、有选择地反映客观事物。个性倾向性包括需要、动机、兴趣、信念、世界观等心理要素，其中，需要和动机是最重要的两个因素。在安全心理学中，经常应用的是需要、动机和兴趣。

1. 个性倾向性的基本特征

1）积极性。个性积极性使人以不同的态度和积极性去组织自己的行动。例如，当一个人的需要强烈时，他的行为反应的程度就会相应比较强；而当需要较弱时，行为反应的程度就会相对减弱。

2）选择性。个性倾向性使人有目的、有选择地对客观世界进行反应。例如，不同的需要会导致人选择不同的事物、不同的方向。

2. 个性倾向性对注意的制约作用

个性倾向性对注意有明显的制约作用。个性倾向性决定着注意的内容和注意的动机，影响着注意的状态。

需要和由需要而引起的对事物的期待，会改变一个人注意的方向和状态。对事物的强烈需要、对重要生活事件的紧张期待，会产生紧张的注意状态。在这种状态下感受性急剧提高、思路清晰、情绪高涨、精力集中、行为反应快等。

兴趣，特别是在专业活动中所形成的职业兴趣使注意指向的对象常有固定的范围。即使是同一对象，由于职业兴趣的不同，注意的侧面也有所不同。

价值观对于生活中最吸引人注意的事物和现象起着决定性的作用，符合个人价值观的事物，个体就会有意识地或无意识地优先予以注意。涉及情感、审美、职业等方面的事物和现象，经常最吸引个体的注意。这种注意状态的内容和动机也从一个侧面反映了个体的价值观、人生观和世界观。

3. 个性倾向性与个性心理特征的关系

个性倾向性与个性心理特征不是彼此孤立的，而是错综复杂地交织在一起，它们相互渗透、相互影响。一方面，个性心理特征受个性倾向性的调节；另一方面，个性心理特征的变化也会在一定程度上影响个性倾向性的变化和发展。因此说，个性是一个多种因素有机联系的统一整体。

5.1.3 个性心理特征

心理学认为人的一切行为都与心理活动相关，行为的效果受到心理活动水平的影响。能力、气质、性格统称为个性心理特征。个性心理特征是影响行为效果的重要因素。

1. 能力

心理学上把顺利完成某种活动所必须具备的心理特征称为能力。能力是保证活动取得成功的基本条件，但不是唯一条件。活动的过程和结果往往还与人的其他个性特点及知识、环境、物质条件等有关。

2. 气质

气质是人的个性心理特征之一。它是指在人的认识、情感、言语、行动中，心理活动发生时力量的强弱、变化的快慢和均衡程度等稳定的特征。这主要表现在心理过程的强度、速度、稳定性、灵活性及指向性上。人的气质差异是先天形成的，受神经系统活动过程的特性制约。人们情绪体验的强弱，意志努力的大小，知觉或思维的快慢，注意集中时间的长短，注意转移的难易，以及心理活动是倾向于外部事物还是倾向于自身内部等，都是气质的表现。

（1）气质的分类

1）体液学说。古希腊医生希波克拉底（Hippocrates）很早就观察到人有不同的气质，他认为人体内有四种体液：血液、黏液、黄胆汁和黑胆汁。他认为多血质的人爽朗，黄胆汁质的人性急，黑胆汁质的人抑郁，黏液质的人迟缓。罗马医生盖伦（Galen）在希波克拉底类型划分的基础上，提出了人的气质类型这一概念，把人的气质归纳为四种类型，即多血质、胆汁质、抑郁质和黏液质。这种用体液解释气质类型的观点虽然缺乏坚实的科学根据，但与人们生活中观察到的人的区别有一定的吻合，所以也广为流传。

2）高级神经活动学说。巴甫洛夫（Pavlov）在研究高等动物的条件反射时，确定了大脑皮层神经过程（兴奋和抑制）具有三个基本特性：强度、灵活性和平衡性。神经过程的强度是指神经细胞和整个神经系统的工作能力和界限；灵活性是指兴奋过程和抑制过程更替的速率；平衡性是指兴奋过程和抑制过程之间的相对关系。这两个特性的不同结合构成高级神经活动的不同类型。因此，高级神经活动类型是气质类型的生理基础。最常见的有四种基本类型：强、平衡、灵活（活泼型）；强、平衡、不灵活（安静型）；强、不平衡（不可遏止型）和（弱型）。巴甫洛夫提出的上述四种神经系统的显著类型恰恰与古体液学说提出的四种气质类型有一定的对应关系，见表5-1。

表 5-1　高级神经活动类型与气质类型的对应关系

高级神经活动类型			气质类型
强	不平衡	（不可遏制型）	胆汁质
	平衡	灵活（活泼型）	多血质
		不灵活（安静型）	黏液质
弱	（弱型）		抑郁质

（2）气质的特点

气质是人格形成的基础，是人格发展的自然基础和内在原因。人格是构成一个人的思想、情感及行为的特有统合模式。这个独特模式包含了一个人区别于他人的稳定而统一的心理品质。

1）气质的动力性。气质是人心理活动的强度、速度、稳定性、灵活性和指向性方面的特征。例如，情绪的强弱和意志的紧张度是气质在心理活动强度方面的表现，知觉的速度和思维的灵活度是气质在心理活动灵活性方面的表现，注意集中时间的长短和情绪的稳定性是气质在心理活动稳定性上的表现，而心理活动经常指向内部还是指向外部事物，是气质在心理活动指向性上的表现。

2）气质的天赋性。气质在很大程度上由遗传决定，受神经系统活动过程特性的制约，刚出生的婴儿，有的大声啼哭，四肢动作很多；有的则安静，哭声较小。这就是气质最早、最真实的流露。气质类型的很早表露，说明气质较多地受个体生物组织的制约；也正因为如此，气质在环境和教育的影响下虽然也有所改变，但与其他个性心理特征相比，变化要缓慢得多，具有稳定性的特点。

3）气质的稳定性。与性格及其他心理特征相比，气质更具有稳定性。俗语说，"江山易改，本性难移""生姜断不了辣气"，说的就是气质的稳定性。盖赛尔（Gesell）通过对同卵双生子 T 和 D 历经 14 年的追踪研究发现，T 和 D 的气质发展表现出首尾一致的个体差异，而且这些差异在 14 年间几乎没什么变化。气质虽然稳定，但并非绝对不可改变。在一定条件下，气质也可以塑造。只是这种塑造比兴趣、性格等心理特征的形成要困难得多。

心理活动的动力并非完全决定于气质特性，它也与活动的内容、目的和动机有关。任何人，无论有什么样的气质，遇到愉快的事情总会精神振奋、情绪高涨、干劲倍增；反之，遇到不幸的事情会精神不振、情绪低落。但是人的气质特征则对目的、内容不同的活动都会表现出一定的影响。换句话说，有着某种类型气质的人，常在内容全然不同的活动中显示出同样性质的动力特点。例如，一个员工每逢重大活动时表现出情绪激动，等待培训考核时坐立不安，参加各类技能竞赛前也总是沉不住气。凡此种种，都会情绪波动。就是说，这个员工的情绪易于激动，会在各种场合表现出来，具有相当固定的性质。这种情况下，可以认为情绪易于激动是这个员工的气质特征。

人的气质对行为、实践活动的进行及其效率有着一定的影响。因此，了解人的气质对于安全管理、安全培训、组织生产、岗位设置等都具有重要的意义。

3. 性格

性格是一个人对现实的稳定的态度，以及与这种态度相应的、习惯化了的行为方式中表现出来的人格特征。性格一经形成便比较稳定，但是并非一成不变，是具有可塑性的。性格不同于气质，更多体现了人格的社会属性。可以说，性格是人格的社会属性的体现，个体之间的人格差异的核心是性格的差异。

（1）性格的结构

1）性格的静态结构。从组成性格的各个方面分析，可以分为态度特征、意志特征、情绪特征和理智特征四个组成成分。

性格的态度特征是指个体在对现实生活各个方面的态度中表现出来的一般特征。性格的态度特征，有好的表现，如乐于助人、正直、诚恳等；也有不好的表现，如自私自利、损人利己、敷衍了事等。

性格的意志特征是指个体在调节自己的心理活动时表现出的心理特征。按照意志的品质，良好的意志特征是行动有计划、独立自主、不受别人左右，果断、勇敢等；不良的意志特征是随大流、优柔寡断、放任自流或固执己见、怯懦等。

性格的情绪特征是指个体在情绪表现方面的心理特征，即情绪对他的活动的影响，以及他对自己情绪的控制能力。良好的情绪特征是善于控制自己的情绪，情绪稳定，常常处于积极乐观的心境状态；不良的情绪特征是事无大小，都容易引起情绪反应，而且情绪对身体、工作和生活的影响较大，心境容易消极悲观等。

性格的理智特征是指个体在认知活动中变现出来的心理特征。例如，认知活动中的独立性和依存性：独立性者能根据自己的任务和兴趣主动地进行观察，善于独立思考；依存性者则容易受到无关因素的干扰，愿意借用现成的答案等。

性格的静态结构的几个组成方面并不是相互分离的，而是彼此关联、相互制约、有机地组成一个整体的。一般来说，性格的态度特征是性格的核心。态度是个体对人、物或思想观念的一种反应倾向性，它是在后天生活中习得的，由认知、情感和行为倾向三个因素组成。一个人对现实的态度，表现在他追求什么、拒绝什么，即表现在他都做了什么。也就是说态度决定了行为方式，稳定的态度使与这种态度相适应的行为方式慢慢地成了习惯，自然而然地表现出来。一个人助人为乐，是他的性格特性，遇到别人有困难时，他会毫不犹豫地去帮助别人，别人看到他的助人行为也会觉得很自然，很符合他的性格特征。一个对社会、对集体有高度责任感的人，对工作、对学习也一定是认真负责、兢兢业业的，他对别人也会是诚恳、热情的，对自己也是严格要求的。因此，一个人在长期的社会生活中养成的对现实的态度，和他的行为方式是密切联系、不可分割的。在分析一个人的性格时，一定要抓住他的性格的主要特征，由此可预见他的其他性格特征。

2）性格的动态结构。性格的各种特征并不是一成不变的机械组合，常常是在不同的场合下会显露出一个人性格的不同侧面。鲁迅先生的"横眉冷对千夫指，俯首甘为孺子牛"的性格写照，充分表现了他的性格的丰富性和统一性。

（2）性格的形成因素

性格的形成因素复杂，一般认为其形成主要体现在基因遗传、成长期发育及社会环境的影响三个因素。可以说它既有来自个体本身的因素，也具备相应的环境影响。从这个角度分析，性格是相对稳定的，同时又是可以改变的。

5.1.4　个性心理与安全

人的个性是在活动中体现出来的。在人的各种活动中，需要、动机是人活动的根源和动力；兴趣、爱好决定人的活动倾向；理想、信念、世界观关系着人的宏观活动目标和准则；能力决定了人的活动水平；气质决定了人的活动方式；性格则决定人活动的方向。在活动中表现出来的个性心理的诸成分的综合，生动地表明了一个人总的精神面貌。

从事生产是人全部生活活动的一部分，安全生产工作是生产活动的一部分。因此，人的个性心理也体现在他的安全活动中。在预防事故、发现事故、处理事故等安全活动的各个环节上，人都会体现出各自不同的活动方式、活动水平、活动倾向、活动动机、活动方向，因而也会取得不同的结果。

生产活动中的大部分事故是与人为因素有关的。那么这些事故肇事者在某些方面是否具有一些共同的特点呢？大量的研究证明了这一点。人们发现，缺少社会责任感、缺少社会公德、自负、情绪不稳定、控制力差、业务能力差等这些个性品质，都可以或多或少地在这些肇事者身上找到。在分析事故起因时，这些个性品质往往正是导致事故的直接原因。这也从实践上证明了人的个性与安全之间存在着内在联系。有些个性品质有助于人做好事故预防，及时发现事故和妥善处理事故等各环节工作，而有些个性品质则不利于搞好安全生产。但无论如何，理论和实践都证明，个性与安全有着密切联系。在生产活动中，无论是要克服人的不安全行为，还是要及时辨识物的不安全状态，都要受到个性心理诸成分的制约和影响。

5.2 安全行为的心理动力

一切正常的个人总要在社会生活中扮演一定的角色，在自己的岗位上从事有意识、有目的的活动作用于社会，从而在社会历史发展的进程中留下自己的印迹。作为社会成员的个人，一切活动都有一定的起因，而其最基本的起因就是需要和动机。需要和动机是人的一切行为的原动力。另外，现代人尤其是年轻一代兴趣广泛，兴趣对个体生活、工作具有重要作用和影响。因此，本节将以需要、动机和兴趣为主进行分析。

5.2.1 需要与安全

人的存在和发展，必然需求一定的事物，如衣服、食物、住房、劳动、人际交往等，都是作为社会成员的个人及社会存在和发展所必需的。这种必需的事物反映在个人头脑中就成为需要。因此，需要是指有机体内部的一种不平衡状态，是个体和社会生存与发展所必需的事物在人脑中的反映。

1. 需要概述

（1）定义

需要是有机体在生存和发展的过程中，感受到的生理和心理上对客观事物的某种要求。它往往以内部的缺乏或不平衡状态表现出其生存和发展对于客观条件的依赖性。需要是有机体生存和发展的重要条件，它反映了有机体对内部环境或外部生活条件的稳定要求。只有满足了这些需要，有机体才能得以健康成长，如对于现代普通职场人士，保障身体不受到伤害是基本需要。如果员工的安全需要没有得到满足，就导致无法正常工作或者发生事故。

（2）需要的作用

需要是个体行为和心理活动的内部动力，它在人的活动、心理过程和个性形成中起着重要作用，是个体行为积极性的源泉。

需要是个体认识过程的内部动力，需要调节和控制着个体认识过程的倾向，需要对情绪和情感影响很大。人对客观事物产生情绪和情感，是以客观事物能否满足人的需要为中介的。凡是能够满足人需要的事物，则产生肯定的情绪和情感，否则产生否定的情绪和情感。需要可推动意志的发展，个体为了满足需要，从事一定的活动，在克服困难的过程中，锻炼了意志。

（3）需要层次理论

在安全学科的应用中，最常运用的就是美国心理学家马斯洛（Abraham Maslow）的需要层次理论。

马斯洛的需要层次如图5-2所示，他认为人的需要是多种多样的，按其强度的不同排列成一个等级层次。虽然所有的需要都出于人的客观需求，但是在某一时期，其中有一些需要比另一些需要对人的生存和发展更加重要。当这一层次的需要获得满足之后，人将会被下一个层次的需要所支配。马斯洛并不认为

需要层次理论

一个层次的需要必须完全获得满足之后，人才能够去处理下一个层次的需要。但是，马斯洛感到一个层次的需要必须能获得持续的和实质性的满足。

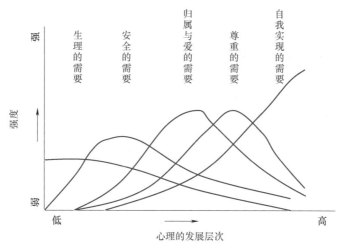

图 5-2 马斯洛的需要层次

1）生理的需要。这类需要是人与动物共同具有的，是与生存直接相关的需要。生存的需要包括吃、喝、睡眠等。生存的需要的某一种若不能获得满足，它就会彻底影响人的生活。

2）安全的需要。生存的需要被很好满足之后，安全的需要就随之在人的生活中起主要作用。安全的需要包括对结构、秩序和可预见性及人身安全等的需求，具体表现为要求社会环境安全，生命财产得到保护，摆脱失业的威胁，生活有保障，病有所医等。安全需要的主要目的是降低生活中的不确定性。

3）归属与爱的需要。随着生理的需要与安全的需要被实质性地满足，个人便开始以归属和爱的需要作为其主要内驱力；人需要爱与被爱，需要与人建立交往和发展亲密的关系，需要有归属感，即要求归属于一个集团或群体的感情。如果这一层的需要没有被满足，人就感到孤独和空虚。

4）尊重的需要。这种需要既包括社会对自己能力、成就等的承认，又包括自己对自己的尊重。前者产生威望、地位和被接受感，后者产生一种自足、自尊和自信感。这一类需要缺乏满足，就会使人产生失落感、软弱感和自卑感。

5）自我实现的需要。自我实现是指人的潜力、才能和天赋的持续实现；人的终生使命的达到与完成；人对自身的内在本性的更充分地认识与承认。

2. 不同层级的需要对安全的影响

安全需要是人的基本需要之一，是个体希望获得安全，包括劳动安全、职业安全、生活稳定，以及希望避免疾病和灾难等的心理活动。需要是人一切行为的原动力之一，在行为安全中，需要是非常重要的因素。

（1）安全需要是人的基本需要之一

安全需要是人的基本需要之一，并且是低层次的需要。保障人身安全是这一层次需要的重要内容。

在企业生产中，建立起严格的安全生产保障制度是极其重要的。如果没有保证生产安全的必要条件，那么这种客观的不安全会使人产生心理上的不安全感。如果某个工作场所曾经发生过事故，而企业领导又没有及时采取必要的安全防护措施，那么人们就认为这个工作场所是个不安全之地，就会担心自己不知何时也会碰上厄运，因此影响正常的工作情绪和操作动作的协调，这就有可能导致事故。因此，从生产管理的角度来看，企业领导应时刻把职工的安全放在首位。尤其是对于生产设备的选用、安装、检测、维修，操作规程的制定、执行等这样的关键环节，更需要严加注意。

（2）低层次的需要与安全

在人的各类需要中，安全的需要继生存的需要之后处于第二个层次。这并不意味着如果生存的需要未获得实质性的满足人就会不顾安全，但是如果人明确意识到了生存的需要的满足还有某些欠缺，就会对关联着其他层次的需要的活动有所干扰。尤其是在现实社会中，人们对于住房、工资收入这样的与生存需要相关的问题总是进行横向比较。究竟住房、工资收入等达到什么程度才能满足及满足到何种程度，只能是因人而异，很难有一个标准，这就使很多人容易因此产生压力感、挫折感、愤世嫉俗和心理不平衡。这样的心理状态，如果带入生产中，显然对安全生产是十分不利的。

（3）高层次的需要与安全

高层次的需要的满足更能激发人的进取心，更能使人自豪和快乐。相反，高层次的需要未得到满足较之低层次的需要的未满足也就给人以更严重的打击，如晋职、评奖、分配等这些关系人对名誉、地位、自尊、自我实现的需要等方面的事情，往往不能都是尽如人意的，有一些工作能力较强、较有抱负的人就容易因此受到挫折，产生强烈的不满情绪。如果把这种情绪带入生产，对于保证生产安全也将是十分不利的。

5.2.2 动机与安全

1. 动机概述

（1）相关定义

动机是激发个体朝着一定目标活动，并维持这种活动的一种内在的心理过程或内部的动力。动机不能进行直接的观察，但可根据个体的外部行为表现加以推断。动机是在需要的基础上产生的。当人意识到自己的需要时，就会去寻找满足需要的对象，这时活动的动机便产生了。产生动机的另一种因素是刺激，只有当刺激和个体需要相联系时，刺激才能引起活动，从而形成活动的动机。

除需要之外，内驱力、诱因和情绪也可以激发活动的动机。当有机体内部处于不平衡状态时，便会激活有机体，采取某种活动来恢复机体的平衡，这就产生了活动的动机。内驱力就是由生理的需要引起的，是在需要的基础上产生的一种内部唤醒状态或紧张状态。

（2）动机的功能

从动机与活动的关系来说，动机具有下列功能：

1）引发功能。人们的各种各样的活动总是由一定的动机所引起的，有动机才能唤起活动。动机对活动起启动作用，是引起活动的原动力。

2）指引功能。动机使行动具有一定的方向，它像指南针和方向盘一样，指引着行动的方向，使行动朝预定的目标进行。

3）激励功能。动机对行动起着维持和加强作用，强化活动达到目的。动机的性质和强度不同，对行动的激励作用也不同。一般地说，高尚的动机比低级的动机具有更大的激励作用；强动机比弱动机具有更强的激励作用。

由此可见，人类的动机是个体活动的动力和方向，它好像汽车的发动机和方向盘，既给人的活动以动力又对活动的方向进行控制。

（3）影响动机的因素

对个人动机的模式具有决定性影响作用的因素，有以下三种：

1）嗜好与兴趣。如果同时有好几种不同的目标，同样可以满足个人的某种需求，则个人在生活、工作过程中养成的嗜好，就会影响个人的选择。例如，同样为解决饥饿的需要，有人选择吃面条，有人选择吃米饭。

2）价值观。价值观的最终点便是理想。价值观与兴趣有关，但它强调生活的方式与生活的目标，牵涉人更广泛、更长期的行为。有人认为"人生以服务为目的"，有人以追求真理为目标，有人则重视物质享受。

3）抱负水准。抱负水准是指一种想将自己的工作做到某种质量标准的心理需求。一个人的嗜好与价值观决定其行为的方向，而抱负水准则决定其行为达到什么程度。人在从事某一实际工作之前，自己内心会预先估计能达到的成就目标，然后驱使全力向此目标努力，假如工作结果的质与量都达到或超过了预期的标准，便会产生"有所成就"的感觉（成功感），否则就有失败感、挫折感。

2. 内在动机和外在动机

动机的种类有多种提法，但推动人们行为的力量，如果从方向来看，无外乎来自个体内部和外部两个方向。根据推动行为的力量的来源，可把动机分为外在动机和内在动机。

1）两种动机的定义。外在动机是受外部压力激发所产生的动机，行为是实现一定目的（如赢得竞争、他人的尊重、获得奖赏或避免惩罚）的手段。内在动机则是在个体没有明显外力影响下，在内部力量引导下所产生的动机。关于内部力量所包含的因素，目前还没有一致的看法，研究中通常提到的有：对某种知识或能力的天生好奇心和兴趣，寻求掌控感，避免失败的自我挑战，完成任务所带来的愉快体验等。重要的是这些因素反映的都是人类潜在的天性，都是指向扩展和锻炼自身的能力，指向探索和学习而努力寻找新颖性和挑战的目标，是个体一生当中快乐和活力的源泉。

在内在动机和外在动机之间，研究者发现内在动机具有对行为更强烈、更持久的引导、激发和维持作用，是创造力的核心。因此，对内在动机的研究远远多于对外在动机的研究。

2）内在动机的来源。20 世纪 60 年代初，研究者对内在动机的来源进行了研究。哈特（Harter）提出了构成动机的三个成分：偏爱挑战性工作—偏爱容易工作，好奇心或兴趣—

取悦教师和得到好成绩，独立完成任务—非独立完成任务，并以个体在这三个成分上的表现来区分哪种动机占主导。这三个成分概括而言就是挑战、好奇心和控制。通过对人类和动物活动的探索，怀特（White）提出有机体是依靠内在动机来驱动他们解决问题的，解决和掌握由他们周围环境带来的挑战。带有挑战的任务能够激发有机体产生掌握他们的欲望，这种欲望被引发并维持直到有机体解决了这些任务，然后又转移到一些新的挑战中为止。伯利恩（Berlyne）和亨特（Hunt）则关注好奇性、不确定性、不相容性和矛盾。亨特在婴儿早期学习的研究当中发现刺激的新颖性、复杂性、变化性和矛盾性能引起婴儿注意。查莫斯（Charms）增加了第三种相关的内在动机形式，叫作控制（control）或者自我决定（self-determination）。根据这个观点，人们通过不断练习和证明自己的有效性来寻求对外部世界的控制感。因此，他们更愿意进行有选择的活动，来控制自己的结果，决定自己的命运，从而证明他们自己是有目的的活动的主人，而不是外部环境力量的傀儡。德西和瑞恩（Deci 和 Ryan）则认为人们更注重从行为的过程中获得快乐和满意（如做某件事情的快乐或者是满足好奇心），所以行为的出现是自愿的结果。

安全行为首先是为了满足人的安全需要，是对各种不利于安全的因素的掌握和控制，具有内在动机的基础。同时，在组织当中，安全行为因符合组织的需要而受到组织的奖励，不安全行为则面临可能的惩罚，因此也具有外在动机的基础。

3）内在动机和外在动机的冲突。对内在动机与外在动机作用的争论主要集中在外部奖赏是否会损害内在动机的作用。尽管个体生来就被自然地赋予了内在动机，但是现在的证据很明显地揭示了内在动机的维持和提高需要支持性的条件，内在动机很容易在各种非支持性的条件下被破坏。德西等通过对有关动机与行为的实验研究进行元分析发现，所有的外部奖赏无一例外地会降低个体的内在兴趣，除非对原本就枯燥的任务没有内在兴趣可言。一旦奖赏被取消，内在动机随失去奖赏时间的延长而越来越弱。这是因为外部因素的影响使个体认为事物因果联系是由外部决定的，影响了人对能力和自我决定作用的感知，从而削弱内在动机。

在安全动机方面我们常讲，要变"要我安全"为"我要安全"，就是因为"我要安全"的内在动机对安全行为有更强的激发和维持作用。

4）内在动机和外在动机的整合。对那些既缺乏内在兴趣，又有较强的自我性外在动机的个体，奖惩或竞争比较似乎都没有很好的激发作用，通过创设一定的情境，引导其产生对所要完成的任务的兴趣也许更有用。西迪（Hidi）等人研究了情境兴趣对那些预先没有兴趣的儿童的动机激发作用，通过学习材料内容的选择、材料呈现方式的变化及小组学习的应用，可以发展儿童的自我调节策略。但外部情境兴趣不一定都和积极的情感体验、欣赏、喜欢有关。米切尔（Mitchell）曾将情境兴趣区分为触发型兴趣和维持型兴趣，西迪等发现只有维持型的情境兴趣才能引发内在动机状态，这时积极情感等体验才会有。一旦一个活动变得有趣，就不再需要有意识的内化和具体的决定了，而是自发地、无须努力就会被整合，这种整合会影响个体的情感体验和认知表现及随后的动机。这些研究为通过外部努力激发人的兴趣和更为持久的动机提供了很多有用的信息，如组织通过任务的重新设计，用工作扩大化、作业丰富化等外部手段来提高员工对一些简单任务的兴趣，以提高绩效。

德西等人的研究也没有停留在证明外在动机对内在动机的破坏上，而是进一步提出了自我决定的动机理论，阐明了个体是如何灵活调动和整合两种动机的。德西进一步将外部动机分为控制型动机和自主型动机。控制型动机通过外在调节（如员工为了获得奖励、避免惩罚而努力工作）和内摄调节（为了避免内疚感或自我责备而做出适应性行为）发挥作用。自主型动机通过认同调节（如个体努力工作是因为他认为自己的工作有价值、有意义）和整合调节（如认为自己的行为是个人价值观的反映）发挥作用。自主型动机会促进相对复杂的工作行为，而控制型动机在简单重复的任务中表现出短期的优势。在员工执行不感兴趣但很重要、需要遵循规章并付出努力的任务中，认同调节和整合调节（自主型外部动机）能起到很好的作用。

因此，当员工对某些安全任务缺乏内在动机时，组织可以通过影响那些能够满足个体自主、关系、胜任等基本心理需要的因素来促进自主型动机的形成，进而影响安全绩效和安全满意感。改变领导方式也可以促进自主型外部动机的形成，如发展性的培训、对绩效的认同、提供选择的机会等，都可以促使员工表现出更高满意度和对管理层的信任，持有更积极的安全态度。

5）外在动机的价值。外部奖励和惩罚已经被证明对引起某种行为有积极的作用。首先，相对于一些绝对或者相对的社会行为标准，它们可以给个人提供一些重要的信息，帮助其获得新的技能和知识。其次，外部奖励可以表明或者强调他（她）在活动中的能力，增加工作激情，提高以后对该活动的内在动机。最后，对今后的行为结果给予比较实际的期望值。如果在某次活动受到过外在的奖励或惩罚，那么就能更准确地预测以后在有关的环境下同类行为可能产生的结果，因为多数情况下人们认为同样的活动会产生相似的结果。

3. 需要、动机与行为

（1）需要与动机的关系

需要产生动机，动机产生行为，整个过程受到行为主体的人格因素和外界环境因素的影响。一般来说，需要和动机有相似的含义。但是，严格地说，需要和动机的概念是有区别的。需要是人的积极性的基础和根源，动机是推动人们活动的直接原因。当人的需要具有某种特定的目标时，需要才转化为动机。从这个意义上说，动机是在需要的基础上产生的，无论是物质的需要还是精神的需要，只要它以意志、愿望或理想的方式指向确定的对象，并激起人的行为时，就可构成行为的动机，所以动机是行为的出发点。

（2）动机与行为的关系

需要引起动机，动机支配行为，行为指向目标。当优势动机引发的行为后果达到目标时，紧张的心态就会消除，需要得到满足。一个需要满足了，就又会有新的需要产生。这样周而复始地发展下去，从而推动人去从事各种各样的活动，达到一个又一个目标。人的各种行为都是由其动机直接引发的。但动机与行为并非一一对应的，同一动机可以引发多种行为，同一种行为可能由多种动机引发，合理的动机可能引发不合理的甚至错误的行为。总之，人的动机和行为之间的关系是很复杂的。

图 5-3 综合了需要、动机与行为之间的关系。

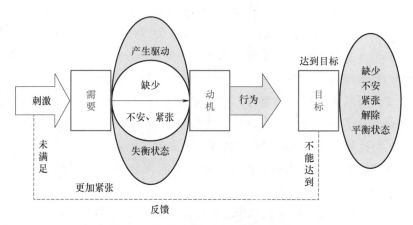

图 5-3　需要、动机与行为之间的关系

（3）动机与行为绩效的关系

动机能够支配行为，但是能在多大程度上影响行为呢？动机与行为绩效的关系符合耶克斯-多德森定律，这一定律在前文已有介绍。压力、唤醒水平和动机是具有一致性的。压力情境会激发一定程度的生理唤醒，激发达成目标的行为动机。一般来讲，压力越大、唤醒水平越高，人达成目标的行为动机越强。因此，动机强度与工作效率之间的关系，如同压力与行为绩效之间的关系，同样存在一种倒 U 形曲线关系，即中等强度的动机最有利于任务的完成，但对具体活动而言，各种活动都存在一个最佳的动机水平，它随任务性质的不同而变化。在较容易的任务中，效率随动机的提高而上升；随着任务难度的增加，动机的最佳水平有逐渐下降的趋势，如图 5-4 所示。

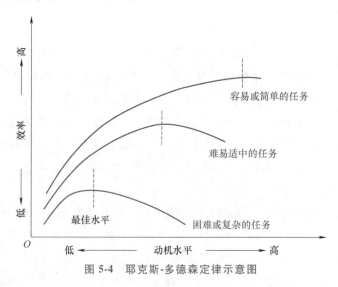

图 5-4　耶克斯-多德森定律示意图

4. 动机对安全的作用

人的行为都是由动机引发的，当员工的安全动机与别的动机，如自尊、奖赏等产生强烈冲突，主观风险率的估计显著低于客观风险率，过低估计自己反应行为的风险，就可能产生冒险动机和侥幸心理，采取冒险行为，造成损失或事故。所以，尽管安全是人的一种基本需求，但在一定的情况下，人依然需要一些外部的手段激发、维持安全的行为动机。

总之，在安全学科和生产安全中，要激发个体的安全动机，就需要充分认识和运用动机相关理论开展工作。无论是制定规章，还是安全培训、设计安全相关活动等，都要以刺激、需要等为导向，以培养良好的安全兴趣、安全价值观为中介，充分发挥动机的引发、指引和激励功能，从而推动良好的安全动作和行为，进而培养良好的安全习惯、提升安全意识。

5.2.3 兴趣与安全

1. 兴趣概述

兴趣是个人力求接近、探索某种事物和从事某种活动的态度和倾向。兴趣也称"爱好"，是个性倾向性的一种表现形式。兴趣在人的心理行为中具有重要作用。一个人对某事物感兴趣时，便对它产生特别的注意，对该事物观察敏锐、记忆牢固、思维活跃和情感深厚。

（1）兴趣及其种类

兴趣是在需要的基础上发生和发展的，需要的对象也就是兴趣的对象。正是由于人们对某些事物产生了需要，才会对这些事物产生兴趣。在低层次的需要基础上所产生的兴趣是比较短暂的，只有建立在精神文化需要的基础上的兴趣才能保持长久稳定。许多心理学家指出了需要和兴趣的密切关系。例如，瑞士心理学家皮亚杰（Piaget）指出，兴趣实际上就是需要的延伸，它表现出对象与需要之间的关系，我们之所以对于一个对象产生兴趣，是由于它能满足我们的需要。

人的兴趣不仅是在活动中发生和发展起来的，它也是认识和从事活动的巨大动力。它是推动人们去寻求知识和从事活动的心理因素。兴趣发展成爱好后，就成为人们从事活动的强大动力。凡是符合自己兴趣的活动，容易提高积极性，并且会积极愉快地去从事这种活动。兴趣对活动的作用一般有三种情况：①对未来活动的准备作用；②对正在进行活动的推动作用；③对活动的创造性态度的促进作用。

（2）兴趣的特征

人们的兴趣的特征有很大的差异，这种差异可以从以下几个方面来加以分析：

1）兴趣的指向性。兴趣的指向性是指人对什么事物感兴趣。兴趣总是指向一定的对象和现象。人们的各种兴趣指向什么，往往是各不相同的，有人对数学感兴趣，有人对哲学感兴趣。人们的兴趣指向的不同，主要是由于生活实践不同造成的。

2）兴趣的广度。兴趣的广度是指兴趣的数量范围。有人兴趣广泛，有人兴趣狭窄。兴趣广泛者往往生气勃勃，广泛涉猎知识，视野开阔。兴趣贫乏者接受知识有限，生活易单调、平淡。

3）兴趣的持久性。兴趣的持久性是指对事物感兴趣持续时间的长短。有的人对事物缺乏稳定的兴趣，容易见异思迁，喜新厌旧；有的人对事物有稳定的兴趣，凡事力求深入。稳定而持久的兴趣对于人们的学习和工作有重要意义。

4）兴趣的效能。兴趣的效能是指兴趣在推动认识深化过程所起的作用。有的人的兴趣只停留在消极的感知水平上，喜欢听听音乐、看看绘画便感到满足，没有进一步表现出认识的积极性；有的人的兴趣是积极主动的，表现出力求认识和掌握。

（3）兴趣与其他心理现象的关系

兴趣和需要有密切联系。兴趣的发生以一定的需要为基础。人的兴趣是在需要的基础上，在生活、生产实践中形成和发展起来的。

在现实生活中，人们并不是对每种事物都感兴趣的。如果没有一定的需要作为基础和动力，人们常常对某些事物漠不关心。相反，如果人们有某种需要，则会对相关信息和活动反应积极，久而久之，可能产生兴趣。例如，有的人中学时代对化学毫无兴趣，但是大学学习了化工相关专业，为了拿奖学金而努力学习专业课，从而可能逐渐培养起对化工专业的兴趣。

兴趣和认知、情绪、意志有着密切的联系。人对某事物感兴趣，必然会对相关的信息特别敏感。兴趣可使人的感知更加灵敏清晰、记忆更鲜明、思维更加敏捷、想象更加丰富、注意力更加集中和持久。兴趣还可以使人产生愉快的情绪体验，使人容易对事物产生热情和责任感。稳定的兴趣还可以帮助人们增强意志力，克服工作中的困难，顺利完成工作任务。

兴趣和能力也有密切联系。能力往往是在人对一定的对象和现象有浓厚的兴趣后形成和发展起来的。能力也影响着兴趣的进一步发展。

2. 兴趣影响安全的途径

人对所从事的工作感兴趣，表现在对兴趣对象和现象的积极认知上。例如，工人对产品生产和生产流程有兴趣，会促使他对所使用的机器设备的性能、结构、原理、操作规程等做全面细致的了解和熟悉，以及对与其操作相关的整个工艺流程的其他部分做一定的了解。在操作过程中，他会密切关注机器设备等是否处于正常状态。这样，如果机器设备、工艺流程或周围环境出现异常情况，他会及时察觉，及时做出正确判断，并迅速采取适当行动，因而往往能把一些事故消灭于萌芽状态。

人对所从事的工作感兴趣，还表现在对兴趣对象和现象的喜好上。对于本职工作的喜好，可以使人在平淡、枯燥中感受到乐趣，因而在工作时容易情绪积极、心情愉快。良好的情绪状态有助于保持精力旺盛，减少疲劳感，以及保障操作准确和及时察觉生产中的异常情况。

人对所从事的工作感兴趣，也表现在对兴趣对象和现象的积极求知和积极探究上。有人说过：兴趣是最好的老师。兴趣可促使人积极获取所需要的知识和技能，达到对本职工作的知识技能的丰富和熟练，从而不断提高他的工作能力。这样，不但可提高工作效率，而且有助于对操作过程中出现的各种异常情况都有能力采取相应措施，防止事故的发生。

在生产实际中，在工矿企业从事一般的生产性劳动都是比较平淡和枯燥的，而且若以功利标准来衡量，这样的职业经济收入少，许多人在一般情况下很难自觉地对这样的工作产生兴趣。然而，要对本职工作是否感兴趣又密切关系着生产中的安全问题，这就需要培养兴趣了。

5.3 | 人格特质与安全

5.3.1 人格与人格特质

西方学者注重从心理学的视角认识和研究人格，但是西方人格研究并非始于心理学。在心理学涉及人格研究之前，伦理学、哲学、神学、法学、社会学、人类学等学科已关注人格问题。

1. 人格与人格理论

人格是各种心理特性的总和，也是各种心理特性的一个相对稳定的组织结构，在不同的时间和地点，它都影响着一个人的思想、情感和行为，使它具有区别于他人的、独特的心理品质。

广义的人格结构观认为，人格包括两个方面：一是人格倾向性，包括需要、动机、兴趣、理想、信念、价值观和世界观等；二是人格心理特征，包括能力、气质和性格等。狭义的人格结构观认为，人格结构由气质、性格、认知风格和自我调控等心理现象构成。

人格理论是指一种探讨人格的结构、形成、发展和动力性的理论，包括：①人格由哪些部分构成，如何构成；②影响人格形成和发展的因素，以及在这些因素影响下所经过的阶段；③人的行为动力是什么，哪些因素起主导作用等。

（1）类型理论

类型理论是 20 世纪 30—40 年代在德国产生的一种人格理论，主要用来描述一类人与另一类人的心理差异，即人格类型的差异。人格类型理论有三种，即单一类型理论、对立类型理论、多元类型理论。

1）单一类型理论。这种理论认为，人格类型是依据一群人是否具有某一特殊人格来确定的。美国心理学家佛兰克·法利（Franck Farley）提出的 T 型人格，就是单一类型理论的代表。

法利认为，T 型人格是一种好冒险、爱刺激的人格特征。依据冒险行为的性质（积极性质与消极性质），法利又将 T 型人格分为 T+型和 T-型两种。当冒险行为朝向健康、积极、创造性和建设性的方向发展时，就是 T+型人格。当冒险行为具有破坏性质时，就是 T-型人格，具有这种人格的人会有酗酒、吸毒、暴力犯罪等反社会行为。

2）对立类型理论。这种理论认为，人格类型包含了某一人格维度的两个相反的方向。

福瑞德曼和罗森曼（Friedman 和 Rosenman）在研究人格和工作压力的关系时，提出A—B 型人格的分类。A 型人格的主要特点是性情急躁，缺乏耐性。具有这种人格的人易患冠心病。B 型人格的主要特点是性情不温不火，举止稳当，对工作和生活的满足感强，喜欢慢步调的生活节奏，适宜需要审慎思考和耐心的工作。

瑞士著名人格心理学家荣格（Jung）依据"心理倾向"来划分人格类型，最先提出了内—外向人格类型学说。外向人格的特点是，注重外部世界，情感表露在外，热情奔放，当机立断，独立自主，善于交往，行动快捷，有时轻率。内向人格的特点是，自我剖析，做事谨慎，深思熟虑，疑虑困惑，交往面窄，有时适应困难。

3）多元类型理论。多元类型理论认为，人格类型是由几种不同质的人格特征组成的。多元类型理论以霍兰德职业人格理论为代表。

美国心理学家和职业指导专家霍兰德（Holland）经过十几年的跨国研究，提出了职业人格理论。他认为人的性格大致可以划分为六种类型。这六种类型分别与六类职业相对应，如果一个人具有某一种性格类型，便易于对这一类职业发生兴趣，从而也适合从事这种职业。个人职业选择分为六种人格性向，分别为现实型、研究型、艺术型、社会型、企业家型和传统型；工作性质也分为6种：现实性的、调查研究性的、艺术性的、社会性的、开拓性的和常规性的。上述六种类型的人格性向与适合的职业类型的匹配见表5-2。

表5-2　人格性向与适合的职业类型匹配表

人格性向	人格特点	职业类型	主要职业
现实型	喜欢有规则的具体劳动和需要基本操作技能的工作，但缺乏社交能力，不适应社会性质的职业	各类工程技术工作、农业工作；通常需要一定体力，需要运用工具或操作机械	技能性职业（一般劳动、技工、修理工、农民等）和技术性职业（摄影师、制图员、机械装配工等）
研究型	具有聪明、理性、好奇、精确、批评等人格特征，喜欢智力的、抽象的、分析的、独立的定向任务这类研究性质的职业，但缺乏领导才能	科学研究和科学实验工作	科学研究人员、教师、工程师等
艺术型	具有想象、冲动、直觉、无秩序、情绪化、理想化、有创意、不重实际等人格特征，喜欢艺术性质的职业和环境，不善于事务工作	各种艺术创造工作	艺术方面的（演员、导演、雕刻家等）、音乐方面的（歌唱家、作曲家、乐队指挥等）与文学方面的（诗人、小说家、剧作家等）
社会型	具有合作、友善、助人、负责、圆滑、善社交、善言谈、洞察力强等人格特征，喜欢社会交往、关心社会问题，有教导别人的能力	各种直接为他人服务的工作，如医疗服务、教育服务、生活服务等	教育工作者（教师、教育行政人员）与社会工作者（咨询人员、公关人员等）
企业家型	具有冒险、独断、乐观、自信、精力充沛、善社交等人格特征，喜欢从事领导及企业性质的职业	那些组织与影响他人共同完成组织目标的工作	政府官员、企业领导、销售人员等
传统型	具有顺从、谨慎、保守、实际、稳重、有效率等人格特征，喜欢有系统有条理的工作任务	各类文件档案、图书资料、统计报表等相关的各类科室工作	秘书、办公室人员、记事员、会计、行政助理、图书管理员、出纳员、打字员等

（2）特质理论

人格的特质理论起源于20世纪40年代的美国。特质理论认为，特质是人格的组成元素，是行为的基本特性，也是测量人格的基本单位。

卡特尔（Cattell）用因素分析法对人格特质进行了分析，提出了一个基于人格特质的理论模型，如图 5-5 所示。卡特尔认为，在构成人格的特质中，有些是人皆有之的共同特质；有些是个人独有的个别特质。有的是遗传决定的；有的则受环境的影响。卡特尔还把人格特质分为表面特质和根源特质。表面特质是指通过外部行为表现出来的，能够观察到的特质；根源特质是指那些对人的行为具有决定作用的特质。表面特质是从根源特质中派生出来的，一个根源特质可以影响多种表面特质，所以根源特质使人的行为看似不同，却具有共同的原因。

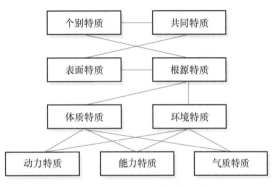

图 5-5　卡特尔特质结构网络

塔佩斯（Tupes）等运用词汇学方法，对卡特尔的特质进行了再分析，发现了五个相对稳定的因素。以后，许多学者进一步证实了"五种特质"模型的合理性，形成了著名的"五因素模型"。这 5 个因素是：开放性、责任心、外倾性、宜人性和神经质。

现代特质理论有广泛的应用价值。人们发现，外倾性、神经质和宜人性与心理健康有关；外倾性和开放性是职业心理的重要因素；责任心则与人事选拔有密切关系。高开放性和高责任心的青少年具有优良的学习成绩；低责任心与低宜人性的青少年有较多的违法行为；高外倾性、低宜人性、低责任心的青少年，常与外界发生冲突；高神经质、低责任心的青少年则有更多的由内心冲突引起的问题。

（3）艾森克的人格层次理论

艾森克（Eysenck）提出了人格的四层次理论，其模型如图 5-6 所示。在他的模型中，最下层是特殊反应水平，即日常观察到的反应，属误差因子；上一层是习惯反应水平，由反复进行的日常反应形成，属特殊因子；再上一层是特质水平，它们是由习惯反应形成的，属群因子；最上层是类型水平，由特质形成，属一般因子。

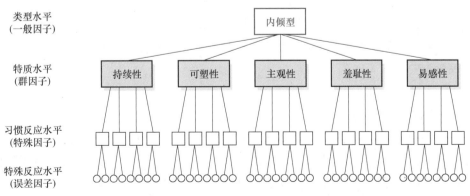

图 5-6　艾森克的人格层次模型示意图

2. 人格特质与个性心理特征

人格是个体在适应环境的过程中所形成的独特行为或内在的行为倾向性。人格特质是指在组成人格的因素中，能引发人的行为和主动引导人的行为，并使个人面对不同种类的刺激都能做出相同反应的心理结构。

个性心理特征是指人的多种心理特点的一种独特的结合，个体经常、稳定地表现出来的心理特点，比较集中地反映了人的心理面貌的独特性、个别性。它主要包括能力、气质、性格。其中，能力标志着人在完成某种活动时的潜在可能性上的特征；气质标志着人在进行心理活动时，在强度、速度、稳定性、灵活性等动态性质方面的独特结合的个体差异性；而性格则更是鲜明地显示着人在对现实的态度和与之相适应的行为方式上的个人特征。

通过以上分析可知，在心理学中，人格特质与个性心理特征的含义有很多交叉和重复。人格是重要的心理特征，在工作、学习和生活中有重要作用。安全心理学重在应用相关理论分析个体和组织行为安全，没有必要纠结具体心理学术语本身。因此，本章的讨论不区分人格特质与个性心理特征。在生产过程中，注重安全人格的培养，增强遵章守纪的主动性，对安全生产水平的提高具有事半功倍的效果。

5.3.2 气质、性格与安全

气质、性格与
职业的适配性

1. 气质与性格

气质是个体心理活动的动力特征，与性格相比较，气质受先天因素影响大，并且变化比较难、比较慢；性格主要是在后天形成的，具有社会性，比较容易和快速发生变化。气质是行为的动力特征，与行为的内容无关，因此气质无好坏善恶之分；性格涉及行为的内容，表现个体与社会的关系，因而有好坏善恶之分。

性格和气质相互渗透、彼此制约。一方面气质影响性格的动态，使性格"涂上"一种独特的色彩。比较明显的是在性格的情绪性和表现的速度方面表现出来。例如，具有勤劳性格特征的人，多血质的人表现为精神饱满、精力充沛；黏液质的人表现为操作精细，踏实肯干等。气质还影响性格形成和发展的速度和动态。例如，黏液质和抑郁质的人比多血质和胆汁质的人更容易形成自制力的性格特征。另一方面，性格可以在一定程度上掩盖或改造气质，使之符合社会实践的要求。例如，从事精细操作的外科医生应该具有冷静沉着的性格特征，在职业训练过程中有可能掩盖或改造容易冲动和不可遏止的胆汁质的气质特性。

2. 气质与安全

（1）气质对安全的一般影响

气质对人行为的作用在儿童时期表现得比较充分，随着人的成长，人在与外部环境交互作用过程中形成的性格对行为的作用逐渐凸显，但越是在突发的和危急的情况下人的气质特征越是能充分和清晰地表现出来，并本能地支配人的行动。因此，同其他心理特征相比，在应对安全生产中突发的、紧急的、意外的情况时，人的气质还是起到相当重要的作用的。事故出现后，为了能及时做出反应，迅速采取有效措施，有关人员应具有这样一些心理品质：

能及时体察异常情况的出现，面对突发情况和危急情况能沉着冷静，控制力强；应变能力强，能独立做出决定并迅速采取行动等。这些心理品质大多属于人的气质特征。

在预防事故发生方面，应注意对气质的特性扬长避短。例如，具有较多胆汁质和多血质特征的人应注意克服自己工作时不耐心，情绪或兴趣容易变化等毛病；发扬自己热情高、精力旺盛、行动迅速、适应能力强等长处，对工作认真负责，避免操作失误，并注意及时察觉异常情况的发生。黏液质的人应在保持自己严谨细致、坚忍不拔的特点的同时，注意避免流于瞻前顾后、应变力差。抑郁型的人应在保持自己细致敏锐的观察力的同时，防止神经过敏。

（2）特殊职业对气质的要求

托马斯（Thomas）和切斯（Chess）在对儿童气质的研究中提出了气质的敏感性特征，即容易受环境变化干扰的特性，这与感觉的阈限相关。说明敏感的个体更易受环境刺激的影响，较小的刺激强度的变化都会对其形成困扰，造成注意力的分散。因此，气质当中的某些因素与环境中的某种刺激相结合，会构成对个体不利的危险。例如，对一个强神经类型的人而言，在弱刺激条件下，会由于刺激强度不够感受不到刺激而面临危险；而对于一个弱神经类型的人而言，在强刺激条件下，会由于刺激强度过大难以忍受、无法做出反应而面临危险。

某些特殊职业，如大型动力系统的调度员、机动车及飞机驾驶人、矿井救护员等，处于强刺激的工作环境，具有一定的冒险性和危险性，工作过程中不确定和不可控的干扰因素多、从业人员负有重大责任，要经受高度的身心紧张，这类特殊的职业对人的气质提出了特定要求，要求从业人员冷静、理智、胆大、心细、应变力强、自控力强、精力充沛，因此在选择这类职业的工作人员时，必须测定他们的气质类型，把是否具有该种职业所要求的特定气质特征作为人员取舍的根据之一。

（3）气质在安全管理中的作用

气质无好坏优劣之分。气质是心理特征和表现方式的区别，气质不标志着一个人的智力发展水平和道德水平，不决定一个人的社会价值和成就的高低。

气质可以影响人的感情和行为，进而影响人的活动效率和对环境的适应。在环境变化时，应注意对不同人进行不同的引导。生产实践中，要根据人的气质特征调动人的积极性，合理用人；要根据人的气质特征合理调整组织结构，增加团体战斗力；要根据人的气质特征做好思想工作，促进生产安全，提高工作质量。

气质和工作性质相匹配可提高工作效率、提升安全绩效。胆汁质的人，适宜应急性强、冒险性较大的工作，如抢险、救护等；多血质的人适宜社交性、多变性的工作，如销售、采购、后勤、公关、谈判等；黏液质的人适宜原则性强的工作，如人事、调查、保管等；抑郁质的人适宜平静、刻板、按部就班的工作，如会计、统计等。

3. 性格与安全

在企业里，可以看到一些对待工作马马虎虎、干活懒洋洋的人。他们在工作中往往是有章不循，放纵自己，野蛮操作等。一些研究表明，事故发生率和员工的性格有非常密切的关系，技术再好的操作人员，如果没有良好的性格特征，也常常会引发事故。

安全学科中的事故倾向性理论是在 1919 年由心理学家格林伍德（Greenwood）和伍兹（Woods）提出的，其后纽博尔德（Newboid）在 1926 年及法默（Farmer）在 1939 年分别对其进行了补充。该理论认为，从事同样的工作和在同样的工作环境中，某些人比其他人更易发生事故，这些人是事故倾向者，他们的存在会使生产中的事故增多。如果通过每个人的性格特点进行区分，对有事故倾向的人不予雇用，则可以减少工业生产事故。尽管该理论不是十全十美的，但它反映了许多事故发生人员行为特征的实际情况。

以安全统计学作为技术支持，以安全心理学及安全人机工程学作为理论依据，将事故频发人群或个体的心理水平及性格特质加以统计分析和归类，从专业的角度找出事故频发特定性格的人群，找出该类人群发生不安全行为的一般特征和规律及预防发生事故的方法，可以在人因及心理学层面有效地降低事故发生的可能性，以满足现代化工业安全、高效的需求。

不良性格特征，对操作人员的作业动作会发生消极的影响，对安全生产极为不利。但由于工种的不同及作业条件的差异，具有不良性格特征的人，发生事故的可能性也有很大差异。因此，从安全管理的角度考虑，应识别不良性格特征，根据性格特征合理配置岗位。对某些特种作业或较易发生事故的工种，在招收新工人时，必须考虑与职业有关的良好的性格特征；对一些危险性较大或负有重大责任的工作岗位，应认真了解上岗员工的性格，对具有明显的不良性格特征的人应坚决调离。平常应保持与员工的接触，特别对高危岗位的作业人员，要及时关注他们的思想状况和性格变化，加强日常安全教育和安全生产的检查督促。

5.3.3　能力与安全

1. 能力的作用

能力是个性心理特征的一个重要组成部分，是使人们能够顺利地完成某种活动的心理特征，是从事各种活动、适应生存所必需的且影响活动效果的心理特征的总和。

一个人要完成某项活动，需要依赖各种条件，如客观条件、生理条件、心理条件等，能力属于心理条件。心理条件又具体分为一般条件和必备条件，能力属于那些直接影响活动效率，并使活动的任务顺利完成必备的心理条件。

人的能力只有在具体的活动之中才能表现出来，它实际上是一个人从事活动的才干。能力与活动之间的关系并不是一一对应的：一种能力不是仅对一种活动发挥作用，而是经常对多种活动发挥作用；同样，一种活动也不是仅靠一种能力就能完成的，而是需要多种能力的配合。才能就是完成活动所必需的多种能力的有机结合，而天才就是才能的高度发展，它是一个人在经常地、创造性地完成一种或多种活动时，所表现出来的多种能力的最完备的结合。

2. 安全生产对能力的要求

（1）特殊职业对能力的要求

特殊职业的从业人员要从事具有冒险性和危险性高及负有重大责任的活动，因此这类职业不但要求从业人员有较高的专业技能，而且要具有较强的特殊能力。选择这类职业的从业人员，必须考虑能力问题。

选择特殊职业的从业人员应该进行能力测验，以确定是否具有该职业所要求的特殊能力及水平。实践证明，经过能力测验，辨别出能力强者和能力弱者，对弱者重新进行职业培训或淘汰，可以更有效地保证特殊职业的生产安全，减少事故的发生。

交通肇事是现代社会的一大公害，有研究表明，大部分的汽车交通事故都是由汽车驾驶人直接引起的。有些汽车驾驶人曾不止一次地在驾车途中造成险情，而有的人则在这个岗位上工作得很好。在研究了大量实例之后，人们发现，易出事故的驾驶人和优秀的驾驶人在性格、情绪和驾驶能力等方面存在差别。汽车驾驶作为一项有一定危险性的职业，不仅要求从业人员具有良好的性格品质、稳定的情绪状态、极强的责任心，还需要一种特殊能力——驾驶能力。反应能力是衡量驾驶人职业适应最常使用的一项指标。驾驶人的反应能力可以用驾驶人对与驾驶有关的刺激做出反应时间的长短来判断。王国业、余群等人使用模拟驾驶装置测量并对比了有事故和无事故驾驶人的反应时，发现有事故驾驶人和无事故驾驶人在转向反应时、制动反应时和行为稳定性上均存在显著差异，无事故驾驶人在这三项测试中成绩都优于有事故驾驶人。

（2）普通职业对职业技能的要求

为保证安全生产，从事普通职业也需要相应的职业技能。

在生产实际中存在着这样的现象：有的工人只用一个工作日就可以轻松完成别人数个工作日才能完成的任务，而也有些工人，虽然工作诚恳努力，却耗费很大精力才可以完成一个工作日的任务。这种工作成绩的差别是由职业技能不同造成的。

职业技能的形成受能力，尤其是特殊能力、劳动态度、经验和职业培训等因素的影响。美国心理学家对 99 名织袜工进行了一个根据她们劳动成绩来划分其工作能力的试验。在这种试验里，态度和经验（以工龄来表示）都是可以控制的，这 99 人的工龄都在一年以上，受培训的情况也大致相同。试验结果表明，在态度和经验可控制的条件下，这些织袜工的工作效率存在着非常大的差别，从而证明了织袜工在从事这项职业的能力上存在着很大的差别。

3. 能力的个体差异

人与人之间的能力存在明显的差异，人在能力上的差异不但影响工作效率，而且也是安全生产的重要制约因素。认识到人的能力的差异才能更好地使用人的能力。能力的差异具体表现在：能力的类型差异、能力的发展水平差异、能力的表现早晚差异三个方面。

（1）能力的类型差异

能力的类型差异主要表现在以下几个方面：①在知觉方面，有的人知觉属于综合型，其特点是富有概况性和整体性，但对细节感知较差；有的人属于分析型，其特点是具有较强的分析力，对细节感知清晰，但是对整体感知较差；有的人则介于综合型与分析型之间；②在记忆方面，有的人属于视觉型，其视觉识记的效果较好；有的人属于听觉型，其听觉识记的效果较好；③在言语和思维方面，有的人属于生动语言型或称形象思维型；有的人则属于逻辑联系的言语类型或称抽象思维型。

（2）能力的发展水平差异

根据研究，人的一般能力的高低在人数上表现为一种正态分布：两头小、中间大，即能力特别高或特别低的人为数极少，而中等的人占大多数。这种差异反映了人的能力有高低之分，但就正常人的能力发展水平而言，悬殊很大的并不多，一个完全没有能力的人也是不存在的。能力发展水平的差异与人的身体健康状况、勤奋努力的程度等密切相关。

（3）能力的表现早晚差异

能力最初仅是人体内的一种潜能，这种潜能是随着人生的旅途逐渐显现出来的。但不同的人能力的显现参差不齐。考察古今中外，大器晚成者有之，早慧成熟的神童也屡有出现。在正常情况下，中年是人的能力表现最集中的时期，原因是中年人年富力强、精力充沛，有较强的抽象思维能力和记忆能力，基础知识和实际经验均比较丰富。

4. 能力在安全管理中的应用

对企业安全管理而言，管理者需要做好以下几个方面的工作。

1）提高自身管理能力。俗话说"将帅无能，累死三军"，如果领导者不具备领导能力，组织的安全绩效很难提高。

2）掌握岗位对员工能力界限的要求。每一项工作都有对一般能力或特殊能力在内容和质量上的要求。如果一个安全技能很高的人从事一项过于简单的工作，那么他往往对这一工作环境感到乏味，从而影响其能力的发挥，工作效率随之降低，对企业来说也造成人力资源的浪费；相反，安全技能较低的人从事较为复杂的工作，会感到力不从心，并且由此产生焦虑情绪，事故将会接二连三发生，危害员工生命安全，也影响企业的安全生产。

3）准确评估员工的能力。由于员工的先天素质、后天生活环境及工作环境、社会实践的不同，员工与员工在智力、岗位操作技能和参与安全管理的发展水平上都存在着差异，这就是企业员工能力（包括处理事故的能力）的差异性。从量的方面看，存在能力发展水平的差异；从质的方面看，存在能力类型的差异；从发展特点看，存在着能力表现早晚的差异。管理者需要结合员工的发展阶段、培训经历、工作实践，运用科学手段准确评估其能力，以便做出是否聘用、培训、晋升等人事决策。

4）合理分配工作。不同的工作对员工的能力要求不同。不同的员工，能力高低、擅长领域有所不同。因此，每一项工作都有对能力要求的范围，不同的人对工作有不同的适应性，在工作性质与人的安全技能发展水平之间存在着对应关系。管理者应当根据工作性质和能力要求、员工安全技能高低合理分配工作岗位，以做到人尽其才，发挥每个人的优势，避开短板，使员工的能力和体力与岗位要求相匹配。

5）完善组织结构。任何一个组织或企业，都存在安全技能高、中、低三种人。在组织管理中，必须协调好这三种人的结构。在团队合作时，人事安排应注意人员能力的相互弥补，团队的能力系统应是全面的，这对作业效率和作业安全具有重要作用。各种能力层次平稳衔接，才能提高安全管理和沟通效率，达到安全管理的目标。

6）促进员工能力发展。依据管理心理学的观点，一个人工作能力的高低等于智商与所受教育或训练的乘积。后天学习是能力发展的主要途径，企业在向外招用具备相当能力的员工的同时，也应当加强内部人力资源的开发，根据员工的岗位需求及安全技能，实施不同的安全教育训练计划，对职工开展与岗位要求一致的培训和实践，提高员工技能，使员工能力发展具有可持续，避免职业衰竭和生产安全事故。培训和实践只是能力形成和发展的外部条件，人的能力提高还必须通过本身的主观努力。好的管理者还应当及时发现员工的价值并及时激励员工，使员工有更多的意愿在自身能力提高方面主动加大投入。

复 习 题

1. 需要与动机分别是如何定义的？

2. 阐述需要、动机与行为之间的关系。

3. 阐述内在动机、外在动机对安全行为的价值。

4. 试述压力、动机与行为绩效的关系。

5. 兴趣是如何影响安全工作的？

6. 气质是如何影响安全的？

7. 什么是事故频发倾向论？试分析其局限性及其对安全工作的指导意义。

8. 有人说能力是一个人固有的，企业只有选能力高的人，才能减少安全问题。这种说法是否正确？为什么？

第6章
社会心理与安全

6.1 社会认知

社会认知理论泛指所有从社会认知入手，对人类的社会心理和行为进行研究的诸多社会心理学理论知识。社会认知理论主要研究人的心理活动和心理结构，重点研究个体的认知结构。

社会认知理论的最初产生受格式塔心理学和勒温（Lewin）相关理论的直接影响，并在其形成和发展的过程中得到了现代认知心理学的有力推动。

社会认知（social cognition）又称社会知觉，费斯克（Fiske）和泰勒（Taylor）把它定义为人们根据环境中的社会信息推论人或者事物的过程。具体来说，是指人们选择、理解、识记和运用社会信息做出判断和决定的过程。

社会认知的基本假设是，大部分情况下人们通过努力能够形成对世界的准确印象，并且大部分情况都能做到。但同时由于社会认知的性质比较复杂，人们有时也会形成错误的印象或认识。

6.1.1 归因理论

归因理论阐述社会认知过程本身，归因理论者认为，在日常的社会交往中，人们为了有效地控制和适应社会环境，往往对发生在周围环境中的各种社会行为有意识或无意识地做出一定的解释，即认知主体在认知过程中，根据他人某种特定的人格特征或某种行为特点推论出其他特点，以寻求各种特点之间的因果关系。

归因（attribution）是指人们推论他人的行为或态度的原因的过程。由于人们轻易不愿付出自己的认知资源，所以并不是对所有发生的事情进行归因，只有在两种情况下人们才会归因：一是发生出乎意料的事情，如飞机失事、股市大跌等；二是有令人不愉快的事情发生，如患病、被别人责备。在研究归因问题的时候，心理学家提出了一系列归因理论，对归因过程中人们使用的原则和方法加以论述。具体理论如下：

（1）罗特的控制点理论

罗特（Roth）认为人的想法调节人的行为，增加行为频率的不是奖励，而是对于事情将带来奖励的想法。罗特把个体对于强化的偶然性程度所形成的普通信念称为控制点，分为内控和外控。内控强调结果由个体的自身行为造成或由个体的稳定个性特征决定；外控强调事情是由个体之外的因素导致的。

（2）海德的归因理论

海德（Heider）从通俗心理学的角度提出了归因理论，该理论主要解决日常生活中人们如何找出事件的原因的问题。海德认为，事件的原因共有两种：一种是内因，如情绪、态度、人格、能力等；另外一种是外因，如外界压力、天气、环境、情境等。海德首先提出，当人们体验到成功或失败时，会寻找成功或失败的原因。若把成败归因于能力、努力等自身原因，称为"内控型"；若把成败归因于环境、运气、任务困难等外部原因，称为"外控型"。

（3）韦纳的归因理论

韦纳（Weiner）在海德的归因理论和阿特金森（Atkinson）的成就动机理论的基础上，提出了自己的归因理论，该理论要说明的是归因的维度及归因对成功与失败行为的影响。韦纳认为，内因与外因的区分只是归因的维度之一，在归因时人们还从另外一个维度，即稳定与不稳定的角度看待问题。

韦纳的归因理论最为引人注目的是归因结果对个体以后成就行为的影响，把成功与失败归于内部/外部或稳定/不稳定的原因会引起个体不同的情感与认知反应（自豪或羞耻）。把成功归于内部的稳定的因素，会使个体产生自豪，觉得自己聪明导致了成功；而把失败归于内部的稳定的因素，会使个体产生羞耻感。德韦克（Dweck）发现，把成功归于努力的学生比把成功归于能力的学生在以后的工作中坚持的时间更长，把失败归于能力的学生比把失败归于努力的学生在未来的工作中花费的时间更少。

韦纳在20世纪80年代进一步发展了他的归因理论，于1982年提出了归因的第三个维度：可控制性（controllability），即事件的原因是个人能力控制之内的，还是之外的。在韦纳看来，上述三个维度经常并存，可控制性这一维度有时本身也可以发生变化（表6-1）。

表 6-1　改进后的归因模型——以对考试成败的归因为例（韦纳，1982）

可控制性	内部		外部	
	稳定	不稳定	稳定	不稳定
可控制	特定的努力	针对某事的暂时努力	老师的偏见	来自他人偶然的帮助
不可控	特定的能力	心境与情绪	考试难度	一个人的运气

韦纳的归因理论引起了人们对归因风格（attributional styles）训练的兴趣，即怎样帮助人们发展出适应性更强的归因风格。德韦克的一项现场实验证明了这种训练的有效性，实验的被试者是一些经常把失败归于自己缺乏能力的小学生。因为如此，当研究者给这些小学生新的学习任务时，他们的毅力很差，实际上已经产生了习得性无助（learned helplessness）：一种无论自己如何努力，也注定要失败的信念。德韦克的训练计划包括25个时间段，在整个实验过程中，给被试者一系列的在解决数学问题上成功或失败的经验。当被试者失败的时候，教会他们把失败归于努力不够，而不是缺乏能力。在整个实验结束之后，德韦克发现这些学生的成绩和努力程度都有显著提高。

（4）凯利的三维归因理论

凯利（Kelly）借鉴了海德的共变原则，于 1967 年提出了自己的三维归因理论，也叫立方体理论。任何事件的原因最终可以归为三个方面：行动者（actor）、刺激物（stimulus objects）及环境背景（contexts），归因时人们要使用的三种信息（表 6-2）：①一致性信息——其他人也如此吗？②一贯性信息——这个人经常如此吗？③独特性信息——是否此人对这个刺激及这种方式反应，而不对其他刺激有同样的反应？

表 6-2　改进后的归因模型——以对上课睡觉归因为例

情境	一致性信息	一贯性信息	独特性信息	归因维度
情境 1	（低）其他人没睡觉	（高）该学生以前也睡	（低）该学生在别人课上也睡	学生懒惰
情境 2	（高）学生们都睡觉	（高）该学生以前也睡	（高）该学生在别人课上没睡	教授差劲
情境 3	（低）其他人没睡觉	（低）该学生以前没睡	（高）该学生在别人课上没睡	情境原因

凯利还指出，在归因过程中，人们会用到的另外一个原则，即折扣原则：特定原因产生特定结果的作用将会由于其他可能的原因而削弱。这一原则广泛应用于对他人行为的归因。

（5）琼斯和戴维斯的对应推论理论

琼斯（Jones）和戴维斯（Davis）于 1965 年提出的对应推论理论（correspondent inference theory），适用于对他人行为的归因，试图解释在什么条件下人们可以把事件归因于他人的内在特质，即人格、态度、心情等。琼斯等认为，一个人的行为不一定与他的人格、态度等内在品质相对应。要想把行为归因于内在品质，需要两个条件：行为的非期望性与非顺从性；行为的自由选择性，如果一个人是自由选择的，而不是在外界强大的压力之下做出的行为，人们也会认为他的行为代表了他的内心。

（6）阿伯拉姆森的归因风格理论

阿伯拉姆森（Abramson）提出了抑郁型和乐观型两种归因风格，并将它们同日常生活联系起来。抑郁型归因风格把消极的事情归因于内部的、稳定的和整体的因素上，把积极的事情归因于外部的、不稳定的和局部的因素上，所以常从消极的方面去解释生活和理解他人；而乐观型归因风格正好相反。

（7）自我知觉理论

贝姆（Bem）认为人们往往不清楚自己的情绪、态度、特质和能力等，试图通过本质上相同的资料，以及相同的归因过程对自己的行为进行因果关系的推论。

在贝姆之后，其他心理学家系统地研究了人们对自己各方面的归因，得到了以下一些结论：

1）对自己态度的归因。人们实际上是通过观察在不同压力环境下的自己的行为而了解自己的态度，并非经过内在感受的内省。为了验证自我知觉理论，萨拉希克（Salancik）和考维（Conway）设计了一项宗教行为描述的实验，在实验中参加实验的学生被随机分成了 A 组和 B 组。问 A 组学生是否偶尔从事宗教行为，如去教堂、看宗教报纸、向牧师询问个人问题等。因为许多学生有过这些宗教活动，因此这组学生说他们有不少宗教行为。问 B

组学生是不是经常做这些事，由于大多数学生并不经常如此，因此这一组学生报告的宗教行为较少。由于这两组学生是随机选取并分配的，因此假设他们实际的宗教行为没有差别，但由于问题中的关键词不同，第一组描述自己参加了不少宗教活动，第二组描述自己参加了较少的宗教活动，最后问学生"你的宗教信仰有多虔诚"，结果显示第一组学生比第二组学生对宗教更虔诚。

2）对自己动机的归因。完成一件报酬高的工作，常常使人们做外在归因，即我之所以做工作是因为报酬高。当完成相同工作却只有微薄的报酬时，人们往往做内在归因，即自己喜欢这项工作。因此，心理学家指出，最少的报酬将引发工作最大的内在兴趣，因为个体将工作成就归于内在兴趣而非外在奖励。也就是说，如果某人从事一项工作的理由被过分正当化的话，不知不觉会伤害到他参与该活动的内在兴趣。如果给予从事自己喜欢的工作者外在酬赏会降低其内在兴趣，那么施与外在威胁以避免其从事某项特殊行为应该会提升其兴趣。

3）对自己情绪的归因。传统观点认为，人们经过考虑自己的生理状态、心理状态及引起这些状态的外在刺激而认定自己的情绪。但最近研究表明，情绪反应在性质上并无两样，人们能区分出高低不同的激起状态，但无法辨别出不同类型的情绪。沙赫特（Schachter）认为，人们对自己情绪的知觉取决于人们所经历的生理上的激起程度和人们所使用的认知标签名称，如快乐、愤怒等。例如，一个人在商场抽中了奖品而激动不已，他会认为自己处在快乐中，而如果这个人是在拥挤的街道对推搡自己的人大叫，他会推论自己是愤怒的。沙赫特进一步论证了这个问题，认为人们对生理唤起的归因是产生各种情绪的根源。

6.1.2　社会态度

1. 态度的定义

社会态度即态度，是由认知、情感、行为倾向三个因素构成的、比较持久的个人内在结构。对于态度的概念，不同的学者有不同的定义。

奥尔波特（Allport）受行为主义影响，认为态度是一种心理和神经的准备状态，它通过经验组织起来，影响着个人对情境的反应。强调经验在态度形成中的作用。

克瑞奇（Krech）认为态度是个体对自己所生活世界中某些现象的动机过程、情感过程、知觉过程的持久组织。他忽略过去经验，强调现在的主观经验，把人当成会思考并主动将事物加以建构的个体，反映了认知派的理论主张。

弗里德曼（Freedman）认为态度是个体对某一特定事物、观念或他人稳固的、由认知、情感和行为倾向 3 个成分组成的心理倾向。他强调了态度的组成及关系，是目前公认的较好的解释。

态度定义中包含三个成分，态度的成分及其关系如图 6-1 所示。

1）认知成分。认知成分是指人们对外界对象的心理印象，包含有关的事实、知识和信念。认知成分是态度其余部分的基础。

2）情感成分。情感成分是指人们对态度对象肯定或否定的评价，以及由此引发的情绪情感。情感成分是态度的核心与关键，情感既影响认知成分，也影响行为倾向成分。

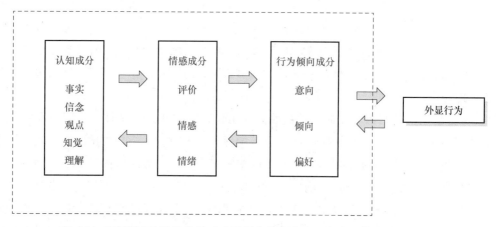

图 6-1 态度的成分及其关系（虚线框中的为态度，态度不等于外显行为）

3）行为倾向成分。行为倾向成分是指人们对态度对象所预备采取的反应，它具有准备性质。行为倾向成分会影响人们将来对态度对象的反应，但不等于外显行为。

2. 态度的心理功能

态度在人的生活中有重要的意义，其功能有以下几个：

（1）效用功能

效用功能也叫适应功能，这种功能使人们寻求酬赏与他人的赞许，形成那些与他人要求一致并与奖励联系在一起的态度，而避免那些与惩罚相联系的态度。例如，孩子们对父母的态度就是适应功能的最好表现。

（2）知识功能

从知识心理学的观点出发，态度有助于人们组织有关的知识，从而使世界变得有意义。对有助于人们获得知识的态度对象，更可能给予积极的态度，这一点相当于认知图式的功能。

（3）自我保护功能

态度除了有助于人们获得奖励和知识外，也有助于人们应付情绪冲突和保护自尊，这种观念来自精神分析的原则。例如，某个人工作能力低，但他却经常抱怨同事和领导。实际上，他的这种负性态度让他可以掩盖真正的原因，即他的能力值得怀疑。

（4）价值表达功能

态度还有助于人们表达自我概念中的核心价值，如一个青年人对志愿者的工作持有积极的态度，那是因为这些活动可以使他表达自己的社会责任感，而这种责任感恰恰是他自我概念的核心，表达这种态度能使他获得内在的满足。

3. 态度与行为

人们的态度与行为有着非常紧密的关系，人们经常从他人的态度来预测其行为。但是，态度与行为之间并非一对一的关系，态度只体现了一种行为倾向，它并不等于行为。通过态度预测行为的时候应该注意以下几个因素。

（1）态度的特殊性水平

在通过态度预测行为的时候，首先应该看看态度是指向一般群体还是特殊个体。拉皮尔（LaPiere）在研究中发现，美国人对亚洲人的态度与对某一个亚洲人的态度在特殊性上不同，比如，一个美国人可能总体上不喜欢亚洲人，但他不会因此而拒绝某一个亚洲人到他的餐厅用餐。因此用态度预测行为时，后者更准确一些。纽科姆（Newcomb）、魏格尔（Weigel）等发现，态度的特殊性越高，用它预测行为越准确。

（2）时间因素

一般来说，在态度测量与行为发生之间的时间间隔越长，不可知事件改变态度与行为之间关系的可能性越大。例如，菲什本（Fishbein）发现总统选举时，一周前的民意调查结果要比一月前的民意调查结果对预测当选结果更为准确。

（3）自我意识

内在自我的人较为关注自身的行为标准，因此用他们的态度预测行为有较高的效度；而公众自我意识高的人比较关注外在的行为标准，所以难以用他们的态度对其行为加以预测。

（4）态度强度

与弱的态度相比，强烈的态度对行为的决定作用更大。但是怎样才能使态度变强呢？戴维森（Davidson）发现，对态度对象仅仅要求更多的信息就足以使人们态度的强度增加。在一项研究中心，卡尔格瑞恩（Kallgren）先问了被试者对一些环境问题的态度，然后让他们参加环境保护活动，结果发现对环境问题有丰富知识的被试者的态度与行为的一致性较高。增加态度强度的另一个途径是让个人参与到态度对象中，让人们参与某些事情是增强其态度的有效手段，反过来也可用人们的参与来预测态度与行为的一致性。

（5）态度的可接近性

态度的可接近性是指态度被意识到的程度，越容易被意识到的态度，对行为产生影响的可能性就越大。一般来说，来自直接经验的态度对行为的影响大，就是因为这类态度的可接近性大。

4. 态度的形成

（1）态度的形成与学习

态度的形成与学习之间的关系可以用学习理论来说明。学习理论是由卡尔·霍夫兰德（Carl Hovland）和他耶鲁大学的同事提出的，该理论假设人的态度和其他行为习惯一样，都是后天习得的。态度的学习有三种机制：①联结，把特定的态度与某些事物联系在一起；②强化，受到奖励也有助于人们形成对某事的态度；③模仿，通过模仿榜样人物的态度而形成，如孩子经常模仿父母的态度。

与霍夫兰德的观点相似，凯尔曼（Kelman）认为态度的形成与改变有三个不同的过程：①服从：它是人们由于担心受到惩罚或想要得到预期的回报，而采取与他人要求相一致的行为；②认同：使自己的态度与榜样人物的一致；③内化：当态度与个人的价值体系一致时，个体容易形成这样的态度。

（2）情感因素在态度形成中的作用

在与情感有关的态度形成之中，曝光效应最能证明有时候人们对他人的态度形成与情感有紧密的关系。曝光效应是指人们对其他人或事物的态度随着接触次数的增加而变得更积极的一种现象。心理学家扎荣茨（Zajonc）最早提出了这一概念。在一项研究中，扎荣茨让参加实验的大学生学习外语，他向被试者以 2s 一个的速度呈现 10 个汉字，其中，2 个字出现 1 次，2 个字出现 2 次，2 个字出现 5 次，2 个字出现 10 次。看完 10 个汉字后，告诉被试者这 10 个汉字是中文形容词，让被试者判断这些词所代表的意思的好坏。结果发现，这些词中出现次数越多的词，被试者对它的评价度越高，如图 6-2 所示。后来扎荣茨用人的脸部照片和无意义音节做了类似实验，也证明了这点结论。

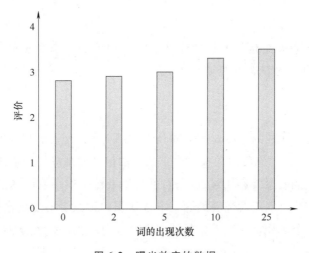

图 6-2　曝光效应的数据

但是由于曝光效应的基本假设是情感反应先于信念，而这一假设恰恰与认知论的观点相反。在持认知观点的人看来，认知先于情感，即人们是先知道，然后才有情感。基于情感反应的态度只是一些简单的态度，人们绝大部分的态度都是认知与学习的结果。

（3）态度形成中的认知理论

认知因素对态度形成具有重要的作用，认知影响态度形成中最有代表性的当数阿齐兹（Ajzen）提出的有计划行为理论（theory of planned behavior）。

在有计划行为理论中，指向行为的态度由两方面因素决定：一是人们对行为结果的信念；二是对这些信念的评价。费什本（Fishbein）通过研究妇女生育的问题，发现她们的态度确实基于信念和这些信念的评价。主观规范（subjective norms）是指一个人对来自他人的社会压力的知觉，即该不该做出这样的行为的考虑。它也由两个方面决定：一是感受到的重要他人的期望；二是遵从这些期望的动机。知觉到的控制感是指人们对完成行为是困难或容易的知觉。阿齐兹指出，只有在人们对完成行为有控制感的时候，态度才有可能影响行为。例如，张三想要戒掉 30 多年的烟瘾（对戒烟持正性态度），同时他也知道家人和医生期望他戒烟，而他也想遵从他们（主观规范），然而在戒烟的过程中，意识到改变习惯的难度之后，他可能对自己失去信心（知觉到对行为的低的控制感），这样不论态度与主观规范如何，张三也戒不了烟。

有计划的行为理论模型如图 6-3 所示。

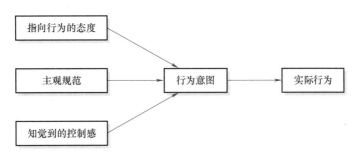

图 6-3　有计划的行为理论模型

有计划行为理论也受到一些批评，对它的批评主要来自两方面：一些心理学家认为人类的行为有时候是自发的、无意识的；另一些心理学家则提出了习惯的问题，习惯性的行为不受上述因素的影响。

5. 态度的改变

与研究态度形成相比，研究态度改变的意义更大。因为在社会生活中，如何改变他人的态度对政府宣传、商业广告及日常的生活都有现实意义。

与态度改变有关的理论主要有两个：海德（Heider）的平衡理论（balance theory）和费斯汀格（Festinger）提出的认知失调理论（cognitive dissonance theory），这两个理论分别从不同的角度探讨了与态度改变有关的问题。

（1）平衡理论

海德从人际关系的协调性出发，提出了态度改变的平衡理论，如图 6-4 所示。

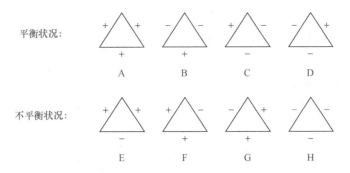

图 6-4　态度改变的平衡理论的理论模型

该理论认为在一个简单的认知系统里，存在使这个系统达到统一性的情绪压力，这种趋向平衡的压力促使不平衡状况向平衡过渡。海德用 P-O-X 模型说明这个理论，其中，P 代表一个人（如张三），O 代表另一个人（如张三的女友），X 代表一个事物（如一部电影）。从人际关系的适应性来看，P、O、X 之间的关系有如图 6-4 所示的 8 种组合，张三（P）和他的女友（O）对一部电影（X）的态度就符合这样一个系统。如果张三喜欢这部电影，他的女友也喜欢这部电影，而且张三喜欢自己的女友，这样的话就是一个平衡的系统，谁也没有必要改变态度；但是在其他条件不变的情况下，如果他的女友不喜欢这部电影，这时候的系统就不平衡了，就必须有人产生态度改变。态度改变遵循最少付出原则，即为了恢复平衡状态，哪个方向的态度改变最少，就改变哪个方向的态度。

按照海德的观点，与喜欢自己的人态度一致，或者与自己不喜欢的人态度不一致，我们的生活关系就是一个平衡的系统。对平衡理论所做的研究通常支持以下预测：人们确实能够从不平衡状态调整至平衡状态，并遵循着知觉上最小付出方式。但是，假如是因为你喜欢某个人而产生不平衡，此时趋向平衡的压力大，而如果是因为你不喜欢某个人而产生不平衡，则压力较小。纽科姆（Newcomb）把后一种现象叫作非平衡（nonbalance），而不是不平衡（inbalance）。在他看来，人们并不在意和一个不喜欢的人意见是否一致。

（2）认知失调理论

认知失调理论是认知一致性理论的一种，它最早是由费斯汀格（Festinger）提出来的。在费斯汀格看来，所谓的认知失调是指由于与态度不一致的行为而引发的不舒服的感觉，如你本来想帮助你的朋友，实际上却帮了倒忙。费斯汀格认为，在一般情况下，人们的态度与行为是一致的，但有时候态度与行为也会出现不一致，例如尽管你很不喜欢你的上司夸夸其谈，但畏惧上司的地位而不得不恭维他。当人们的态度与行为不一致，并且无法对自己的行为找出外部理由时，常常会引起个体的心理紧张。为了克服这种由认知失调引起的紧张，人们需要采取多种多样的方法，以减少自己的认知失调。

以戒烟为例，你很想戒烟，但当你的好朋友递给你香烟的时候你不自觉又抽了一支烟。这时候你戒烟的态度和你抽烟的行为产生了矛盾，引起了认知失调。我们可以采用以下几种方法减少由于戒烟而引起的认知失调：

1）改变态度。改变自己对戒烟的态度，使其与以前的行为一致：我喜欢吸烟，我不想真正戒烟。

2）增加认知。如果两个认知不一致，可以通过增加更多一致性的认知来减少失调：吸烟让我放松和保持体型，有利于我的健康。

3）改变认知的重要性。让一致性的认知变得更重要，不一致性的认知变得不重要：放松和保持体型比担心 30 年后患癌更重要。

4）减少选择感。让自己相信之所以做出与态度相矛盾的行为是因为自己没有选择：生活中有如此多的压力，我只能靠吸烟来缓解，别无他法。

5）改变行为。使自己的行为不再与态度有冲突：我将再次戒烟，即使别人给烟也不抽。

6.1.3 群体的互动：合作与竞争

竞争与合作是社会互动的两种基本形式，是人与人、人与群体或群体与群体相互作用时表现出的社会行为。

1. 竞争

竞争是人们为了实现有利于自己的目的而进行的相互争胜的活动，也是对共同期望的有限资源的争夺过程。竞争的结果往往是优胜劣败。竞争贯穿于自人类社会产生以来的整个人类历史进程中，也贯穿于个体或群体的生存和发展过程中。它是人类实践生活中相互作用的基本形式之一。在人类实践活动中，不同主体的各方面的需要或利益不可能同时均衡地得到满足，因而势必使某些有限的社会资源成为人们共同追求和争夺的目标，从而相互之间形成竞争。

2. 合作

合作是人类社会实践活动中相互作用的另一种基本形式。合作行为是社会互动中，人与人、群体与群体之间为达到对互动各方都有某种益处的共同目标而彼此相互配合的一种行动，也是人们为实现共同目的或各自利益而进行的相互协调的活动。人们多方面的社会生活都必须建立在合作的基础上，没有合作就没有群体或社会可言。没有合作，就没有人类社会的存在和发展，也就没有个体或群体的生存和发展。也就是说，在人类实践活动中，当个体或群体依靠自身的力量达不到一定目标时，就需要相互配合协调，共同采取行动，从而形成合作。

竞争与合作是相互联系辩证统一的。竞争存在于合作之中，合作以竞争为前提。没有合作的竞争是软弱无力的或是破坏性的；而没有竞争激励的合作，是没有活力和生命力的。要和谐发展，人们不能重竞争而轻合作，也不能重合作而排斥竞争。

6.1.4 群体极化

群体极化（group polarization），也称"冒险转移"，是指在群体决策中往往表现出一种极端化倾向，即或转向冒险一端，或转向保守一端。在早期的一项群体极化的研究中，要求被试者决定是接受有保证而没有兴趣的工作，还是接受有风险但有兴趣的工作。在每个被试者把自己的选择拿到群体中进行讨论后，再要求被试者决定他们的选择。结果发现，被试者如果原来选择比较冒险的一端，则在群体讨论后更加冒险；如果原来选择比较保守的一端，则在群体讨论后更加保守。

1. 群体极化产生的原因

群体极化产生的原因有多种解释，其中有两种理论得到较多研究者的支持。

（1）说服论据理论

这个结果是通过信息影响途径实现的。信息影响途径是指在群体讨论过程中，成员所提供的绝大多数信息是支持自己观点的。因此，群体成员逐渐相信了自己观点的正确性。当意见倾向于某一个方向时，大多数论据用来论证该观点的正确性。于是，最初占优势的意见渐渐获得越来越多的支持，即它是在了解了新的信息和听到了新的说服性的意见时产生的。

（2）社会比较理论

这个结果是通过社会比较途径实现的。在群体讨论中，原来认为自己的意见比其他人的更好更合理，但是在现实中，不可能每个参与者的观点都超过所有成员的平均水平，于是许多成员开始省悟过来，发现自己的观点不像原来所认为的那样合理，结果发生了向极端转移，它是在成员了解了群体的一致意见时产生的。

在现实生活中，信息影响和社会比较途径常常是一起出现，甚至是相辅相成的。此外，责任分配、群体压力、文化背景和群体领导者等因素也会导致群体极化现象。

2. 群体极化的影响

群体极化具有双重的影响。从积极的一面看，它能促进群体意见一致，增强群体内聚力和群体行为。从消极的一面看，它能使错误的判断和决定更趋极端。群体极化似乎很容易在一个具有强烈群体意识的群体内产生，也许是在这样的群体中，其成员对群体意见常做出比实际情况更一致和极端的错误决定。

当然，极端未必是坏事，如果没有群体极化，许多重要的价值至今不会顺利实现。例如，西方社会公民权运动、废奴运动都曾一度被视为极端而遭多方打压。但是，在生活中，事实也很清楚，极端可能会伤害很多人，毁灭很多东西。有些时候，某群体成员跟着群体做出决定，再回到一个人的时候，会生出很多后悔。

3. 改善方法

1）坚持公平原则，认真听取每个成员的意见或建议，在每个人陈述完意见之初不做出评价。

2）鼓励批评性评价，在别人的评论中看到自己的缺陷，从而更好地完善策划。

3）可以将群体划分成几个小组，然后再重组在一起表达不同的意见，更容易选择出合理的方案。

4）接受局外的专家和伙伴提出的批评，局外人的头脑更为清晰（旁观者清），也更能够看出其中的缺失。

5）在实施之前，召开被称为"第二次机会"的会议，允许更多的意见提出，给更多的成员发言权。

6）生活并不是跷跷板，处于高处或处于低处，都不是最佳观测点。有些时候，往中间靠靠，才可能摸清全局，也能看到退路。

6.1.5 刻板印象

刻板印象，又称刻板效应，是指对某个群体产生一种固定的看法和评价，并对属于该群体的个人也给予这一看法和评价。刻板印象虽然可以在一定范围内进行判断，不用探索信息，迅速洞悉概况，节省时间与精力，但是往往可能形成偏见，忽略个体差异性。人们往往把某个具体的人或事看作是某类人或事的典型代表，把对某类人或事的评价视为对某个人或事的评价，因而影响正确的判断，若不及时纠正，进一步发展或可扭曲为歧视。

苏联社会心理学家包达列夫做过这样的实验，将一个人的照片分别给两组被试者观看，照片中人的特征是眼睛深凹，下巴外翘。向两组被试者分别介绍情况，给甲组介绍情况时说"此人是个罪犯"，给乙组介绍情况时说"此人是位著名学者"。然后，请两组被试者分别对此人的照片特征进行评价。

评价的结果，甲组被试者认为：此人眼睛深凹表明他凶狠、狡猾，下巴外翘反映他顽固不化的性格；乙组被试者认为：此人眼睛深凹表明他具有深邃的思想，下巴外翘反映他具有探索真理的顽强精神。

为什么两组被试者对同一照片的面部特征所做出的评价竟有如此大的差异？原因很简单，被试者对社会中各类人有着一定的定型认知。对于照片中的人，把他当罪犯来看时，自然就把其眼睛、下巴的特征归类为凶狠、狡猾和顽固不化，而把他当著名学者来看时，便把相同的特征归为思想的深邃性和意志的坚韧性。可见，刻板效应实际就是一种心理定式。

6.1.6 社会认知与安全

社会认知的许多方面涉及人们的日常生活，其中最重要的一个领域就是对人类健康和安全的影响，心理学研究发现这样的影响可能诱发事故。

1. 社会认知与寂寞

心理学研究表明，在社会认知过程中，如果人们只注意生活中的消极方面，那么他就可能会体验到更多的寂寞。安德森（Anderson）指出，与那些抑郁的人一样，长期寂寞的人也经常陷入贬低自己的消极作用圈，他们经常用消极的态度看待自己的压抑，经常责备自己没有良好的社会关系，把失误都看成是自己无法控制的等。琼斯（Jones）等人还发现，寂寞感较强的人常常用消极的眼光看待他人，如他们会把自己的室友看成是难以共处的。这类人在日常工作中难以融入团队，缺乏团队意识，导致与团体脱节，容易引发事故。

2. 社会认知与焦虑

焦虑是人们生活中不可避免的事情，例如当你面对一群人讲解，见一位重要的人物，或者是别人评价你的时候，你都会感受到焦虑。心理学家布鲁姆和韦格纳（Broome 和 Wegner）研究了人们感受焦虑的情境，发现人们对情境的认知和控制可以避免焦虑，菲利普·津巴多（Philip Zimbardo）等人的研究也证明了这一点。在这项研究中，津巴多让害羞和不害羞的两组女大学生在实验室中与一个陌生人谈话。谈话开始前先把这些女学生集中在一间屋子里，给她们呈现很大的噪声。之后告诉其中一部分害羞的女生噪声会造成她们心跳加快，并说这也是焦虑的症状。结果发现，这部分女生由于把自己在与陌生人交谈时的心跳加快归于噪声，而不是自己害羞或者缺乏社交技能，所以她们不再焦虑，谈话也很流畅。不仅是在某些情境中，在个体的学习过程中也会产生焦虑，进而影响个体的学习结果。斯皮尔伯格（Spielberger）的研究表明，20%以上的学生因为典型的高焦虑导致学习失败被迫中途辍学，而在低焦虑的学生中，因学习失败而辍学者只有6%。在日常工作中，焦虑的人容易在作业中因过度紧张导致操作不当，进而引发事故。

3. 社会认知与生理疾病

随着工业化进程的发展，心理学家发现人类的行为和认知对自身的健康有着重要的影响。行为医学（behavioral medicine）和健康心理学（health psychology）就是在这种思路的影响下发展起来的。

6.2 社会影响

社会影响（social influence）是指运用个人或团体的社会力量在特定方向上改变他人态度或行为的现象。这里所说的社会力量是指影响者用以引起他人态度和行为发生变化的各种力量，它的来源非常广泛，既包括与社会地位相联系的各种权力，也包括源于被爱和受尊敬的影响力。弗兰茨和雷文（French 和 Raven）对社会力量的来源进行了分析，他们总结出了6 种社会力量的来源：①奖赏权（reward power），是指人们向他人提供奖励的能力，如私营公司的老板对下级来说就具有这种权力，父母对孩子而言也具有奖赏权；②强制权（coercive power），与奖赏的权力相反，强制权是指拥有权力的人提供惩罚的能力，如对不遵守课堂纪律的学生而言，老师就拥有这种权力；③参照权（referent power），是指让他人参考的权力，如团体是一种重要的参照权的来源，与团体保持一致是参照权影响个体的写照；④法定权（legitimate power），是指与一定地位相联系的权力，如部长和校长拥有的处理事务的权力；⑤专家权（expert power），是指与某些特长相联系的权力，如医生在处理疾病时的影响力，政治家在处理国际事务中的能力；⑥信息权（informational power），是指了解某些他人不知道的信息而拥有的影响力。

6.2.1 社会影响理论

来自外界的社会压力对人们的行为有着很大的影响。拉塔纳（Latanē）提出的社会影响理论论述了社会影响的一些原则。拉塔纳指出，在一个特定的社会情境中，来自他人的社会影响的总量取决于三个方面的因素：他人的数量、他人的重要性和他人可接近的直接性。

（1）他人的数量

周围的人越多，来自他人的社会影响也越大，如一个新演员在面对 50 个观众时要比面对 10 个观众时更怯场。拉塔纳还提出，伴随着影响人数的增加，每一个人的影响实际上在下降，也就是人数的边际效应递减，第二个人的影响比第一个人小，第 N 个人的影响小于第 $N-1$ 个人的影响。

（2）他人的重要性

他人的重要性也叫他人的强度，它依赖于他人的地位、权力，以及他人是否是专家。在许多情境下，一名警官的影响要比一名邮递员的影响大，一位大学教授的影响要比一名小学老师的影响大。他人的地位越高、权力越大、权威越强，他的社会影响力就越高。

（3）他人可接近的直接性

他人可接近的直接性是指他人在时间与空间上与个体的接近程度，与一个相隔 200 公里的亲友相比，一个与我们面对面相处的同事对我们的影响更大。

6.2.2 社会影响的表现

从心理学的角度看，团体对个体行为的影响是多方面的，这些影响体现在人类生活的许多方面。

1. 社会促进

（1）社会促进现象

社会促进（social facilitation）是指人们在有他人旁观的情况下工作表现比自己单独进行时更好的现象。最早对此问题进行研究的是特里普利特（Triplett），特里普利特注意到在有竞争时人们骑车的速度比单独骑车的时候快，因此他设计了一项实验，探讨儿童在有他人存在时是否会表现更活跃。结果证明了他的预期，在拉钓鱼线的实验中，当有他人存在时儿童会拉得更卖力。他对社会促进的这个证明也是最早的社会心理学实验室研究。

（2）社会促进原因

扎琼克（Zajonc）认为他人的出现会使人们的唤起增强，而这种生理唤起会进一步强化人们的优势反应。在简单任务中，优势反应往往是正确的，而在复杂任务中，正确答案往往不是优势反应，所以在复杂任务中，唤起增强的是错误反应。也就是说，他人的出现对完成简单工作起促进作用，而对完成复杂工作起阻碍作用，这两方面加在一起统称社会促进。随后的研究也以不同的方式验证了这个规律：无论优势反应是正确反应还是错误反应，社会唤起都会促进优势反应。

对社会促进的另一种解释是科特雷尔（Cottrell）提出的评价恐惧理论（the evaluation apprehension）。该理论从害怕被他人评价的角度解释了社会促进现象。科特雷尔认为，在有他人存在的环境中，人们由于担心他人对自己的评价而引发了唤起，并进而对工作绩效产生影响。因此，按照评价恐惧理论的观点，如果他人只是出现了，而没有对工作表现加以注意，他们的出现不会产生社会促进的效果。

对社会促进的第三种解释与分心冲突有关。按照这一理论，当一个人在从事一项工作时，他人或新奇刺激的出现会使他分心，这种分心使个体在注意任务还是注意新奇刺激之间产生了一种冲突。这种冲突使认知系统负荷过重，从而唤起增强，导致社会促进效果。这种唤醒不仅来自他人在场，有时其他非人的分心物的出现，如光线的突然照射也会产生这种效应。该理论解释了噪声、闪光等刺激对作业成绩的促进或损害作用。

2. 社会懈怠

社会懈怠（social loafing）是指在团体中由于个体的成绩没有被单独加以评价，而是被看作一个总体时所引发的个体努力水平下降的现象。心理学家林格尔曼（Ringelman）最早发现了社会懈怠现象。他发现当人们一起拉绳子的时候，平均拉力要比一个人单独操作时的拉力小。在研究中他让参加实验的工人用力拉绳子并测量拉力，实验包括三种情境：工人独自拉、3 个人一组拉和 8 个人一组拉。按照社会促进的观点，人们会认为这些工人在团体情境中会更卖力。但事实恰恰相反：当工人独自拉时，人均拉力为 63kg；3 个人一起拉时人均拉力为 53kg；8 个人一起拉时人均拉力只有 31kg，不到单独拉力的一半。

政治学家斯威尼（Sweeney）对社会懈怠的现象很感兴趣，他在得克萨斯大学所做的一项实验中发现，当学生们知道自己被单独评价时（以发电量为指标），他们踩自行车练习器要更加卖力；而在团体条件下，人们常常会受到搭便车的诱惑。有趣的是，社会懈怠和性别也有关系，女性发生社会懈怠的现象比男性要少。久木原（Kugihara）研究发现，大约 20% 的日本男性和 60% 的日本女性不会发生社会懈怠。在我国和美国，女性的社会懈怠都要少于男性。

3. 去个体化

团体对个人行为影响的另一个例证是去个体化（deindividuation）现象。它是指个体表失了抵制从事与自己内在准则相矛盾行为的自我认同，从而做出了一些平常自己不会做出的反社会行为。去个体化现象是个体的自我认同被团体认同所取代的直接结果。生活中常见的去个体化现象并不多，但它的危害却十分严重，如当某一支球队的球迷因为自己的球队输球而聚集在一起闹事的时候，他们往往做出自己平时想都不敢想的极端事情，如烧汽车、砸商店等。

去个体化行为为什么会产生呢？津巴多（Zimbardo）认为这种现象的产生与三个方面的因素有关：唤起、匿名性及责任扩散，而其他心理学家认为去个体化的原因主要来自两个方面。

（1）匿名性

匿名性是引起此现象的关键，团体成员越隐匿越会觉得不需要对自我认同与行为负责。在一群人中，大部分人觉得他们不代表自己，而是混杂于群众中，也就是说没有自我认同。相反，如果他们具有某种程度的自我认同，并且保持着个体的存在感，就不会出现不负责任的行为。

随着互联网的普及，网络也提供了类似的匿名性。人们常常在网络上下载盗版音乐、盗版电影及盗版图书资料。因为有同样行为的人太多了，所以人们几乎不会认为下载别人版权所有的这些资料有多么不道德，也不会想到自己会因此而被判违法。网络聊天室的匿名性也使其中敌对或激进的行为比面对面交谈时要多得多。

（2）自我意识降低

去个体化现象产生的第二个原因与个体自我意识功能的下降有关。人们的行为通常受道德意识、价值系统，以及所习得的社会规范的控制，但在某些情境中，个体的自我意识会失去这些控制功能。马伦（Mullen）认为团伙的规模越大，成员越有可能失去较多的自我意识。在群体中个体认为自己的行为是群体的一部分，这使人们觉得没有必要对自己的行为负责，也不顾及行为的严重后果，从而做出不道德与反社会的行为。可以通过创设增加人们的自我意识的条件削弱去个体化。

但是去个体化并不是只能引发人们释放邪恶的冲动。波斯特梅斯和斯皮尔斯（Postmes 和 Spears）对 60 项去个体化研究做了分析，得出这样一个结论：在匿名状态下，人们的自我意识减弱，群体意识增强，更容易对情境线索做出回应，而无论这线索是消极的还是积极的。这说明如果在群体中出现积极的情境线索，隐匿在群体中的个体也会因收到积极的情境线索而做出积极的回应，如在十字路口的人群中，如果有数名衣着整齐的人在等红灯，那么人群中其他人闯红灯的行为会减少。

6.2.3 从众心理

1. 从众的定义

心理学家迈尔斯（Myers）认为从众（conformity）是个体在真实的或想象的团体压力下将自己的行为或信念调整到与群体的标准一致的倾向。弗兰佐伊（Franzoi）则把从众定义为对知觉到的团体压力的一种屈服倾向。尽管表达上有差异，但都指出了这一概念的实质，即从众是一种在压力之下发生行为改变的倾向。

2. 有关从众心理的经典实验

有关从众的经典研究有两项，一个是谢利夫（Sherif）的团体规范形成的研究；另一个是阿希（Asch）的线段判断实验。

（1）谢利夫有关规范形成的研究

最早对从众行为进行实验研究的是出生于土耳其的心理学家谢利夫，1935 年谢利夫发表了他的有关团体规范如何形成的研究报告。在这篇报告中，他明确反对作为美国心理学奠基人之一的奥尔波特（Allport）关于群体问题的观点，认为团体不是个体的简单组合，团体大于个体之和。

为了证明在不确定条件下团体压力会对个体的判断产生影响，谢利夫利用知觉错觉中的自主运动现象（autokinetic effect）研究大学生被试者的判断情况。自主运动现象是指在一个黑暗的没有参照系的屋子里，当人们盯着一个静止不动的光点时，会感到该光点向各个方向运动的现象。在研究中谢利夫把每三个大学生分为一组，让他们判断光点移动的距离到底有多少，每一组在判断之后将自己的结果告诉其他组的被试者。结果如图 6-5 所示：最初的时候，被试者在判断上的差异很大，有的人认为光点移动了七八毫米，而有的人认为只移动了

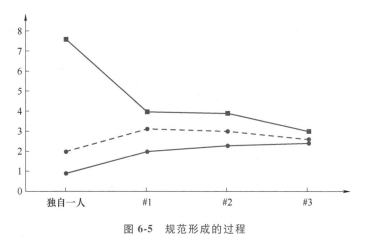

图 6-5 规范形成的过程

注：#1、#2、#3 是指小组各次的判断，随着时间的推移，三个人（小组）的判断趋于一致。

零点几毫米；但随着时间的推移，被试者的判断趋向一致，到第三个阶段时，所有被试组的判断基本上达到了一致，即对这个问题形成了一个共同的标准。谢利夫认为这个阶段实际上已经建立起了团体规范。这种规范对每个人的行为与信念起着制约作用。有意思的是，在研究结束时，谢利夫询问参加实验的被试者，他们的判断是否受到他人的影响，被试者都否认他人对自己有影响。谢利夫的研究还发现，在情境越是不明确，以及人们不知道如何定义该情境时，人们受到他人的影响越大。

麦克尼尔和谢利夫（Macneil 和 Sherif）进一步研究了在自主运动情境中形成的团体规范能够存在多久，结果发现团体规范对个体判断的作用越强大，团体规范被团体接受和传递的可能性越小。也就是说，规范的压制性力量越大，它以后被修改的可能性越大。这个结论有助于理解为什么强大的独裁政府会在一夜之间土崩瓦解。

（2）阿希的线段判断实验

与谢利夫的研究相比，阿希的研究被认为是有关从众研究的典范。由于谢利夫的研究是在一种模糊的情境中进行的，所以人们往往认为模糊的情境使人们易受他人的影响。那么，当情境很明确的时候，人们会不会从众呢？

阿希设计的实验情境之一如下：当志愿参加实验的大学生被试者来到实验室的时候，看到6名与自己一样参加实验的被试者已经在等候了。实际上这是阿希事先设计好的，这6个人是阿希的实验助手（也叫实验"同谋"）。被试者和这6个人围桌而坐，然后阿希拿出了一张卡片放在黑板架上，这张卡片的左边有1条线段（标准线段X），右边有3条线段，旁边分别标有A、B、C，如图6-6所示。阿希告诉被试者，他们的任务就是简单地报出A、B、C中哪条线段和标准线段一样长。

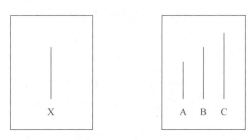

图6-6　阿希的垂线实验

很显然，对被试者来说这是一项非常容易的任务，只要视力正常的人都能看出B是正确的答案。在前两轮实验中，实验"同谋"选择了正确的回答。但从第三轮开始，实验者的"同谋"一致性地选择了错误的答案（比如A）。阿希想知道在这种情况下被试者会不会从众呢？有多少人从众，有多少人不从众？结果发现尽管被试者的从众程度不同，但总体上至少有33%的被试者会从众，即选择与实验"同谋"一样的答案。另外，在整个实验过程中，有76%的人至少有一次从众行为发生。

3. 影响从众的因素

阿希及其他的心理学家发现有许多因素对人们的从众行为有影响。

（1）情境因素

影响从众行为的情境因素很多，总结起来有两个：一是团体的规模：在阿希的系列实验中，他通过改变实验"同谋"的数量（1~15人不等），发现随着人数的增加，从众现象也越发增加。但这个人数有一个极限，即不能超过4人，如果超过这个范围，人数增加并不必然导致从众行为的增加。二是团体的凝聚力：霍格（Hogg）、洛特（Lott）等人指出，在一般情况下，团体的凝聚力越大，从众的压力越大，人们的从众行为越可能发生。

（2）个人因素

人们的从众行为倾向也受自身特征的影响，与从众有关的个人因素有以下几个方面：①自我：内在自我意识强的人做事情往往按照自己的方式，不太会从众；而公众自我意识强的人往往以他人的要求与期望作为自己的行为标准，所以从众的可能性更大；②个体保持自身独特性的需求：许多研究证明，有时候人们不从众是为了保持自身独特的自我同一性；③个人的控制愿望：对自己行为的控制愿望也会影响人们对从众行为的反应。杰

从众心理
及其影响

克·布雷姆（Jack Brehm）提出的心理抗拒理论就认为：人们相信对自己的行为拥有控制权，因此当这种控制自由受到限制的时候，人们往往会采取对抗的方式，以保持自己的自由。在生活中经常有这样的事情，如父母告诉孩子不要和某个人交朋友，但孩子却偏偏要和这个人好。孩子之所以这样做，实际上是通过抗拒体现自己的自由。

除此之外，个体的社会地位、预先的承诺和性别等都会对从众行为产生影响。在一个群体中，地位高的人往往有更大的影响力，社会地位越低的人从众的可能性越大；对组织或他人的承诺越多，从众的可能性越大。性别与从众行为的关系比较复杂，早期的研究者认为女性的从众倾向比男性明显，但最近的研究并不完全支持这一结论。伊格利（Eagly）指出，如果男女在从众行为上有差异的话，也仅仅发生在要求女性当面反对对方的情境下。此外，从众还受到是否公开的影响，阿希实验中的被试者在看到其他人的反应之后，如果写下自己的答案只供研究者看，那么他们就较少受到群体压力的影响。

（3）文化

文化价值观确实对从众有影响。一般来讲，与个人主义国家的人们相比，集体主义国家（和谐受到赞扬，关系有助于定义自我）的人们更容易因受到他人影响而做出反应。在这些国家和地区，从众则是积极的表现。例如，在日本，与其他人保持一致不是软弱的表示，而是忍耐、自我控制和成熟的象征。在西方的个人主义社会中，人们并不赞赏屈从于同伴压力之下，因此，在个人主义者看来，"从众"一词往往含有消极的价值判断。

6.2.4 服从心理

服从（obedience）是指在他人的直接命令之下做出某种行为的倾向，很多时候人们会服从地位高的人或权威的命令。父母、老师、警察等都是服从的对象，对权威与他人的服从也是一个人社会适应是否良好的标志。

早在1963年，心理学家米尔格拉姆（Milgram）就研究了人们的服从倾向。在实验中，

当志愿参加实验的大学生来到实验室的时候，实验者告诉他将与另外一个人一起参加一项惩罚对字词学习如何产生影响的研究，同时让被试者扮演实验中"老师"角色，而让另外一个人扮演实验中的"学生"角色（该人实际上是实验者的助手）。被试者的任务是当"学生"对字词配对错误的时候对其实施电击，电压范围从 15~450V。被试者每犯一次错误，惩罚的电压就增加15V。实验中在隔壁房间学习的"学生"故意犯了许多错误，当电压升到 150V 的时候，"学生"开始求饶，随着电压的进一步上升，"学生"大喊大叫，哭着求"老师"放过自己。"老师"有时候也有迟疑，但每次在他犹豫不决的时候，实验者会告诉他"继续下去""实验要求你必须继续"，以及"你毫无选择，必须继续下去"等。在实验之前，精神病学家预测会有 10% 的人服从实验者的命令而坚持到用 450V 的电压电击"学生"，实际上比例达到了 65%。

为了确定实际的服从倾向，米尔格拉姆在耶鲁大学继续做这一方面的实验，他想知道在互相熟悉的人之间，是否会因为服从实验者的命令而电击对方呢？他找到了正在校园一起散步的两个人，请他们参加与上面设计一样的实验，总共有 40 个年龄为 20~50 岁的男性被试者参加了这个实验。结果令他震惊，因为即使对自己熟悉的人，也有 65% 的被试者用最高的电压电击他。当然，在实际中假扮"学生"的被试者并没有受到电击，他们的哭声喊声都是事先制作好的录音。

由于该实验的结果如此出乎意料，为了稳妥起见，米尔格拉姆通过改变实验方式进一步对人们的服从行为倾向加以研究，发现一系列有意思的结果，如有权威的实验者比普通人引起服从的比例更高；在实验中，实验者与被试者（扮老师的人）之间的距离也对服从有影响，距离越近，服从的比例越大。在所有这些研究之后，米尔格拉姆指出服从是人的一种基本倾向。许多其他国家的研究者也证明了米尔格拉姆所揭示的服从行为的普遍性，基勒姆（Kilham）的研究表明在澳大利亚这个比例是 68%，沙纳布（Shanab）的研究表明在约旦这个比例是 63%，曼特尔（Mantell）的研究表明在德国这个比例高达 85%。

6.2.5 破窗理论

1. 破窗理论及其实验依据

破窗理论由詹姆士·威尔逊（James Wilson）及乔治·凯林（George Kelling）提出。这一理论认为，如果建筑物的一扇窗户被人打破，打破窗户的人并没有遭受惩罚，被打破的窗户也未得到及时的修复，这可能给其他人一种暗示性的信号，即纵容。他们会误认为对这座建筑物任意破坏的行为是无关紧要、没有不良后果的，结果便是建筑物的第二扇、第三扇窗户甚至整个建筑物被损毁。此理论认为环境中的不良现象如果被放任存在，会诱使人们仿效，甚至变本加厉。

1969 年，美国心理学大师詹巴多（Zimbardo）进行了一次证实环境与行为确实具有相关性的著名心理学实验：他找了两辆同样的汽车，把其中一辆停在纽约一个相对杂乱贫困的街区，并将车的发动机罩打开。不久车辆的电池和冷却箱便被人卸走，车上其余值钱的东西也在随后的几个小时被人拆卸一空，对车辆的任意破坏随之而来，车窗、车内饰物等无一幸免。车辆还成了孩子们玩闹的场所。詹巴多放在加利福尼亚州一个中产阶级社区的另一辆同样的汽车，经过很多天仍是完好无损的。但接下来詹巴多在这辆车上砸了个破洞，结果路人也立刻加入了破坏车辆的行为，他们拿走车上所有值钱的东西，于是这辆车很快就被捣鼓得底朝天。在加利福尼亚州中产社区的这次实验中实施破坏车辆行为的人均为衣着整齐的白人。这项实验证实，某些具有诱导性的特定环境与人们的非正常或违法行为的发生具有极强的相关性。这项心理学实验直接启发了破窗理论的创立。

2. 破窗理论的常见表现

对于破窗理论，在日常工作和生活中也有各种各样的表现，比较典型的有：公司员工违反程序或廉洁制度的行为若没有得到及时严肃的处理，会使越来越多的员工无视这种行为甚至争相效仿；在工作中不追求安全，为了任务达成违反安全规范的行为得不到领导重视，员工的不安全行为会越演越烈；放置在桌上无人看管的财物或大门洞开的房间，也许会使原本正直的人贪念顿生等。相反，如果在干净整洁的场所，人们会自觉地保持这里的环境而不会随意乱扔垃圾；可是一旦地面出现垃圾，人们就会在从众心理的影响下，放纵自己的行为，毫不犹豫地随地乱扔垃圾而丝毫不觉得羞愧。

3. 破窗理论的核心思想

破窗理论的核心是某些犯罪与具有诱发性的"无序"的外部环境有相关性。

"破窗"实际上是无序的代名词，对无序的认识可以从其物理意义和社会意义上区分。物理意义上的无序，是指能够看见并区分的物体外部形态，如废旧建筑物、损坏的窗户、地面随地乱扔的垃圾、墙面涂抹的污物等；社会意义上的无序，一般是指不文明的行为方式，如大家看见的在公开场合的醉酒，在公共墙面上涂鸦，以及随意破坏公共物品等。对破窗理论的理解，关键是要把握无序、对犯罪的恐惧、社区控制的失效和犯罪四个要素之间的递进关系。根据破窗理论，无序会使人们对该环境产生犯罪预期，进而对犯罪的恐惧感增强，社会控制力随之减弱甚至失效，从而使违法行为增多甚至发生严重的犯罪行为。

破窗理论并不意味着一两个社会无序现象便会引发犯罪，无序对于犯罪的影响是一个从量变到质变的过程。只有无序现象经过一段时间的逐渐累加到一定规模或频繁发生时，它才会对违法行为或犯罪产生强烈的正作用，而这种状态一旦在某个区域弥漫开来，无序就会增量发展。据不完全统计，纽约地铁因诈骗和盗窃而造成的年度损失在 6000 万到 12000 万美元之间。当然，也不能忽视街区环境差异对阻断犯罪的影响，受不同街区文化环境和居住者道德品质的影响，有的秩序良好的街区违法犯罪时有发生，而有的秩序看似混乱的街区却犯罪率很低。

6.2.6　利他行为

利他行为（altruism）是指在毫无回报的期待下，表现出自愿帮助他人的行为，而助人行为是指一切有利于他人的行为，包括期待回报的行为。人们是否表现出利他行为与情境因素、助人者特点及求助者特点都有关系。

1. 情境因素

对利他行为的研究发现，即使最具有利他行为倾向的人，在某些情境中也不会去帮助他人，所以情境因素对人们的利他行为有着重要的影响。影响助人行为的情境因素有很多，主要包括文化差异、他人的存在、环境条件三个方面。

（1）文化差异

文化的差异主要存在于西方文化和东方文化之间：一个是自我的独立观点，另一个是相互依赖、群体取向的观点。这种差异会影响人们帮助他人的意愿吗？因为有相互依赖观念的人更可能根据他们的社会关系来定义他们自己，更关注与他人的"联系性"，可以预测，他们会更可能帮助需要帮助的人。在许多互依文化中，内团体成员的需要被考虑得比外团体的更为重要，其结果是，这些文化中的人比个人主义文化中的人会更多帮助内团体的成员。

（2）他人的存在

1964年的一个晚上，纽约市的一个女青年在回家的路上遭到了歹徒的袭击，当时她的38位邻居听到了呼叫声，但是在长达30分钟时间内，竟无人实施救援，有人甚至目睹了惨剧的全过程，却连报警电话也没有打。事件发生以后，许多社会评论家把这种现象看成是一种道德缺失。对此心理学家拉塔内和达利（Latanē和Darley）认为，恰恰是旁观者的存在成了助人行为缺乏的原因。当有其他人存在时，人们不大可能去帮助他人。其他人越多，帮助的可能性越小，同时给予帮助前的延迟时间越长。拉塔内和达利把这种现象叫作旁观者效应（bystander effect）。造成这种现象的原因有以下几种：①责任扩散，即周围他人越多，每个人分担的责任越少，这种责任分担可以降低个体的助人行为；②情境的模糊性，从决策分析过程来看，人们有时无法确定某一情境是否真正处于紧急状态，假如其他人漠视该情境，或表现得好像什么事情也没有发生，我们也可能认为没有任何紧急事件发生；③对评价的担忧，如果人们知道别人正注视着自己，就会去做一些他人期待自己去做的事情，并以较受大家欢迎的方式表现自我，也就是说，试图避免社会非难的心态抑制了人们的助人行为。

（3）环境条件

物理环境也会影响人们的助人意愿，像天气条件、社区大小及环境中的噪声等都对人们的助人行为产生影响。有研究发现，在阳光明媚、气温适中的天气条件下，人们较为愿意去帮助他人。

2. 助人者的特点

与助人或利他行为有关的因素包括以下几个方面。

（1）助人者的人格因素

虽然无法给乐于助人的人画出人格剖面图，但是确实存在着一些人格特质，它能使一个人在一些情境下表现出较大的助人与利他倾向。萨托（Satow）发现，对社会赞许需求高的人，更可能给慈善机构捐款，但这种助人行为只有在其他人能看到时才出现。另外一种人格因素是个体的爱心与道德感。

马克·斯奈德（Mark Snyder）等人对人们做志愿者的动机进行分析，总结了几种从事志愿活动的动机。其中有一些动机源于回报，如加入一个群体、获得赞扬、寻求职业的提升、减少内疚感、学习技能或提高自尊等；另一些动机则源于人们的宗教信仰或人道主义的价值观，以及对他人的关心。

（2）助人者的心情

不少证据显示，当一个人心情很好时，他较乐于帮助他人。伊森（Isen）发现，在图书馆得到一份免费的午餐，在电话厅里捡到一枚硬币，在实验室里工作表现好或听到好听的音乐，都能使一个人助人的可能性增加。如果没有这些令人心情愉快的事情发生，个体的助人倾向便要大打折扣。很显然这些正性情绪增加了人们助人的意愿。

（3）助人者的内疚感

内疚感是指当人们做了一件自己认为是错误的事时所唤起的一种不愉快情绪。为了降低这种情绪，人们常常会选择去帮助他人。对于内疚感的效果，一些研究者认为可能与人的两种动机有关：①有内疚感的人希望通过做善事以弥补自己的过错；②他们也希望能避免直接面对受害者，以免尴尬。

在内疚感与助人行为的关系中还有一个有趣的现象，这就是忏悔的效果。忏悔能使一个人的心里感到好受，使个体的内疚感降低，也减少了助人行为。

（4）个人困扰与同情性关怀

个人困扰是指人面对他人受难时所产生的个人反应，如恐惧、无助或任何类似的情绪。同情性关怀是指同情心及对他人关心等情绪，尤其是指替代性的或间接地分担他人的苦难。两者的区别在于前者将焦点集中于自己，而后者把焦点集中在受害者身上。个人困扰促使一个人设法去降低自己不舒服的感觉，人们既可以通过帮助他人达到这一目的，也可以通过逃避或忽略苦难事件而达到此目的。同情性关怀只有通过帮助处于困境中的他人，才能降低自己不舒服的感觉。许多研究证明了同情心能增加人们的亲社会行为。

（5）宗教信仰

汉森（Hansen）和彭纳（Penner）等人对大学生的研究表明，有宗教信仰的人比没有宗教信仰的人在从事志愿者工作时花的时间更多，诸如课外辅导员、救济工作、维护社会治安等。

（6）性别影响

所有的文化对男性和女性的特质和行为都有不同的规范。例如，在西方文化中，男性性别角色包括骑士风度和英雄主义；女性则被期望承担养育和关怀的责任，以及珍惜亲近、长期的关系。有数据显示，在因为冒险救助陌生人而得到卡内基英雄基金会奖章的7000人中，91%是男性。相比之下，女性比男性更倾向于对她们的朋友提供社会支持，以及从事帮助他人的志愿者工作。一些在中国大学生中进行的研究发现，女性大学生比男性大学生在助人意愿和助人行为上得分较高，这受到共情、助人结果预期等因素的影响。

3. 求助者的特点

（1）是否受他人喜爱

人们经常会帮助自己喜欢的人，而人们对他人的喜欢与否一开始便会受到像外貌与相似性等因素的影响。除了外貌的因素，求助者与助人者的相似性对助人行为的发生也很重要。来自同一国家，具有某些相似的态度等都能促进助人行为的产生。

（2）是否值得他人帮助

一个人是否会得到帮助也部分取决于他是否值得帮助。例如，在路上人们大多会去帮助一个因生病而晕倒的人，而不太会去帮助一个躺在地上的醉汉。

（3）性别的影响

性别因素也影响助人行为的出现。伊格利（Eagly）等人发现在危险出现时，男性比女性表现出更高的助人倾向，但可惜的是这种行为只针对女性求助者，尤其是漂亮的女性，而不是男性求助者。与男性的这种偏好不同，女性助人者的助人行为则不受求助者性别的影响，并且在特定情境下女性也会有较高的助人倾向。他人所需要的帮助是同情等社会与情绪支持时，女性的助人倾向比男性更大。

6.2.7　社会影响与安全

1. 人际关系与安全

人际关系是指人们之间在相互交往中建立的心理上的关系，是社会与个体直接联系的媒介，是人们进行社会交往的基础。良好的人际关系能促进企业提高凝聚力，提高工作积极性，从而提高群体及成员在安全生产中的绩效。相反，如果员工之间发生矛盾，又没有妥善解决，进而双方会产生冷淡、忧虑甚至敌视等心理状态，就会使员工在工作中紧张和注意力分散。这除了影响人的身心健康之外，还会导致人在生产活动中心理和行为的不稳定，甚至导致事故的发生。国外研究证明，在不良的人际关系环境中工作，发生事故的比率比正常条件下要高。对个体人际关系的研究认为，与上级有对立情绪，与同事矛盾重重、与下级关系紧张的个体容易发生事故。

2. 家庭关系与安全

家庭是人们调节情绪和消除疲劳的场所。如果家庭关系和睦，回到家就能得到良好的休息和调养，以恢复体力和精力，有利于第二天的工作，对安全生产起到促进的作用；如果家庭关系不好，整天闹矛盾，不但无法得到良好的休息调节工作上的情绪，反而会使烦恼加深，以致劳动者在工作中情绪消极，无法集中注意力工作，从而易导致事故的发生。

职工应在生产中遵章守纪，严格遵守作业标准和规程，这不仅是对个人负责，也是对家庭负责。反过来家庭又对职工有亲情关怀和教育的责任和义务，以及给职工以充分的家庭温暖。通过职工家属、子女给职工写平安信、送祝福、由伤亡职工家属讲述事故给家庭带来的痛苦等方式，激励职工的家庭亲情感，进一步激发职工遵章守纪的自觉性和保证安全生产的责任感。

3. 社会关系与安全

人类通过一起劳动和生活，以群体的合作和力量去满足人类的各种需求。现代生产活动更具有显著的群体性。群体的社会环境和动力状态，对劳动者的思想、情感和个性的形成发展起着重要的作用。

社会是个大群体，工人所在的班组组成各个小群体。群体都有各自的标准，也就是规范。规范有正式规定的，如小组安全检查制度等；也有不成文，没有明确规定的标准，人们通过模仿、暗示、服从等心理因素互相制约。如果有人违反这个标准，就会受到群体的压力和"制裁"。群体中往往有非正式的"领袖"或"前辈"，由于他具有一定的号召力和影响力，他的言行常被别人效仿，因而群体就会出现常见的从众行为。如果群体规范和"领袖"是符合安全生产所期望的，众人行为的方向和动机正确时，就会产生积极的作用，反之则产生消极作用。

在煤矿事故中，许多无原则的群体竞争和冲突、工伤事故都与从众行为的消极影响作用有关。一般来讲，违章群众中个体的个性特征，即职工能力、自信心和自尊水平等个性心理特征和从众行为有着密切的关系。许多刚进入单位的矿工，由于对单位和工作不甚了解，自我意识发展水平较低，导致对自身的不自信，就会特别容易产生从众行为。若使安全作业规程真正成为群体规范，并且有"领袖"的积极引导，就会使得规程得到贯彻落实，降低隐患。在许多情况下，违反规程的行为无人反对或有人带头违反规程，就容易出现破窗效应，进而引发事故。由此，企业应利用健康积极的社会认知，形成良好的规范，培养员工安全生产的习惯。

6.3 | 组织安全文化与安全氛围

6.3.1 组织安全文化与安全氛围概述

1. 组织文化与安全文化

（1）组织文化

组织文化是组织成员共享的信仰、价值观、态度和行为方式，是一个组织区别于其他组织的显著特征。通常一个组织的文化反映了该组织在以下几个方面的态度：创新与冒险、结果定向、人际定向、团队定向、进取心、稳定性。例如，将组织目标定位于引领行业发展的组织通常鼓励员工创新，这一组织文化将支配他们的薪酬制度及对员工工作方式的评价。鼓励创新和冒险的组织并不把没有成功的尝试看作失败，而是将其看作工作必需的部分。按照组织文化研究的开创者沙因（Schein）的观点，组织文化被看作由三个相互关联的层次组成，这也被称为组织文化洋葱模型，如图 6-7所示。

组织文化的最深层是由最不可见和最深水平的组织中一些基本的哲学问题的共同设想和信念组成的。例如，人的本质是什么、人们认为什么是重要的，他们认为什么有助于绩效，绩效意味着什么。第二个层次是经

图 6-7 组织文化洋葱模型

组织公开声明的价值观、共同的原则、仪式、行为规范和组织目标等。例如，公司的章程、管理层的承诺、学校的校训等。有研究表明企业陈述的价值有时候毫无意义，体现在员工对

公司价值观的感知和表述与公司高层管理人员声明的价值观之间甚至存在略微负相关关系。组织文化最表层的表达是一些由人所创造或制作的可直接观察到的物品、形象或人们工作的方式。例如，工作场所的物理环境，官方发布的政策，着装要求、成员之间协同工作的方式等可见特征。

（2）安全文化

安全文化是由组织文化衍生而来的概念。一般来说，在从事安全生产活动中，个体和群体与组织及环境等各种因素相互作用时所要遵循或使用的一些关于安全的基本假设，即为组织安全文化。

安全文化首次由国际原子能机构（International Atomic Energy Agency，IAEA）的国际核安全咨询组（International Nuclear Safety Advisory Group，INSAG）于1986年在有关苏联切尔诺贝利核电站泄漏的事故报告中提出的。该报告认为，安全文化理念的提出可以较好地解释导致该事故灾难产生的组织错误和员工违反操作规程的管理漏洞。英国健康安全委员会（Healthand Safety Council，HSC）则将安全文化定义为：个人和群体的价值观、态度、认知、能力、行为模式及组织的安全健康管理方式和形象，积极的企业安全文化可表现为相互信任、共享对安全重要性的认知、对预防措施有效性的自信等特征。

（3）安全文化的作用

文化的作用不在于告诉人们怎么做，而是告诉人们为什么这么做。因此，文化比行为更复杂，它是行为发生的深层机制。员工在安全文化的熏陶下形成与组织价值观吻合的工作心态，从而保持与组织目标一致的工作目标。安全文化的作用还在于保持组织内处理安全问题的同质性。在一个文化影响力强大的组织中，不愿意或不符合组织规定的标准的人，在组织里通常没有多少生存空间。这使得组织内成员有着高度一致性，形成具有统一风格的一个群体。

但是也要认识到，安全文化并不总是对安全产生积极影响。一种对员工的思想和行为具有强大影响力的组织文化常常可能被怀疑会禁锢人们的思想，一个尊重权威、强调服从的组织文化可能会使员工避免对错误的指令提出质疑，一个强调民主决策规则的组织也可能在一些重大安全事项的决策上受群体极化影响做出过于激进的判断危及安全。具有活力的组织文化应当是控制与自主、维持与进步并重的。安全文化应当一方面充当人们行为的软性协调机制，另一方面也应鼓励人们保持质疑的态度，以识别可能导致错误或不适当的行动。

在强调安全文化的作用的同时，还应当注意可能被文化掩盖的一些问题。强调安全文化的观点，一般相信在文化影响下自上而下的行动的相关性。这就意味着员工的不安全行为可能被归责于违反规章制度、不符合组织的安全价值观，而不去探讨企业管理层在安全优先权等问题上的冲突，从而忽略了管理层在管理方面的缺陷或安全技术上的不完善。

2. 安全氛围

安全氛围（safety climate）通常被看成比安全文化浅一层次的、描述安全文化当前状态的概念。安全氛围是一个心理表象，常与企业内部的工作环境和安全状态问题紧密相关，表现为个人和组织在特定时间内对安全状态的认知，也是安全文化短暂的"快照"，具有不稳定性和变化性。

1980 年，佐哈尔（Zohar）在对以色列制造业的安全调查研究过程中，首次提出安全氛围理念并将之定义为"组织内员工共享的对于具有风险的工作环境的认知"。在随后的探索过程中，各国专家对安全氛围的定义大多数与此相似。格伦农（Glennon）认为安全氛围是员工对于那些可以直接影响他们减少或者消除危险的工作行为的组织特点的感知，是组织安全管理的一个重要指标，是安全管理成功与否的一个决定性因素。总之，很多学者认为安全氛围强调员工对于组织中的安全问题的感知、态度或者信念，这些问题与工作环境或组织特点有关。作为一种重要的心理层面的影响，安全氛围与主体所处的工作环境是息息相关的，而主体所展现出的对安全问题的个人观念就是这一心理的具象化表象，因此并不稳定，具有极大的不可测性。方东平等则强调企业的安全氛围自身的具体性，认为这一事物是可被测量的，其与员工对企业的安全问题的观点密不可分，是一家企业文化内涵的具象化表现。廖俊峰等则觉得安全氛围，是从员工对自身所接触的安全相关的政策等做出的共性认知。

国内安全氛围方面的研究近些年一直不断发展，主要讨论了安全氛围的维度、测评和应用，以及安全氛围与个人不安全行为之间的关系，研究的对象主要在建筑、煤矿等领域。

3. 安全文化与安全氛围的联系与区别

安全文化对工作和企业组织而言包含潜在的安全信仰、安全价值观和安全态度等特性；而安全氛围则更接近于企业生产运行状态，具备对工作环境、生产实施、组织政策和管理的认知特点。安全文化研究和运用范围集中于宏观层面，对企业组织的社会、激励、传承、再学习等功能具有较高的科学价值，属于理论研究；安全氛围研究和运用范围则主要针对企业的微观运行层次，反映企业组织的管理、员工风险认知、班组参与、内部培训与安全知识等即时安全活动状态，属于经验和理论技术应用。安全文化更多地与安全相关的价值观、假设和规范相关联，反映组织在安全方面的愿景；安全氛围则关注来自员工的感受，是一种自下而上的组织文化的指标，表明组织文化的基本核心价值观和假设在实践中形成与否。

安全氛围调查被广泛应用于安全文化的定量研究中。安全氛围调查可以收集员工对健康安全问题的看法和态度，反映组织的健康安全文化的现状，为组织制定未来的安全健康政策提供依据。进行安全氛围调查不但能促进组织内各层、各部门人员积极参与改进组织的健康安全，还能为组织内人员提供一个宣传、认识和关注健康安全的机会。更重要的是，企业管理层可以将调查结果与行业内安全氛围优良的企业进行比较，从而为更有针对性地改善企业内的安全氛围提供参考。

由此，从安全文化与安全氛围的关系角度，安全氛围可以定义为：一种能够测评安全文化即时状态的、反映企业组织内不同个体安全认知的工具，相对于组织当前环境和状态而言，安全氛围是对特定地点、特定时间内具体状态的认知，并随着环境和状态的变化而变化。

6.3.2　安全氛围的研究方法与研究导向

通常研究者利用三种方法来分析安全氛围的结构和它的基本要素，即关键事件研究法、比较研究和心理测量。

1. 关键事件研究法

安全氛围的关键事件研究法是一种广泛使用的定性研究，并且是一种检验发生过大事故或具有高信任度的组织环境中安全氛围的典型方法（例如，处于危险环境，但事故发生率却很低的组织）。

2. 比较研究

比较研究关注事故发生率低的组织和事故发生率高的组织之间组织特性的比较，或者是同一组织中事故发生率高的部门和事故发生率低的部门之间特性的比较。

3. 心理测量

目前，许多研究者使用结构化问卷，也就是心理测量的方法来对安全氛围进行测量。格伦登（Glendon）等人也提出了安全氛围的基本研究方法，应该是：使用安全氛围测量表测量员工对安全管理态度的感知，查明需要改进的安全区域，明确一个组织的安全行为趋势针对不同组织制定安全水平的基准。近20年中，几乎所有有关安全氛围的研究都集中于确定安全氛围的关键要素，并根据这些要素编制量表，进而应用于安全氛围的研究当中。目前，已经有大量安全氛围测量工具。然而，研究者时常仅仅出于管理目的而不是科学发展的目的使用这些量表。使用自己编制的问卷进行研究的研究者仍然不能明确安全氛围所包含的基本要素。黑尔（Hale）指出，在研究者应用的众多量表中，只有个别安全氛围量表在研究中反复使用，并且这些研究常常没有解释因素结构和结论。

库珀（M. D. Copper）提出了目前安全氛围的四种研究取向：①设计心理测量工具并确定安全氛围的基本因子结构；②提出和验证安全氛围的理论模型来明确其影响因素；③检验安全氛围和实际安全绩效之间的关系；④探究安全氛围和组织氛围之间的关系。

6.3.3　安全氛围的维度研究

佐哈尔于1980年在以色列的食品加工、钢铁、化工和纺织等工业组织中首次测量了安全氛围的维度和作用。他用探索性因素分析的方法发现安全氛围有8个维度，按照其对安全氛围总方差贡献的大小分别是：感知到的安全培训的作用、感知到的管理层对于安全的态度、感知到的安全行为对晋升的影响、感知到的工作场所的事故风险水平、感知到的对作业节奏的要求对安全的影响、感知到的安全主管人员的地位、感知到的安全行为对个人的社会地位的影响和感知到的安全委员会的地位。进一步的数据分析将这8个维度降为2个维度：一个是感知到的与工作行为相关的安全，包括将安全培训视作成功的安全绩效的先决条件，将过快的工作节奏要求视作潜在的危害因素；另一个是感知到的管理者对安全的态度，这可以从员工视角评价安全主管和安全委员会的地位反映出来，安全委员会的重要性可以通过管理层积极参与安全委会工作的情况和委员会的决定被实际执行的程度来评价，安全主管的重要性可以从给予安全主管的执行权（如开除生产车间人员、在不具备安全条件的情况下责令停止作业的权力）来评价。

布朗和福尔摩斯（Brown和Holmes）于1986年在美国用与佐哈尔相同的问卷对相同的

行业的调查，得出安全氛围的 3 个维度：员工感知到的管理层对员工安全的关心，感知到的对实施这一关心的行动的积极性，身体风险的知觉。德多贝勒和贝兰德（Dedobbeleer 和 Beland）在他们的基础上又增加了管理承诺和员工对于安全问题的参与度。

黄元祥等人在 2005 年的研究将安全氛围的维度划分为安全管理承诺、返回工作政策、伤后管理和安全培训。安全管理承诺是员工关于公司使员工能安全工作的程度的感觉，是安全政策的建立和执行，它反映了组织如何执行安全政策，监控安全程序和鼓励安全措施。该研究把安全氛围的概念延伸到伤害已经发生后的政策及其执行情况，既能保证受伤的员工得到公平理想的治疗同时又要使医疗和赔偿损失达到最小。正如普兰斯基（Pransky）等人所说，对返回工作政策的强调，不仅能减少长远的消极影响，而且能向员工表明公司对安全的重视，员工能反过来更注意安全，减少事故的发生。4 个可能的维度通过问卷调查被鉴别出来，同时被经验证实。经因素分析，每个维度都是显著的重要的。

格伦登（Glendon）与斯坦顿（Stanton）总结了研究中经常出现的 6 个维度：管理态度、培训、程序、风险知觉、工作节奏和员工卷入度。

基内斯（Kines）等人开发的北欧安全氛围问卷（NOSACQ-50）则从对管理层和员工层的感知测量了安全氛围。对管理层的感知包括：安全优先、安全承诺和能力，安全管理赋能，安全管理公平。对员工层的感知包括员工的安全承诺、员工的安全优先权和对风险的不接受，安全沟通、学习和对同事安全能力的信任，工人对安全体系的信任。

已经发展及使用的其他量度安全氛围的工具有：离岸安全问卷（OSQV1）、离岸安全氛围问卷（OSQ99）、计算机安全氛围问卷（CSCQ）、洛波夫安全氛围评估工具（LSCAT）及昆斯安全问卷（QSCQ）等，但是这些问卷对于安全氛围的维度划分差异很大。

在国内傅贵等人回顾了安全文化与安全氛围的理论比较、安全文化在安全管理中的重要作用、安全管理的模式等方面的研究，并对安全绩效指标进行了探讨，设计了安全氛围的问卷，进行了安全氛围的测量。将安全氛围划分为安全认识、安全观念、安全与经济发展、安全是否与生产紧密结合、安全是否取决于安全意识、高级管理者致力于安全的程度和部门对安全负责的程度几个方面。

综合上述众多研究可以看到，要想达到对安全氛围测量的一致是很困难的，弗林（Flin）等人为这种差异来源于判断标准、统计分析、工人和行业的规模及构成等多种因素。但按照古尔登蒙德（Guldenmund）的建议，如果把这些不同维度按照一般分类系统重新命名，这些因素就可以更为精简。弗林等人归纳不同研究结论后认为，在众多关于安全氛围维度的划分中，有五种主要因素作为核心因素还是一致的，即管理监督、安全系统、风险、工作压力、胜任能力，构成了安全氛围的"五大"因素。

6.3.4 安全氛围对安全的影响

1. 安全氛围对安全行为的作用路径

社会认知理论认为，人的行为、认知因素和环境三者相互联系、相互决定。

安全氛围作为重要的环境因素反映了员工对组织针对安全所采取的政策、程序与行为的

"认知、信念"和"态度",属于感知的安全环境因素对安全行为产生直接影响。佐哈尔等学者的研究认为安全氛围是安全行为的预测源,营造一个良好的安全氛围,可以提高员工的安全行为水平;波塞特(Pousette)等的研究表明,安全氛围能够预测到 7 个月以后的安全行为。

卢森斯(Luthans)的研究表明积极的、支持性环境会对人的心理资本产生影响。组织提供给员工的培训帮助会提高员工的自我效能感和心理韧性。当员工在感受到组织对其工作安全的重视与支持后,会逐渐改善其在工作中的心理状态,在面对工作困难时变得更加自信、乐观、充满希望和坚韧不拔,也就是获得了足够的心理资本。

心理资本被界定为"核心自我评价",属于个体认知因素,对员工工作行为也具有直接影响。心理资本领域的研究表明,心理资本不仅有助于员工完成角色内行为,提升组织公民行为,而且对异常的员工行为有显著的负向影响。在煤矿安全实际工作中,心理资本较高的员工更容易沟通并遵守规章制度、执行安全措施,更有足够的内部动机去遵章守法,即使缺乏监管,也会为了避免事故而减少不安全行为,更能接受来自管理者的指令或者批评,并积极改正错误,尽力杜绝不安全行为。

综合考虑安全氛围、心理资本与安全行为的关系,就可以得到以心理资本为中介作用的安全氛围的作用模型,如图 6-8 所示。

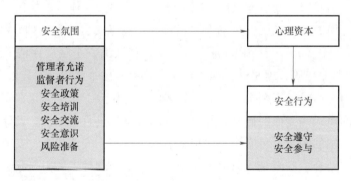

图 6-8　安全氛围的作用模型

2. 安全氛围对员工主动安全行为的影响

尼尔和格里芬(Neal 和 Griffin)基于坎贝尔(Campbell)等人的职务绩效理论提出了一个安全绩效模型,这一模型区分了两种安全绩效行为:安全遵守和安全参与。虽然同属安全行为,但安全遵守行为和安全参与行为有着完全不同的动因。安全遵守行为更多地受安全知识与技能的影响,员工认为如果不遵从有关的安全规章,将会有人身方面的危险或得不到组织给予的某些奖励,因此,安全行为是一种不得不做的行为,是对外部安全要求的遵守;而安全参与行为更多地受安全动机影响,员工将个人的安全行为看作安全工作环境的一部分,是对安全环境建设的一种主动参与行为。可以预期,员工在安全参与行为中比在安全遵守行为中能体验更多积极的情感,安全参与行为受挫与安全遵守行为受挫所导致的员工的消极情绪也会有所不同,后者将导致员工对安全管理更强的消极反应。

积极的安全氛围可以增强员工安全行为的动机，增加员工主动参与的安全行为。因为积极安全氛围表明组织倡导的对安全行为的态度及价值观得到员工的认同，组织对安全行为的要求与员工个人对安全的需要相吻合。一旦员工的期望与组织期望的目标相一致，员工会表现出更多积极配合和主动参与的行为。米恩斯（Mearns）的研究进一步显示，当组织为员工的工作提供安全时，员工的互惠心理会促使其以安全行为来回报组织，如帮助其他同事、报告风险、试图建设性地改变不安全的工作条件、与组织进行安全沟通等，这些都是符合安全参与特征的行为。

3. 安全氛围对安全员工沟通行为的影响

安全氛围对安全沟通的影响主要是通过对员工心理安全的影响产生的。心理安全是组织内部的一个共同信念，即人们能够在不被嘲笑或制裁的情况下说出自己的看法。员工对自由和坦诚地谈论安全问题的后果的预期会影响员工与管理方沟通、讨论错误和问题的意愿。当存在心理安全感时，团队成员会更少考虑表达新想法或不同想法的潜在负面后果。因此，当他们感到心理安全并有动力改善所在的组织时，他们会更多地发声。在缺乏心理安全感的情况下，工人的目标就是保护自己不要受到责备和惩罚的威胁。当他们对安全有疑问或疑虑时，或者是管理者与他们谈论安全问题时，他们会非常警觉，担心受到报复、惩罚和责备。当被迫面对安全事件时，他们会倾向于寻找最容易使监督者感到满意的方法来应付，以逃避责罚。带来的后果就是在安全沟通中形成某些规矩，限制信息的自由流动，导致形成掩盖错误、不能自由讨论错误的环境，影响安全事件报告的数量和质量，而对差错事件或接近差错事件的学习对预防事故有重要作用。

6.3.5 组织安全氛围的形成

佐哈尔认为组织安全氛围的形成不是组织的上层人物精心营造或努力宣传的结果，而是基于领导层的安全实践的结果，如图 6-9 所示，称为基于领导层的安全氛围（Supervisor-based Safety，SBS）。领导层在安全事务上的观念、做法通过管理实践体现在安全工作中，员工通过反复观察和亲身体验组织处理安全事务的方式，进而形成对组织安全制度及管理行为的共识。这些认识使他们明确在这个组织中安全的重要性究竟如何、在这个组织中什么样的行为是被接受的或不被接受的、某种行为将产生怎样的后果等对安全结果的预期。员工的安全行为又成为领导层反思安全政策、修正安全理念和做法的来源。因此，组织安全氛围的

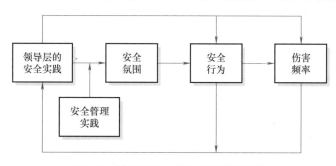

图 6-9　基于领导层的安全实践的结果

实质是组织安全管理行为的结果。组织成员对组织内安全事务的态度体验是在组织环境下，受组织安全管理与领导行为影响而形成的，当这种影响普遍存在于成员之间，形成了大家对安全的共同的态度和行为的准则时就构成该小组、该组织的安全氛围。

要使员工对组织的安全氛围感知是积极的，首先是领导层的责任，领导层对安全问题的本质的认识、安全的基本价值观、处理安全问题与其他问题的矛盾时的规则和实际的行为选择要保持一致；其次，还需要管理层实践的一致，也就是组织内从安全管理者到作业管理者、维修管理者、技术工程师，从承包商到供应商，在安全实践中的行为准则是一致的，组织对他们与安全有关的行为绩效的评价和奖惩准则是一致的，才能形成员工对组织内部安全事务的统一的、稳定的安全氛围感知。

复 习 题

1. 社会认知对心理健康有什么影响？

2. 什么是态度？它包含哪些心理成分？

3. 什么是群体极化？产生群体极化会有什么影响？

4. 什么是刻板印象？克服刻板印象的方法有哪些？

5. 什么是社会影响？社会影响理论是怎样解释来自他人的影响的？

6. 什么是社会促进？为什么会有社会促进现象发生？

7. 联系我国的实际，谈谈怎样才能有效地克服社会懈怠？

8. 试述影响从众行为的因素。

9. 什么是服从？影响因素有哪些？

10. 什么是安全氛围？安全氛围对员工的安全行为有哪些影响？

第7章
作业环境与安全心理

7.1 | 作业环境的照明、采光与安全

有关研究表明，约有80%的外界信息是通过人的视觉而获得的。人在进行生产活动时，主要是通过视觉接受外界的信息，并由此做出选择而产生一定的行为。作业环境中的光照环境直接或间接地影响人们从外界摄入信息的正误，从而影响我们的安全生产。因此研究光环境对于人类生理和心理的影响机理对于实现安全生产具有极为重要的意义。

国内外的研究表明，照明与事故具有相关性。在特定的单元作业中，事故的多少与作业环境的亮度成反比关系。亮度较低的作业场所往往具有较高的事故发生频率，如光线昏暗的矿山井下具有最高事故指数的作业类型，它们集中在照明不良的凿岩、岩层支护、运输及装载作业上。对于矿山井下这种光照条件恶劣的作业环境，国外学者克鲁克斯在射束亮度、半阴影亮度、底板亮度和环境亮度与事故频率的多元回归分析中发现，井下生产环境越亮，事故频率越低。可见，照明是安全生产的潜在关键因素。又如对国内一家工厂的调查结果显示，当照度由20lx（照度单位）增至50lx时，4个月内发生工伤事故的次数由25次降至7次，差错件数由32件降至8件，由于疲劳而缺勤者从26人降至20人。再如国外对交通事故的调查也表明，改善道路照明，一般可使交通事故减少20%～75%。从上述的几个例子足以说明良好的照明条件有助于减少工人的失误次数进而有助于实现安全生产。相反，不良的采光和照明，除令工作人员感到不舒适、工作效率下降外，还因操作者无法清晰地探明周围情况，容易接受模糊不清甚至是错误的信息并导致错误的判断，进而导致工伤事故的发生。还有研究结果表明，在环境因素引起的工伤事故中，约有1/4是由于照明采光不良所致。以上充分说明设计良好的照明，无论对于实现人-机-环系统的安全还是维持企业经济效益的持续增长都具有非常重要的意义。

7.1.1 常用的照明度量单位及其应用

常用的光度量单位主要有光通量、光照强度、照度和亮度。

1. 光通量

光源发出的辐射通量中能产生光感觉的那部分辐射能流称为光通量，或者说光通量是按照人眼视觉特征来评价的辐射通量。通常用大写字母 F 表示，单位为 lm（流明）。在照明工

程中，光通量是标志光源发光能力的基本物理量。例如，普通的白炽灯泡，每瓦电能约发出 $8\sim20lm$ 的光通量。各种灯具的发光效率通常都是用 lm/W 表示的。

2. 光照强度

光照强度也称发光强度。它表示光源在一定方向上光通量的空间密度，单位为坎德拉，符号 cd。光强是国际单位制（SI）的基本单位。其定义为：一个光源发出频率为 $540\times10^{12}\mathrm{Hz}$（$\lambda=555nm$）的单色辐射，若在一定方向上的辐射强度为 $1.46\times10^{-3}\mathrm{W/sr}$，则光源在该方向上的发光强度为 1 坎德拉（cd）。

光强和光通量都是表示光源特性的重要物理量。光通量表示光源的发光能力，而光强则表示其分布情况。如一只 40W 白炽灯，不用灯罩时，其正下方的发光强度约为 30cd，若装上一白色反光灯罩，则灯正下方的发光强度能提高到 $70\sim80cd$。事实上灯泡发出的光通量并没有改变，只是光线在空间的分布改变了。

3. 照度

照度是受照表面上光通量的面密度。设被照表面上某面积元 dS 上接受的光通量为 dF，则该点的照度 E 可用下式表示：

$$E=\frac{\mathrm{d}F}{\mathrm{d}S} \tag{7-1}$$

若光通量 F 均匀分布在被照表面 S 上时，则此被照面的照度 E 可用下式表示：

$$E=\frac{F}{S} \tag{7-2}$$

在国际单位制中，照度的基本单位是勒克斯，符号 lx，它等于 1lm 的光通量均匀地分布在 $1\mathrm{m}^2$ 被照面上，所以 $1lx=1lm/m^2$。

下面是几个常见的照度值。一只 100W 的白炽灯正下方 1m 远的平面上，照度约为 1000lx。夏天中午，阳光投射到地面上的照度可达 100000lx，而夜晚月光在地面的照度只有几 lx。照度这一光学量在照明工程设计中是很重要的，照明工程的主要任务就是要在工作场所内创造足够的照度。

4. 亮度

在同一照度下，不同的物体能引起不同的视觉感受，白色物体看起来要比黑色物体亮得多。这说明物体表面的照度并不能直接反映人眼对物体的视觉感受。视觉上的明暗感取决于物体在视网膜成像上光通量的密度，即成像的照度。成像的照度越高，所看到的物体就越亮。因此，我们引出亮度这一概念，它是由视觉直接感受的光学量。

视网膜上成像的照度，主要取决于物体在视线方向上发射或反射出的光通量的密度。它等于物体表面上某微小面积元在视线方向上的发光强度与该面积元在视线方向垂直面上的投影面积之比。例如，太阳表面为 $2.25\times10^9\mathrm{cd/m}^2$、月亮表面为 $2500\mathrm{cd/m}^2$、普通白炽灯灯丝表面为 $(2\sim12)\times10^6\mathrm{cd/m}^2$、荧光灯表面为 $8000\sim9000\mathrm{cd/m}^2$、60W 内部磨砂灯泡表面为 $1.2\times10^5\mathrm{cd/m}^2$。

7.1.2　与作业环境照明设计有关的视觉机能特点

照明对人的工作效率、安全和舒适的影响主要取决于它对人的视觉机能的心理、生理效应。例如，人在黑暗的环境中，表现为活动能力降低，忧虑和恐惧。在光线充足或照明良好的环境，人则有积极的情绪体验，因此必须根据人的视觉特点来设计生产环境的照明。

1. 视功能

视功能是指人对其视野内的物体的细节进行探测、辨别和反应的功能。视功能常以速度、精度或觉察的概率来定量表示。视功能与照明有很大关系，照明的照度若低于某一阈值，将不能产生视功能。超过某一阈值，开始时，随照度的增加，视功能改善很快，但照度增至一定程度后，视功能改善水平维持不变，即使再增加照度也不能改善视功能。因此，不适当增高照度，除浪费能源外，还会产生眩光、照度不均匀，造成视觉干扰和混乱，反而使视功能下降。此外，还必须注意光线的方向性和漫反射，以避免杂乱的阴影造成错觉。

2. 视觉适应

视觉适应是人眼在光线连续作用下感受性发生变化的现象，即人视觉适应周围环境光线条件的能力。适应可使感受性提高或降低，是人适应环境的心理和生理反应，它包括暗适应和明适应两种。

暗适应是指照明停止或由亮处转入暗处时视觉感受性提高的时间过程。进入暗环境的最初 7～10min，感觉阈限骤降，而感受性骤升。整个暗适应持续 30～40min，之后感受性就不再继续提高了。

明适应与暗适应相反，是指照明开始由暗处转入亮处时人眼感受性下降的过程。明适应时间比较短暂，但是需要注意，在黑暗中长时间停留后，立即接触强光会灼伤眼睛。

在生产环境中，必须考虑视觉的适应问题。如果作业区和周围环境反差过大，就会出现暗适应或明适应的问题，使工作效率降低，并可造成操作者失误或导致事故。因此，作业区与周围环境的照明、作业的局部照明与一般照明均应有一定的比例。对夜间行车而言，驾驶室及车厢的照明设计应使用弱光，使驾驶人增强暗适应，以确保安全。当作业环境发生明暗变化时，要考虑作业人员明暗适应所需的时间。

3. 闪烁

通常人眼能够感知到频率达 70Hz 的光闪烁，高于这个频率的光闪烁则不会被感知。故在照明应用中，如果电光源脉冲信号出现频率低于 70Hz 的低频分量的情况，人眼就会从视野内某个光源或某个照射面观察到光的波动，这种现象称为闪烁。闪烁会使人心情变得烦躁易怒，并加快视觉疲劳发生的进程。

4. 眩光

当视野内出现过高的亮度或过大的亮度对比时，人就会感到刺眼，影响视觉感觉的清晰程度，而引起这种现象的刺眼光线叫作眩光。例如，晴天的午间看太阳，会感到不能睁眼，这就是由于亮度过高所形成的眩光使眼睛无法适应。

眩光按产生的原因可分为三种，即直射眩光、反射眩光和对比眩光。直射眩光是由眩光源直接照射引起的，与光源位置有关。反射眩光是光线经过一些光滑物体表面反射到眼部造成的。对比眩光是观察物体与周围背景对比度相差太大所致。

眩光对人体视觉感觉的主要影响体现在使暗适应破坏，产生视觉后像，使工作区的视觉效率降低等方面。眩光会让人产生视觉不舒适感和分散注意力，从而容易造成视疲劳，长期接触眩光，甚至会损害视力。有研究表明，做精细工作时，如有眩光干扰，20分钟内就会使作业差错明显增加，工效显著降低。

5. 视觉疲劳

在照明条件差的情况下，劳动者长时间反复辨认视觉对象，使视功能持续下降，造成视觉疲劳。视觉疲劳的自觉症状有：眼球干涩、怕光、眼痛、视力模糊、眼球充血、产生眼屎和流泪等。图7-1表明通过眨眼次数测定的照明与视觉疲劳的关系。在视觉疲劳的情况下，如果继续进行工作，就需要调动更多的体力、精力去克服视觉上的困难，从而引起全身紧张和全身疲劳。长时间视觉疲劳或疲劳后得不到及时和充分的休息，会引起视力下降并导致全身疲劳。

眩光和工作台面上的亮度不均匀都会导致视觉疲劳。眩光对视觉的影响与视线和眩光源的位置有关，具体如图7-2所示。如果工作台面上的亮度很不均匀，当人眼从一个表面移向另一个表面时，则发生明适应或暗适应过程，这样使人的眼睛感到不舒服。如果经常交替适应，也会导致视觉疲劳。

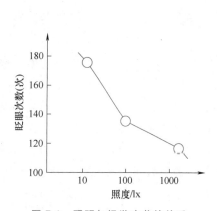

图 7-1　照明与视觉疲劳的关系

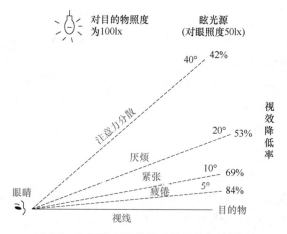

图 7-2　光源的相对位置对视觉效率的影响

7.1.3　照明采光对人体的影响

1. 照明对人生理的影响

照明对眼睛的影响最大。光照适宜，能提高视力（包括近视力和远视力）；光照条件差，会导致视觉效率下降，引起视疲劳，甚至会造成眼的各种折光缺陷或提早发生老花眼。光照太强，会造成视野内亮度过高或对比度过大，刺眼而不舒服。这种刺眼或耀眼的强光叫眩光，眩光会使视觉模糊，也会减弱物体与背景间的对比，导致视疲劳。光照很强，会对眼睛造成伤害，如直视激光，会造成黄斑烧伤。

照明还会影响人的中枢系统和肌体活动。光照适宜，视觉活动过程开始兴奋，高级神经系统的活动和整个肌体的活动也因兴奋而得到加强；光照不足，视觉活动过程开始减慢，整个神经中枢系统和肌体活动也将受到抑制。长期在低质量光环境下工作，不仅会引起眼睛局部疲劳，还会引起全身性疲劳。

2. 照明对人心理的影响

照明首先会影响人的认知过程。当照明不好时，容易产生认知错误；照明不好对人的各种能力，如观察力、记忆力、思维能力和想象力等都有不良影响。在很差的照明条件下，人容易产生疲劳与正确辨识之间的动机斗争，从而使人产生犹豫不决，反应迟缓的状态。有人研究过在不同照度下人的注意力集中情况，结果表明由于照度条件的改善，人的注意力会更加集中；照明条件差的情况，如果持续的时间较长，人的意志和兴趣也会受到消极影响。

照明与人的情绪有密切关系。人们发现，每当冬天来临，许多人往往会有一种压抑的感觉。这是由于冬天日光照射不足而引起的。如果在冬季给这些人每天增加自然光或人造光的照射，他们的情绪会有所好转。明亮的光照环境使人心境开阔、心情愉快。如果工作场所光线昏暗，会使人感到压抑；但如果光线过强，又会使人觉得烦躁。特别是眩光，可使人产生厌烦、紧张、疲倦的感觉。对比度和阴影也影响人的情绪，对比度适中、阴影干扰少会使人产生轻松愉快感；反之，则出现相反的情绪。

7.1.4　照明采光与安全

事故的数量与工作环境的照明条件有密切的关系。事故统计资料表明，事故产生的原因是多方面的，但光照不足是重要的影响因素之一。很多研究都已表明，光照不足引起的视力下降、视觉损伤和视疲劳，常常导致作业效率的降低和事故的发生。相反，光照适宜可以减轻视疲劳，有助于提高工作兴趣、工作速度和精确度，减少差错率，不仅对手工劳动，而且对脑力劳动都有助于提高作业效率。图7-3表明排字工人出错率随着照明的改善而降低。

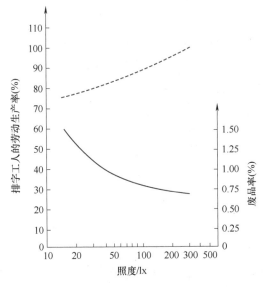

图 7-3　照明对排字工人出错率的影响

在适宜的照明条件下，可以增强眼睛的辨色能力，从而减少识别物体色彩的错误率；可以增强物体的轮廓立体视觉，有利于辨识物体的形状、大小和位置，使工作失误率降低；适宜的照明条件还会促使人的心理状态变佳，以及不易疲劳，减少事故率。但照度过强或有眩光，又会破坏暗适应，产生视觉后像，引起视觉机能的降低，使作业效率显著降低。美国的研究者确定，照明条件不良是造成大约5%的企业发生人身伤害事故的间接原因。从表7-1可以看出劳动生产率、事故率和差错率与照明改变的关系。

表 7-1　劳动生产率、事故率和差错率与照明改变的关系

生产单位	照度变化/lx	劳动生产率提高（%）	人员差错减少率（%）	事故减少率（%）
道格拉斯	4000~5000	—	90	—
涅特伍德与K机器制造厂	300~2000	16	29	52
艾力克孙·杜尔	500~2000	10	20	50

7.1.5　作业环境照明设计原则

工业照明的目的主要有三个方面：①提高劳动生产率；②确保安全生产；③创造舒适的视觉环境。由于工业生产种类繁多，不同的工种其工作对象、操作方法、工作环境等差别很大，因而对照明的具体要求也各不相同，但从安全学和人体生理、心理学方面的观点来看，良好的作业照明环境总体上应满足以下要求。

1. 尽可能地利用自然光源

光色包括色表和显色性。色表是指光源所呈现的颜色，光的显色性就是光源的光照射到物体上所显现的颜色。例如，太阳光照射下各色物体都显示真色，而在低压钠灯照射下，蓝布要发生颜色失真，呈现黑色。显色性除了与光源的光谱成分有关外，还与照明的强度有关。在弱的照明条件下，暖色调接近红色，冷色调接近绿蓝色。在微光下，除天蓝色外，很难分辨其他颜色。因此为了使各色物体在作业环境中显示真色，照明设计中应该最大限度地选择自然光，如果需要人工光源进行补充照明，其光谱成分应尽量接近自然光。

2. 适宜的照度和良好的光线质量

作业照明应在工作地点与周围环境形成适宜的照度和良好的光线质量，这是对照明的一般要求。生产场所的照明分为三种，即自然照明、人工照明和自然及人工混合照明。从范围角度又可分为全面照明和局部照明，以及全面及局部结合的综合照明。

（1）适宜的照度

照度是表示被照物体明亮程度的物理量，是指被照面单位面积上的光通量。照度不足、照度过大或有眩光，都会引起视疲劳，影响作业效率和生产安全。国外有些国家规定，一般照明的照度不小于500lx，全面照明的照度在500~10000lx时效果较好。我国公共场所常用

的照度标准可参照表 7-2（引自 GB 50034《建筑照明设计标准》）。

表 7-2　公共场所常用照度标准

环境		照度/lx	环境	照度/lx
居住建筑		75~300	电子工业	300~500
公用场所		300~500	纺织、化纤工业	75~300
公共建筑	图书馆	50~100	制药工业	200~300
	办公建筑	200~500	橡胶工业	300
	商业建筑	300~500	电力工业	100~500
	影剧院建筑	100~500	钢铁工业	30~200
	旅馆建筑	50~300	制浆造纸工业	150~500
	医院建筑	100~750	食品及饮料工业	150~300
	学校建筑	300~500	玻璃工业	100~150
	博物馆建筑	50~300	水泥车间	30~300
	展览馆	200~300	皮革工业	100~200
	交通建筑	50~500	卷烟工业	200~300
	体育建筑	100~2000	化学、石油工业	30~100
	通用房间或场所	50~750	木业和家具制造	200~750
			机、电工业	200~750

（注：工业建筑一列对应"工业建筑"合并单元格）

局部照明和全面照明必须协调，全面照明的照度不应过多低于局部照明，也不应与局部照明相同，更不允许高于局部照明。全面照明的照度应不低于混合照明总照度的 5%~10%，并且其最低照度应不少于 20lx。

（2）良好的光线质量

物体与背景的对比度、眩光和光源的照射方向均属于光的质量。为了看清物体，应使其背景更暗一些，即有一定的对比度。若识别物体的轮廓，应使对比度尽可能大些，如白纸黑字，如果是白底黄字或红底黑字既不利于识别，也令人厌倦。但在观察物体细部，如识别颜色、组织或质地时，应使物体与背景之间的对比度最小，这时才能看清细部结构。

要注意室内作业区与环境照明之比，具体取值可参考表 7-3。表中数据为最大允许限度，若超出限度，会影响工作效率，容易发生事故。至于生产车间、工作面或工件的照度与它们之间间隙区的照度，两者之比应为 1.5：1 左右。

表 7-3　室内各部分照度比最大允许值

对比特征	办公室	车间
工作区与周围环境（墙壁、天花板、地板）	3：1	5：1
作业区与较远周围环境	10：1	20：1
光源与背景	20：1	40：1
视野范围各表面间	40：1	80：1

光源方向十分重要，避免作业面和通道产生阴影，因为作业面和通道的阴影常会造成事故。正确选择照明方向，可消除阴影和反射，在照明设计安装时应予考虑。例如，顶光安装的位置应在 2α（光的入射角）角范围内。α 值取 25°以下为最好。

同时注意防止灯光直射和眩光的产生。为保护眼睛不受灯光的直射和防止眩光，在采用直射式和扩散式照明时，需限制光源亮度，提高灯的悬挂高度和采用带有一定保护角的灯具，以及采取其他防止眩光的措施。如办公桌不宜面对窗户，应采用侧射、背射照明方式，使用半透明窗帘、百叶窗都是避免眩光的好方法。

3. 保证光源均匀稳定的照度

（1）照度的稳定性

照度的稳定性是指光源不产生频闪。照度的稳定性直接影响照明的质量，人在明暗频闪的环境中工作，会发生视适应，若频繁地出现这种情况，就会产生视疲劳，影响作业效率，甚至诱发事故。为此，在需要频繁改变亮度的场所，应采用缓和照明，避免光亮度的急剧变化。具体要求，如作业照明的电压应不低于其额定电压的 98%，光子流的变化不应超过 10%等。

（2）照度的均匀性

照度的均匀性是指在视野内的亮度对比及其在视野分布的情况。如果工作表面亮度很不均匀，当眼睛从一个表面移到另一个表面时会发生视适应，使视力出现短暂的下降，影响作业效率和安全生产。对于一般工作，如果作业场所较大，对于整个工作面上的照度设计应满足：

$$\frac{平均照度}{最小（最大）照度} \leqslant 3\left(\frac{1}{3}\right)$$

$$\frac{两光源之间间隙地带照度}{光源正下方照度} \leqslant 0.5$$

4. 设立应急照明

应急照明是指在正常照明系统由于各种原因熄灭时，能迅速点燃并独立工作的辅助照明系统。应急照明包括备用照明、安全照明和疏散照明，选用要求应符合下列规定：

1）当正常照明因故障熄灭后，对需要确保正常工作或活动继续进行的场所，应装设备用照明。

2）当正常照明因故障熄灭后，对需要确保处于危险之中的人员安全的场所，应装设安全照明。

3）当正常照明因故障熄灭后，对需要确保人员安全疏散的出口和通道，应装设疏散照明。

5. 其他安全要求

照明设备应符合其他安全措施的要求，如不应有造成电击和火灾的危险，符合用电安全要求，符合事故照明要求。事故照明的光源应采用能瞬时点燃的白炽灯或卤钨灯，照度不应低于作业照明总照度的 10%，供人员疏散用的事故照明的照度应不少于 5lx。

7.2 作业环境的色彩与安全

颜色是光的物理属性，人可以通过颜色视觉从外界环境获取各种信息。人类生活的世界，色彩斑斓，无论家庭、办公室、服务场所或车间，恰如其分的颜色及其颜色配置，会收到意想不到的效果。事实上，颜色不是可有可无的装饰，它对人的生理和心理都会产生影响，可以作为一种管理手段，提高工作质量、效率，促进安全生产。

7.2.1　色彩"三要素"

色彩是由于物体上的物理性的光，反射到人眼视神经上所产生的感觉。色的不同是由光的波长的长短差别所决定的。日常生活中的色彩千变万化，但人眼看到的任一彩色光都是可以通过色调、纯度和明度这三个色彩特性的综合效果进行描述的，因此这 3 个色彩特性被称为色彩"三要素"，其中，色调与光波的波长有直接关系，纯度和明度则与光波的幅度有关。

色调指的是一定波长的光在视觉上的表现，即红、橙、黄、绿、青、蓝、紫的色感。

纯度又叫彩度或饱和度，是指某种颜色含该色量的饱和程度。波长越单一，颜色就越纯和、鲜艳。当某一种颜色达到饱和，而又无白色、灰色或黑色渗入时，即呈纯色；若有黑、灰色渗入，即为过饱和色；若有白色渗入，即为未饱和色。标准色的彩度最高（其中，红色最高，绿色稍低，其他颜色居中），白、灰、黑的彩度最低为零。

明度是指颜色的亮暗程度，即颜色的明暗与深浅。例如，红色就有紫红、深红、浅红等深浅之别；再如，在红、橙、黄、绿、青、蓝、紫中，蓝和紫的明度最低，红和绿明度中等，而黄色明度最高。

计算明度的基准是灰度测试卡。黑色为 0，白色为 10，在 0~10 之间等间隔的排列为 9 个阶段。色彩可以分为有彩色和无彩色，但后者仍然存在着明度。作为有彩色，每种色各自的亮度、暗度在灰度测试卡上都具有相应的位置值。彩度高的色对明度有很大的影响，不太容易辨别。在明亮的地方鉴别色的明度比较容易的，在暗的地方就难以鉴别。

7.2.2　色彩对人生理和心理的影响

在日常生活中，人们观察到的色彩在很大程度上受心理因素的影响，即形成心理色彩视觉感。不同波长的光作用于人的视觉器官而产生色感时，必然导致人产生某种带有情感的心理活动。事实上，色彩生理过程和色彩心理过程是同时交叉进行的，它们之间既相互联系，又相互制约。当有一定的生理变化时，就会产生一定的心理活动。色彩与环境又是紧密相连的，在不同的色彩环境中，由于心理活动，人也会产生一定的生理变化，如红色能使人生理上脉搏加快、血压升高，心理上温暖的感觉；长时间红光的刺激，会使人心理上产生烦躁不安，生理上欲求相应的绿色来补充平衡。色彩不是可有可无的装饰，它会对人的生理和心理都产生很大的影响，可以作为一种管理手段，正确运用色彩与环境的变化，提高工作质量和效率，促进安全生产。

1. 色彩对人生理的影响

色彩对生理的作用，首先表现在提高视觉器官的分辨能力和减少视觉疲劳。通过改变色彩对比在物体的亮度和亮度对比很小时，会改善视觉条件。实验证明，在视野内有色彩对比时，比仅有亮度时对视觉适应力更有利。

研究表明，人眼对光谱的中段色彩更为适应。在其他条件相同的情况下，注视这一光谱段的色彩较之注视其他的色彩，眼睛不易感到疲劳。因此，从不易引起视觉疲劳的角度看，属于最佳的色彩有浅绿色、淡黄色、翠绿色、天蓝色、浅蓝色和白色，而紫色、红色和橙色则容易引起视觉疲劳。然而，长时间注视任何一种单一色彩都很快会引起视觉疲劳。如果能够定期地让工人的视野从一种色彩变换到另一种色彩或增加视野中的对比色，会有助于减轻视觉疲劳。

彩色光作用于人体时会影响内分泌、水平衡、血液循环和血压的变化。不同的光对于人器官的生理机能的影响作用是有所区别的。例如，红色及橙色能使人呼吸频率增高、血液循环加快和血压升高，容易使人兴奋。蓝色和绿色则可起到相反的作用，让人的精神更加放松镇定。粉红色能使人安定和取消侵略性的冲动。有些实验表明，即使是一个暂时的粉红色，也可以使人体肌肉产生可测量的放松，时间长达 30 分钟。但是几秒钟的蓝色，能够使被粉红色减弱的力量得以恢复。

颜色的生理作用还表现在眼睛对不同的颜色具有不同的敏感性。色彩鲜明的颜色，很容易引起人们的注意，这就是色彩的诱目性。诱目性主要决定于彩度和色调，彩度高的颜色，其诱目性也高。就色调而言，黄色的诱目性最高，红橙色次之。因此，黄色常用作警戒色。例如，车间内的危险部位常涂以黄黑相间的颜色以示警告。

2. 色彩对人心理的影响

色彩对心理的影响取决于人在生活中积累起来的人与物交往的经验和对物的态度。色彩能引起或改变某种感觉，但是具体到某个个体来说，这种感觉变化又是因人而异的。对色彩评价的个体差异性很大，但多数人对同一色彩的感知大致相同，这一点在生产和生活中无疑具有一定的实际意义。

（1）色彩能引起人的冷暖感

不同色调的颜色在人心里联想到的温度是不同的。红色、橙色、黄色能造成温暖的感觉，称为暖色。如果人在很长时间看着红色的墙壁，休温和血压都会升高。蓝色、青色能造成清凉的感觉，称为冷色。采用某种适当的色彩可以使房间的温度发生"变化"，并能确实被人感觉到。例如，英国的一位专家做过这方面的实验。在英国约克郡，许多纺织厂的车间让工人感到温度太高，这位专家利用休假时间给车间涂上冷色调，当工人休完假后回来上班时却拒绝进入车间，要求必须把车间温度提高，实际上车间的温度根本没变。

（2）色彩能够影响人的积极性

红色、棕色、黄色等一些暗的暖色调可刺激和提高人的积极性，使人的活动活跃起来，称为积极色；而蓝色、紫色则相反，使人平静和消极，这些属于消极色。有些色彩既不能使人"积极"，也不能使人"消极"，它们属于中性色。色彩按照激励程度，有着与光谱一样的排列顺序：红、橙、黄、绿、青、蓝、紫。处于光谱中央的绿色，被称为"生理平衡色"。以它为界可以将其余六种颜色分成积极色和消极色。积极色和明色会使人愉快、活跃；而消极色和暗色则使人压抑、不安。例如，靠近英国伦敦的泰晤士河上有一座漆成黑色的桥，在这座桥上投河自杀的人比在这一地区其他桥上自杀的人要多；直到这座桥被重新漆成绿色，自杀的人数明显下降。

（3）色彩能够影响人的空间远近感

色彩的运用可以使空间看起来扩大或缩小，给人以"凸出"或"缩进"的印象。例如，淡蓝色造成空间被扩大的强烈感觉；棕褐色则相反，给人以"向前凸出"的感觉。

（4）色彩会影响人对于物体重量的感觉

色彩与人的重量感之间有一定的关系。一般来说，浅绿色、浅蓝色及白色的东西让人觉得轻便，而黑色、灰色、红色及橙色的东西则往往给人以笨重的感觉。例如，国外有一个厂家，原来使用黑色包装箱，工人搬运时觉得很重；后来将包装箱涂成淡绿色，工人就感觉轻松多了。

除了上述的色调对人的心理影响以外，色彩的明度和纯度也会对人的心理产生重要的影响。

（5）色彩会影响人对于物体软硬的感觉

色彩软硬感与明度、纯度有关。凡明度较高的含灰色系具有软感，凡明度较低的含灰色系具有硬感；纯度越高越具有硬感，纯度越低越具有软感；强对比色调具有硬感，弱对比色调具有软感。

（6）色彩的华丽感和朴素感

色彩的华丽感和朴素感与纯度关系最大，其次是与明度有关。凡是鲜艳而明亮的色具有华丽感，凡是混浊而深暗的色具有朴素感。有彩色系具有华丽感，无彩色系具有朴素感。运用色相对比的配色具有华丽感，其中补色最为华丽。强对比色调具有华丽感，弱对比色调具有朴素感。

3. 色彩感知的差异性及其影响因素

色彩对心理的影响取决于人们在生活中积累起来的与物的关系，以及对物的态度。色彩能引起或改变某种感觉，具体到某个个体来说，颜色的评价和联想由于人的性别、年龄、社会经历和民族习惯等因素的影响而有较大的个别差异。色彩感知的差异性的影响因素主要体现在以下几个方面：

（1）色彩心理与年龄有关

根据实验心理学的研究，人随着年龄上的变化，生理结构也发生变化，色彩所产生的心理影响随之有别。有人做过统计，儿童大多喜爱极鲜艳的颜色。婴儿喜爱红色和黄色，4～9岁的儿童最喜爱红色，9岁的儿童又喜爱绿色。7～15岁的小学生中，男生的色彩爱好次序是绿、红、青、黄、白、黑，女生的色彩爱好次序是绿、红、白、青、黄、黑。随着年龄的增长，人们的色彩喜好逐渐向复色过渡，向黑色靠近。人越接近成熟，所喜爱的色彩越倾向成熟。这是因为儿童刚走入这个大千世界，大脑思维相对简单，他们的神经细胞产生得快、补充得快，对一切都有新鲜感，偏好简单的、新鲜的、强烈刺激的色彩。随着年龄的增长，阅历也增长，脑神经记忆库已经被其他刺激占去了许多，色彩感觉相应就成熟和柔和了。

（2）色彩心理与职业有关

体力劳动者喜爱鲜艳色彩，脑力劳动者喜爱调和色彩；农牧区工作人员喜爱极鲜艳的、成补色关系的色彩；高级知识分子则喜爱复色、淡雅色、黑色等较成熟的色彩。

（3）色彩心理与社会心理有关

由于不同时代在社会制度、意识形态、生活方式等方面的不同，人们的审美意识和审美感受也不同。当一些色彩被赋予时代精神的象征意义，符合了人们的认识、理想、兴趣、爱好、欲望时，那么这些具有特殊感染力的色彩会流行起来。例如，20世纪60年代初，宇宙飞船的上天，开拓了人类进入新的宇宙空间的新纪元，这个标志着新科学时代的重大事件轰动世界，各国人民都期待宇航员从太空中带回新的趣闻。色彩研究家抓住了人们的心理，发布了所谓"流行宇宙色"，结果在一个时期内风靡全世界。

7.2.3　色彩与安全

很多研究已证明，工作场所良好的色彩环境可以使人提高劳动积极性，减少事故的发生。

1. 色彩对照明有影响

对光具有高反射系数的颜色，如白色、淡黄色、浅绿色等，能帮助提高房间的明亮度，改善照明环境。

2. 适宜的色彩可预防和减少工人眼睛的疲劳

在工人视线投注最多的地方，应该涂有生理学角度最适宜的色彩，但一定要注意色彩搭配，否则也易引起视觉疲劳。此外，工作面与环境背景色彩对比强烈，也会影响眼睛的休息。例如，一个人长时间伏在暗绿色写字台上看着白纸，他的眼睛极易产生疲劳。一般来说，应该使工作面与环境背景的色彩相协调。例如，有一家棉纺厂，车间内四壁刷涂白色，显得十分明亮，机器被漆成绿色。然而工人抱怨说，当他们长时间注视绿色的机器后，抬头稍作休息时看到白色墙壁，眼前会出现一团桃红色，使人头晕目眩。这是因为桃红色是绿色的补色，这两种色彩按一定比例混合后可得到白色或灰色光。因此，长时间注视绿色之后，把视线投到白色上，即会产生它的互补色桃红色。这种情况下，为减轻眼睛疲劳，较适宜的是把墙壁涂成桃红色。

3. 用色彩信号标志安全和技术信息，便于安全管理，减少事故发生

国家标准规定安全色为红、蓝、黄、绿四种，相应的对比色为无彩色，见表7-4。

表7-4　安全色及其对比色

安全色	相应的对比色	含义
红色	白色	停止、禁止、高度危险
蓝色	白色	指令、必须遵守的规定
黄色	黑色	警示、注意、小心行动
绿色	白色	提示、安全状态、正常通行

色彩也常用于技术标志中，表示材料、设备或包装物。具体规定参见《工业管道的基本识别色、识别符号和安全标识》（GB 7231—2003）。

4. 用对比色突出机器和设备的主要部件，可减少操作失误

机器设备的主要部件，如操纵杆、按钮、开关等，其色彩应在工作面背景上突出出来，这样易于引起工人的注意，能为操作创造更方便的条件。

5. 适宜的色彩环境改善人的情绪，减少疲劳

适宜的色彩环境改善人的情绪，减少疲劳，也可减少事故的发生。但这种色彩环境的建立一定要考虑工作的性质，如果色彩运用不当，反而更易诱发事故。

6. 色彩可用来促进工作场所的清洁

把厂房、设备等涂上明亮的色彩将会使工作场所看起来更井井有条，从而改善工人的情绪，提高他们工作的兴趣。例如，在美国的一家燃气轮机生产工厂，将机器涂成蓝色或米色，激发了工人的整洁感，使事故发生率和次品率大大降低。

7.2.4 作业环境色彩的设计应用原则

营造良好的色彩环境，可以改变人对作业环境的印象，增加明亮程度，提高照明效果；使场所内标志信息明确，加快识别速度；改变人的情绪和注意力，减少差错率，提高作业效率和生产安全；使人感到心情舒畅，减轻疲劳；改变人对工作环境的温度感；使工作场所变得清新、洁净，增加环境的安静感。

1. 工作场所用色

工作场所的颜色调节是一个将零零散散的不同色调，整合为协调又具有一定意义的颜色系列，这是一个系统的安排。在配置时要考虑两点：首先，整个布置是暖色还是冷色；其次，要有对比，并能产生适当、协调、渐变的效果。例如，法国有一家工厂的冲压车间，吸音的顶棚为乳白色，墙壁为天蓝色贴面，柱子为浅咖啡色，设备是从上至下渐深的黄绿色，整个车间是冷色调，令人感到安静、稳定、祥和、舒适、分明，美观又协调一致。

（1）运用光线反射率

运用颜色的反射率可以增强光亮，提高照明装备的光照效果，节省光源。同时，使光照扩散，室内光线较为柔和，减少阴影，避免炫目。从生理、心理角度上来说最佳的色彩是浅绿、淡黄、翠绿、天蓝、浅蓝和白、乳白色等，能达到明亮、和谐的效果。室内的反射率在各个部位并不是完全一样的，如顶棚、墙壁、地板等应依次渐弱，具体可按表 7-5 给出的数据进行设计。

表 7-5 室内反射率分配表

位置	顶棚	墙	地板	机器与设备
反射率（%）	70~80	50~60	15~20	25~30

（2）合理配色

室内的颜色不能单调，否则会产生视觉疲劳。采用几种颜色且使明度从高至低逐层减弱，使人有层次感与稳定感。一般上方应设置较明亮的颜色，下方可设置较暗的颜色。若不是按这种方式进行颜色组合，会产生头重脚轻的负重感，导致疲劳。

颜色的选择应与工作场所的用途和性质相适宜。颜色的应用可借助人的视错觉来突出或掩盖工作场所的特征，改变对房间的印象。例如，对面积大但顶棚较低的房间进行室内配色时，要注意顶棚在视野内所占比例相当大，可将顶棚涂以白色或淡蓝色，令人产生在万里晴空之下的广阔感。

（3）根据颜色特性进行选择

1）明度。任何工作房间都要有较高的明度。由于人眼的游移特性，常会离开工作面而转向顶棚、墙壁等处，假若各区之间的明度差异很大，视觉就会进行自身的明暗调节，致使眼睛疲劳。

2）彩度。彩度高将带给人眼强烈的刺激，令人感到不安。顶棚、墙壁等一般在设计时都应避免使用彩度过高的颜色，除非警戒色。

3）色调。春夏秋冬四季的变化，给颜色调节带来了自然的契机，工作与生活的空间可以根据季节变化而适时地调节。色调的选择必须结合工作场所的特点和工作性质的要求。如应考虑如何恰当地改变人们对温度、宽窄、大小、情绪、安全、舒适、疲劳等方面的感受，以及某些影响生理过程的需要。

2. 机器设备和工作面用色

机器设备配色是在厂房竣工进行室内装饰时就应同时考虑的问题。机器设备的主要部件、辅助部件、控制器、显示器的颜色应按规范的要求配色，尤其主要部件和可动部分应涂以特殊颜色，使其在机器的一般背景上凸现出来，同时将高彩度配置在需要特别注意的地方。这是"防误"的一个具体措施。

具体应注意以下几点要求：

（1）与设备的功能相适应

例如，用于医疗设备、食品工业和精细作业的机器，一般用白色或奶白色。一般工业生产设备外表和外壳宜采用黄绿、翠绿和浅灰等色。国外有学者主张采用驼色，目前驼色已成为国际上机器设备、工作台和面板的流行色彩。

（2）与环境色彩协调一致

例如，军用机械、车辆为了隐蔽，常采用绿色或橄榄绿色。

（3）危险与示警要醒目

例如，消防设施大都用大红色，彩度较大。

（4）突出操纵装置和关键部位

按钮、开关、加油处等地均应使用不同的色彩编码，为操作方便创造条件。例如，绿色按钮表示"启动"，红色按钮表示"停止"等。

（5）显示装置要异于背景用色

装置颜色与背景色存在色差，更引人注目，以利识读。仪表盘上指针、读数颜色与盘面颜色的差异，仪表盘与仪表台颜色的差异都体现了这一原则。

（6）异于加工材料用色

长时期加工同一种颜色的材料，若材料颜色鲜明，机器宜配灰色；若材料颜色暗淡，机器宜配鲜明色彩。装置与装饰机器设备时，宜将劳动和工作场地的具体条件相协调作为出发点，考虑有关环境、设备的配置，符合劳动的性质及其特定作业程序。

工作面的颜色取决于其加工对象的颜色，如上述"机器要异于加工材料用色"，形成颜色对比，加强视觉识别能力。若背景与加工物件色彩相近，则不易辨认。因此，加工物件机器、工作台面的色彩与亮度必须有显著的差异，才能使人的注意易于集中，易于辨别细小部件。例如，在纺织厂，机器和纺织品在色彩上要有明显差别，以便于工人发现织物上的毛疵，以保证产品质量。

3. 业务管理用色

借助颜色，可以提高工作效率，减轻工作人员的疲劳。例如，带有颜色卡片的分类，工作时间可相应缩短 40%，对标有颜色刻度的作业，工作时间可缩短 26%。为了快速传递、交流、反馈信息，可将颜色运用于报表、文件、图形、卡片、证件及符号、文字之中，易于辨识。在生产与运作管理中也可利用颜色表明作业进度，例如，甘特图或网络图的有色标识，令人一目了然。

有的工厂办公室设置了三色示意盘，红色表示工作紧张、繁忙，绿色表明正常工作状态，黄色则意味着等待新任务。文书工作时可将文件夹各夹层巧妙地贴上五彩缤纷的标签，便于识别、利用。值得注意的是，对于不同的组织或业务系统，不同颜色的使用可能会有不同的含义。但对于特定企业的某一系统，应该使用统一的颜色编码系统，以防工作人员由于对信息标识误认导致错误的判断。在管理工作中，巧用颜色调节手段，不需要付出很大的经济成本，但对于提高工作质量、提高管理水平却易见成效。

4. 其他方面的用色

在环境条件基本达到卫生标准的前提下，利用色彩的三种基本特性可以在某种程度上缓解人们对于作业环境中污染等恶劣因素的不良感受。

（1）对清洁感的影响

选择饱和度高、明度低的色彩作为墙面（如红色、青紫色）可在某种程度上减轻空气中毒物和粉尘污染的不良感觉。

（2）对温度感的影响

运用色彩的"冷""暖"特性，可以"改变"工人对室内温度的感觉，如高温车间的墙壁、顶棚及工人工作服均应选择具有高反射系数的浅淡颜色，在低温的工作场所涂刷朱红色等。

（3）对噪声感受的影响

在噪声较大的车间要避免明度高的色彩，采用明度低的色彩可减轻噪声的某些不良作用。

（4）对通风感受的影响

在全面机械通风系统的送风口挂上彩色纸带，让纸带随风飘舞，可降低工人对通风系统的烦闷感觉。

总之，色彩不仅可以美化环境，调节心情，而且还是一种有效的管理手段。恰如其分的颜色配置，在提高工人的工作质量、效率和促进安全生产等方面，会收到意想不到的效果。未来随着人们对色彩心理学认识的深化，对色彩的开发利用也必将更加广泛，让色彩服务于安全生产的手段也会更加多样。

7.3 作业环境的噪声、振动与安全

7.3.1 噪声的概念、分类与评价指标

1. 噪声的概念

噪声是各种不同频率和不同强度声音无规则的杂乱组合。与乐音相比，噪声的波形曲线通常是无规则的。对于噪声的定义生理学和物理学有着不同的描述，生理学将对人体有害或人们不需要的声音称为噪声。噪声是指足以干扰人们心理或生理、影响人们生活和健康的一切声音。物理学则把和谐的声音叫作乐音，频率、振动上杂乱、间歇或随机的声音称为噪声。广义的噪声是指人们不需要的一切声音。在生产过程中产生的频率、强度变化没有规律的声音，易使人产生厌烦感，被称为生产性噪声。噪声具有主观性，一个人对同一个声音，在不同的时间、地点等条件下，常会做出不同的主观判断，如思考问题时环境中的谈话声或乐音也可能成为噪声。

2. 噪声的分类

噪声的分类方法有很多，基本的分类方法有四种。

（1）按照声源的特点划分

1）空气动力性噪声。空气动力性噪声是指气体压力或体积的突然变化或流体流动所产生的声音，如通风机、空压机运转时进、排气口的噪声。

2）机械噪声。机械噪声是机械设备运转时各零部件之间的相互撞击、摩擦产生的交变力使设备金属板或其他运动部件发生振动而辐射出的噪声。机械动力性噪声又可细分为撞击噪声、激发噪声、摩擦噪声、结构噪声、齿轮噪声、轴承噪声等。

3）电磁噪声。电磁噪声是利用电磁工作的组件因磁场脉动、磁致伸缩、电磁涡流等因素发生振动而辐射出的噪声，如发电机、变压器等设备开动时所发出的噪声。

（2）按照噪声的时间变化特性划分

生产性噪声按照噪声的时间变化特性可分为①声音强弱随时间变化不显著的稳定噪声，其波动小于5dB；②声音强弱呈周期性变化的周期性噪声；③声音强弱随时间无规律变化的无规律噪声；④突然爆发又很快消失，持续时间≤0.5s，间隔时间>1s，声压有效值变化≥40dB（A）的脉冲噪声。脉冲噪声在时域中表现为瞬间产生的激荡作用，但在频域中常表现为连续噪声，持续时间短，如爆炸声、撞击声等。

（3）按噪声频率分布划分

按噪声频率分布可将其分为低频噪声（低于500 Hz）、中频噪声（500~1 kHz）、高频

噪声（高于 1 kHz），或分为宽频带噪声（从低频到高频较为均匀的噪声）、窄频带噪声（主要成分集中分布在狭窄的频率范围内的噪声）、有调噪声（既有连续噪声，又有离散谐频成分存在的噪声）等。

（4）按照人们对噪声的主观评价划分

噪声按照人们对噪声的主观评价可划分为：①过响声，很响的使人烦躁不安的声音，如织布机的声音；②妨碍声，声音不大，但妨碍人们的交谈和学习；③刺激声，刺耳的声音，如汽车刹车音；④无形声，日常人们习惯了的低强度噪声。

3. 噪声控制标准和评价指标

噪声对人的危害主要取决于噪声特性，因此，噪声控制标准要针对噪声对人的危害的特性制定。噪声控制标准一般分为三类：第一类是基于对劳动者的听力保护而提出来的，它以等效连续声级、噪声暴露量为指标；第二类是基于降低人们对环境噪声的烦恼程度提出来的，我国的《声环境质量标准》（GB 3096—2008）、《汽车加速行驶车外噪声限值及测量方法》（GB 1495—2002）就是针对此类噪声的，这类标准以等效连续声级、统计声级为指标；第三类是基于改善工件条件，提高作业效率而提出的，该类标准以优选语言干扰级、噪声评价数等为指标。下面对上述噪声控制标准中涉及的几个主要噪声评价指标进行简要介绍。

（1）等效连续声级

同一时间段内的非稳态噪声，等效量为声能。采用声能在同一时间段内平均的方法来求得该等效连续声级，也称为等效连续 A 声级。A 声级能够较好地反映人耳对噪声频率特性和强度的主观感觉，是一种较好的连续稳定的噪声评价指标。但如果评估对象是起伏的不连续的噪声，此时很难测定 A 声级的大小，为此需要用噪声的能量平均值来表示噪声级的大小，即等效连续声级。

（2）统计声级

街道、住宅区的环境噪声和交通噪声，往往是不规则的、大幅度变动的，为此常用统计声级来评估噪声的等级。统计声级是指某一段时间内 A 声级的累计频率的百分比。例如，L10＝70dB（A），此式表示整个统计测量时段内，噪声级超过 70dB（A）的频率占 10%；L50＝60dB（A）表示噪声级超过 60dB（A）的频率占 50%；L90＝50dB（A）表示噪声级超过 50dB（A）的频率占 90%。

有时统计声级和等效连续声级存在着一定的关系，如 L10 相当于峰值平均噪声级，L60 相当于平均噪声级，L90 相当于背景噪声级。验证这种关系的测量方法是选定一段时间，每隔 5s 读取一个值，然后统计 L10、L60、L90 等指标。如果噪声级的统计特征符合正态分布，那么认为等效连续声级与统计声级之间存在固定的相关关系。

（3）优选语言干扰级

由于 0.5Hz~2kHz 的频率范围的噪声对语言干扰最大，因此选取 500Hz、1kHz、2kHz 中心频率的声压级的算术平均值来评价噪声对语言的干扰程度，称为优选语言干扰级。根据优选语言干扰级可以确定语言交流的最大距离，见表 7-6。

表 7-6 语言干扰级与语言交流的最大距离

语言干扰级/dB	最大距离/m		语言干扰级/dB	最大距离/m	
	正常	大声		正常	大声
35	7.5	15	55	0.75	1.5
40	4.2	8.4	60	0.42	0.84
45	2.3	4.6	65	0.25	0.5
50	1.3	2.4	70	0.13	0.26

（4）噪声暴露量

人在噪声环境中工作，噪声对听力的损害不仅与噪声强度有关，而且与噪声暴露时间有关。噪声暴露量综合考虑噪声强度与暴露时间的累积效应。

（5）噪声评价数

倍频带声压级

对于室内活动场所的稳态环境噪声，国际标准化组织推荐用 NR 曲线来评价噪声对工作的影响。NR 曲线的具体求法是，对噪声进行倍频程分析，一般取 8 个频带（63~8000Hz）测量声压级，根据测量结果在 NR 曲线上画出频谱图，在该噪声的 8 个倍频带声压级中找出最高一条 NR 曲线的值，即为该噪声的评价数 NR。噪声评价数 NR 曲线对于控制噪声也很有意义。例如，标准规定办公室的噪声评价数为 NR30，那么室内环境噪声的倍频带声压级均不能超过 NR30 曲线。

为了保护劳动者的身心健康，在技术条件允许和符合经济原则的条件下，应该将工业企业的噪声控制得越低越好。《工业企业噪声控制设计规范》（GB/T 50087—2013）规定生产车间噪声限值为 85dB（A），车间内值班室、观察室、休息室等场所内背景噪声限值为 70dB（A），正常工作状态下精密装配线、精密加工车间、计算机房噪声限值为 70dB（A），主控室、集中控制室、通信室、一般办公室、会议室等噪声限值为 60dB（A），医务室、教室、值班宿舍室内背景噪声限值为 55dB（A）。

7.3.2 噪声对人及安全生产的影响

1. 噪声对人生理的影响

噪声对人生理上的影响主要表现为靶器官效应和非靶器官效应两方面。靶器官效应是指对听觉器官的影响作用。非靶器官效应是指对其他器官或系统的致病作用。噪声靶器官效应具体又可分为听觉疲劳和听力损失两类。

（1）听觉疲劳

听觉疲劳又称为暂时性听阈位移，是指在一定强度噪声的作用下，人耳听觉机能暂时性的下降，经过一段时间休息，听觉机能可得到恢复的现象，其作用机制可以理解为生物机体的应急适应能力。发生听觉疲劳后，恢复听力所需要的时间长短，与噪声的暴露的时间、暴露强度、暴露频率，以及是否使用了特定药物、个体差异，甚至个体的生物节律等因素相关。

（2）听力损失

听力损失主要是指噪声所导致的耳聋，又称为听力损伤、特异性噪声病、永久性听阈位移或噪声性耳聋，表现为突发性和渐进性两大类。突发性听力损伤即爆震性耳聋，常发生在短时间暴露在120dB（A）以上强噪声环境中，病理表现有鼓膜破裂、听骨断裂、内耳损伤性变化、听觉皮质损伤等，因常与职业因素相关，故又称职业性噪声聋。

听力损伤的特点主要有：① 持续渐进性，潜伏期长，累积过程以年计；② 低毒性，仅听力发生损伤，不会导致死亡，因而不易引起重视；③ 不可逆性，听力损伤无法恢复。

噪声的非靶器官效应即噪声对其他系统的危害，又称噪声的听觉外效应，主要影响神经、心血管和消化系统。具体对各部分的影响和作用体现在以下几方面：视觉器官在噪声环境中，由于听觉器官受损可使视力下降，蓝绿色视野增加，红色视野减小；神经系统在噪声环境长期作用下，可以使大脑皮层兴奋与抑制失调，导致条件反射异常，表现为植物神经系统功能紊乱，引起头痛、头晕、失眠、多汗、乏力、恶心、心悸、注意力分散、记忆力减退等；噪声会引起新陈代谢的破坏和血液成分的改变；长期处在噪声环境中，会使胃的正常活动受到抑制，导致溃疡病和胃肠炎发病率增高；对心血管系统的影响主要体现在噪声会引起心动过速、心律不齐、血压升高及毛细血管收缩、供血减少。

2. 噪声对人心理的影响

（1）对语言信息传递的影响

如果噪声压住了工作场所的语言信号，使信息不能清晰准确地传递，就可能造成严重的错误。此外，由于语言交流困难，还可引起人烦躁、着急、生气，使人情绪变坏。

（2）对注意和记忆的影响

噪声的干扰会使人分散精力。尤其是带有一定信息的噪声，更会对大脑活动产生消极影响，使人注意力易分散，注意集中短暂。噪声对人的记忆也有影响。在噪声环境中，思路被破坏，记忆的东西会按另一种顺序排列，而且数量减少。

偶然出现的意外的高频噪声，会更严重地惊扰人的注意，甚至可以使正在进行的工作活动瞬间完全停止。噪声对人注意的影响，既与个人特性有关，也与噪声是否对这个人有特殊作用有关。

（3）对工作能力的影响

噪声对人的工作能力既有消极影响也有积极影响。噪声是提高大脑兴奋水平的影响因素之一。在一定强度和一定性质的噪声中，大脑处于较佳的兴奋水平。人对外界刺激的反应更加灵敏，注意更加集中，动作更活跃，思维活动也更积极，因而使工作能力提高。这是因为从心理学上看，隔绝了外界的任何附加刺激，要保持注意也是很困难的。因为在这种情况下，大脑皮质的兴奋性降低，注意难以集中。经研究确定，55dB（A）的噪声能使大脑保持最佳兴奋水平，此时的工作能力最强。工作能力对兴奋性的依存关系，如图7-4所示。随着噪声的增加，噪声开始令人感到刺耳，人试图避开噪声，结果使注意分散，工作能力下降。

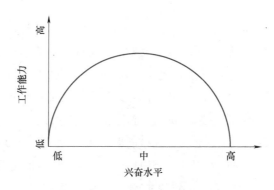

图 7-4　工作能力对兴奋性的依存关系

（4）噪声对情绪的影响

噪声对情绪的影响取决于噪声的性质和人的一般状态。强而频率高的噪声，强度和频率不断变化的噪声，一般来说更易使人紧张、烦乱、生气。当人在休息或从事创造性脑力劳动、从事复杂的系统控制工作，以及人心情不好时，即使强度不大的噪声（30~40dB），也能使人厌烦。当人从事重体力劳动，进行激烈的体育运动或进行兴高采烈的娱乐时，反而需要一定的噪声来助兴。此时，这些噪声可能会引起他人烦躁和厌烦。因此，对同样的噪声刺激，人的情绪反应是不一样的，有人会厌烦，也有人会兴奋，这取决于人当时的活动性质、心理状态和个性特点。

在工作场所，因为工作性质、心理状态、体质、个性特点的不同，处于同一噪声环境中的人其情绪反应也是不一样的。如果一个人的工作与噪声有联系，尽管他和其他人受到同样噪声的作用，他的心情会更平静一些。此外，如果已习惯某一噪声环境的人，较之新进入这一噪声环境的人来说，情绪波动会小得多。

3. 噪声对安全生产的影响

在生产活动中，噪声污染是干扰人正常工作，导致事故发生的重要原因。但在一定的控制条件下，噪声也有它的积极意义。因此，在实际生产中对待噪声的态度应趋利避害，一方面要防止噪声污染，另一方面要利用它的积极作用。表 7-7 给出了某些工种允许的和推荐的最大限度噪声负荷。

表 7-7　某些工种允许的和推荐的最大限度噪声负荷

环境地点	等效连续 A 声级/dB（A）	
	允许最大限度指标	推荐最大限度指标
创造性劳动者的房间或医院、门诊部	50	45
科员、会计人员的工作房间	60	55
计算机房	70	65
检验、测量、操纵工作用房间	75	65
声音信号和清楚明确的说话声具有重大意义的工作场地（起重机械、活动站台）	85	80

7.3.3 作业环境的噪声优化设计

噪声污染的模式，如图 7-5 所示。由图可知，对于任何声学问题及噪声控制问题，都要全面考虑声源、声场和接收者三个基本环节组成的声学系统，解决噪声控制问题必须从分析该系统出发，可以从降低噪声源噪声、减少噪声源、控制噪声传播和加强对个人的防护等几方面着手，改善噪声污染状况。

图 7-5　噪声污染的模式

1. 噪声源的控制

消除与降低噪声，首先应选择低噪声的设备，选用噪声小的材料，或通过改善生产工艺，改进机械产品设计，合理设计传动装置等方式，使噪声源产生的噪声强度减小。另外，封闭噪声源或调整噪声源方向也是控制噪声源的有效途径。封闭噪声源，一般是指利用隔音材料、隔音间、隔音罩将产生噪声的机器密封起来。调整噪声方向，一般是指将噪声出口指向天空或旷野。

2. 传播的控制

（1）空间布局与环境设计手段

全面考虑工厂的总体布局，将噪声车间设置在远离行政办公场所与居民区处，并在车间周围建隔声墙、防护林、草坪。

（2）工程技术手段

控制噪声传播的途径主要有隔声、吸声、消声、隔振与阻尼。

1）隔声。利用隔声性能良好的墙、门、窗、罩等，把噪声源与周围环境隔绝起来，也可以把需要保持安静的场所与周围环境隔绝起来，如建立隔音操作间、休息室等。

2）吸声。利用玻璃棉、矿渣棉等多孔材料做成一定结构，安装在室内墙壁或吊在顶棚上，用以吸收室内的反射声，或安装在消声器或管道内壁上，增加噪声的衰减量。

3）消声。在产生噪声的设备上安装消声器，消除机械气流噪声。

4）隔振与阻尼。隔振就是为机器设备安装减振器或减振材料，以减少或阻止振动传到地面。常用的减振器有弹簧类、橡胶类、软木、毡板、空气弹簧和油压减振器等。减振阻尼就是用阻尼材料涂刷在薄板的表面，以减弱薄板的振动，降低噪声辐射。常用沥青、塑料、橡胶等高分子材料做阻尼材料。

3. 个体防护

加强对工人的教育，使之认识噪声对人体的危害，并传授其有关个体防护用品的使用方法。护耳器是个体防护噪声的常用工具，主要种类有耳塞、防声棉、耳罩、帽盔等，一般用软橡胶或塑料等材料制成。不同材料不同种类的护耳器对不同频率噪声的衰减作用不同，应该根据噪声的频率特性选择合适的防护用品。

4. 其他调节手段

采用心理学手段减轻噪声给人带来的烦躁情绪。与噪声相反，音乐能够减轻作业者的精神紧张，缓解单调感和精神疲劳，提高作业效率和生产安全。1921 年，美国的盖特伍德（Gatewood）成功利用音乐提高了建筑工人的制图作业效率。第二次世界大战时期，为了提高作业效率，还产生了背景音乐和产业音乐。需要指出的是，音乐调节对保护人的听力不起任何作用，而仅是一种心理缓解。另外，在工作场所的墙壁上涂上冷色调，也有助于人缓解因噪声引起的不良情绪。

7.3.4 振动的概念和对人的影响

1. 振动的概念和分类

振动的基本物理参数包括振动频率、振幅、速度、加速度及振动方向等。振动物体单位时间内运动的次数为振动频率（Hz），振动位移是指其离开平衡位置的瞬时距离，其离开平衡位置的最大距离称为振幅。速度是指位移对时间的变化率（m/s），加速度是指振动物体单位时间内速度变化的量，即速度对时间的变化率，单位为 m/s^2。在位移、速度、加速度三个物理量中，加速度更能反映振动强度，与对人体的作用关系更为密切，因此加速度是目前评价振动强度大小最常用的物理量。

工业生产过程中产生的一切振动，统称为生产性振动。生产性振动的分类方法很多，通常可按以下方式分类：

（1）按振动作用于人体的部位划分

按振动作用于人体的部位划分，振动可分为局部振动和全身振动两类。局部振动是指生产中使用手持振动工具或接触受振工件时，直接作用或传递到人的手臂系统的机械振动或冲击。全身振动则是指人体以立位、坐位或卧位接触而传至全身的振动，如驾驶车辆、船舶、飞机等交通工具，操作建筑用混凝土搅拌机、捣固机等机械设备时，作业人员感受到的地面的振动。

（2）按振动的波形划分

按振动的波形划分，振动可分为正弦振动、复合周期振动、复合振动、随机振动等若干种。正弦振动是指可用时间的正弦函数表示其位移变化的振动。复合周期振动是指成倍比周期的简谐振动合成的非简谐周期振动，即非正弦形式的周期振动。复合振动是指由不成倍比的周期振动合成的非周期性振动。随机振动则是指振动周期无规则、不能精确重复的振动过程，该振动的任何时间的瞬时值均不能预先确定。

（3）按振动的方向划分

按振动的方向划分，振动可分为垂直振动和水平振动两类。

（4）按振动系统结构参数的特性划分

按振动系统结构参数的特性划分，振动可将其分为线性振动和非线性振动等。

2. 振动对人生理的影响

振动对人的影响分为全身振动和局部振动。全身振动是由振动源通过身体的支持部分如足部和臀部将振动沿下肢或躯干传至全身而引起的振动。局部振动是振动通过振动工具、振动机械或振动工件传向操作者的手和前臂的振动。

（1）全身振动对人的不良影响

接触强烈的全身振动可能导致内脏器官的损伤或位移，周围神经和血管功能的改变，可造成各种类型的、组织的、生物化学的改变，导致组织营养不良，如足部疼痛、下肢疲劳、足背脉搏动减弱、皮肤温度降低；女工可发生子宫下垂、自然流产及异常分娩率提升。振动加速度还可使人出现前庭功能障碍，导致内耳调节平衡功能失调，出现脸色苍白、恶心、呕吐、出冷汗、头疼头晕、呼吸浅表、心率和血压降低等症状。生活中常见的晕车、晕船即属全身振动性疾病。全身振动还可对腰椎等运动系统造成损伤。

（2）局部振动对人的不良影响

局部接触的强烈振动以手接触振动工具的方式为主，由于工作状态的不同，振动可传给一侧或双侧手臂，有时可传到肩部。长期持续使用振动工具能引起末梢循环、末梢神经和骨关节肌肉运动系统的障碍，严重时可引起国家法定职业病局部振动病。局部振动病也称职业性雷诺现象、振动性血管神经病或振动性白指病等，主要是由于长期受低频率、大振幅的振动，使植物神经功能紊乱，引起皮肤振动感受器及外周血管循环机能改变，久而久之，可出现一系列病理改变。早期可出现肢端感觉异常、振动感觉减退。手部发病症状表现为手麻、手疼、手胀、手凉等，手疼多在夜间发生；之后为手僵、手颤、手无力，手指遇冷出现缺血发白，严重时血管痉挛明显甚至通过 X 光片发现骨骼及关节位置发生改变。

总的来说，振动对于人体机能的生理效应主要体现为：弱振动主要引起人体组织和器官的位移、变形、挤压，从而影响其功能；强振动引起人体组织和器官的机械性损伤，如撞伤、压伤、撕伤等。强烈的低频振动会抑制胃肠道蠕动和消化液分泌，$1 \sim 2$Hz 的振动具有催眠作用，高频较强的振动或不稳定的振动则提高觉醒水平。长期中等强度的振动可引起头、颈、背、下肢的肌肉紧张、肌肉疲劳、活动能力下降；长期剧烈的振动可引起肌肉萎缩，肌张力下降，有时出现局部肌肉痉挛、坐骨神经痛、臀部和会阴部疼痛。

3. 振动对人心理的影响

振动对作业工人的智力、记忆、视感知、心理活动及情感状态均有不同程度的负面影响，表现为注意力、记忆力、手工操作敏捷度、心理活动稳定度下降，视听反应能力下降等神经行为改变。局部振动对作业工人早期的损害主要表现为神经行为功能改变，引起作业工人中枢神经精神紧张，长此以往会导致同等刺激下神经兴奋性降低，神经行为功能下降。

研究表明，工人心理健康水平下降的程度与工人接振年龄呈正相关，以躯体化症状、睡眠障碍、强迫症状等神经症状为主。部分工人还会出现神经反应潜伏期延长，大脑皮层功能下降等症状。

7.3.5　作业环境中振动的防治

振动的防治要采取综合性措施，即消除或减弱振动工具的振动，限制接触振动的时间，改善寒冷等不良作业条件，有计划地对从业人员进行健康检查，采取个体防护等措施。

1. 消除或减少振动源的振动

消除或减少振动源的振动是控制噪声危害的根本性措施。改革工艺设备和操作方法，提高作业的自动化程度，用新工艺、新方法取代传统工艺，如采用液压机、焊接、高分子黏合剂等新工艺代替风动工具铆接。尽可能采取减振措施，如改变风动工具的排风口方向，对一些机器设备安装减振装置。通过在设备下边加减振器来固定设备的整体，防止物体振动在固体中传递。为了预防全身振动，建筑厂房时，要构筑防振地基，振动车间应设置在楼下。

2. 限制作业时间

在限制接触振动强度还不理想的情况下，限制作业时间是防止和减轻振动危害的重要措施，应制定合理的作息制度和工间休息制度。

3. 改善作业环境

改善作业环境是指要控制工作场所的寒冷、噪声、毒物、高气湿等作业环境。由于寒冷可促使振动病发作，所以振动车间的温度应该保持在16℃以上。

4. 加强个体防护

合理使用劳动保护用品，加强个人防护，工作时佩戴双层衬垫无指手套或防振弹性手套，既可减振，又可以达到手部保暖的目的。

5. 加强医疗保健措施

实行作业前体检，凡患有中枢神经系统疾病、明显的自主神经功能失调、各种血管病变、心绞痛、高血压、心肌炎等疾病者不宜从事振动作业。从业人员也应定期体检，以便早期发现振动病变，对于反复发作并逐渐加重的人员应调离振动作业。

6. 开展职业健康教育和职业培训

进行职工健康教育，对新工人进行技术培训，尽量减少作业中的静力作用成分。

7. 制定和执行卫生标准

1989年，国家对局部振动作业制定了卫生标准，标准限值的保护率可达90%。所以，通过预防性卫生监督和经常性卫生监督，严格执行国家标准，也可预防振动危害。

7.4 作业环境的微气候条件与安全

微气候泛指工作场所的气候条件，包括空气的温度、湿度、气流速度（风速）、通透性和热辐射等因素。研究作业环境的微气候条件，主要是保障人在生产过程中热平衡，使劳动者的身心愉悦，从而提高生产效率，实现安全生产。气温是微气候环境的主要因素，直接影响人的工作情绪、疲劳和身体健康，本节将主要介绍气温对人体和安全生产的影响作用。

7.4.1 微气候环境综合评价方法

劳动工人在作业环境中工作时，受到的微气候影响是由温度、湿度、风速和热辐射等多种环境因素共同决定的结果。因此，研究微气候环境对人体的影响，不能仅考虑其中某个因素对人体的影响，要通过综合评价指标来评估微气候环境的好坏。目前，评价微气候环境有四个主要指标参数。

1. 有效温度

有效温度是由美国采暖通风工程师协会研究提出的，是根据人在不同的空气温度、湿度和空气流速的作用下产生的温热主观感受所制定的经验性温度指标。在已知干球温度、湿球温度和气流速度的条件下，就可以根据有效温度图求出有效温度。此指标使用比较方便，其缺点是在一般温度条件下过高地估计了高湿度的影响，而在高温情况下又低估了风速、高湿度的不利作用。德国的相关工效学标准采用的就是该指标。研究表明，有效温度逐渐增高时，人的判断力会减退；当有效温度超过 32℃ 时，作业者读取误差率增加，到 35℃ 左右时，误差率会增加 4 倍以上。不同作业种类的有效温度参见表 7-8。

表 7-8　不同作业种类的有效温度

有效温度	作业种类		
	脑力作业	轻作业	体力作业
舒适温度/℃	15.5~18.3	12.7~18.3	10~16.9
不适温度/℃	26.7	23.9	21.1~23.9

2. 不适指数

不适指数是由纽约气象局 1959 年发表的一项评价气候舒适程度的指标，它综合了气温和湿度两个因素。不适指数可由下式求出：

$$DI = (t_d + t_w) \times 0.72 + 40.6 \tag{7-3}$$

式中　DI——不适指数；

　　　t_d——干球温度（℃）；

　　　t_w——湿球温度（℃）。

据日本学者研究认为，日本人感到舒适的气候条件与美国人有所不同。表 7-9 为美国人和日本人对不同的不适指数的不适主诉率。

表 7-9　不适指数与不适主诉率（美国人和日本人对比）

不适指数	不适主诉率（%）	
	美国人	日本人
70	10	35
75	50	36
79	100	70
86	难以忍耐	100

通过计算各种作业场所、办公室及公共场所的不适指数，就可以掌握其环境特点及对人的影响。不适指数这一指标的不足之处是没有考虑风速对于人体舒适性的影响。

3. 三球温度指数

三球温度指数（WBGT）是指用干球、湿球和黑球三种温度综合评价允许接触高温的阈值指标。WBGT 是用来评价高温车间气象条件环境的，可方便地应用在工业环境中，以评价环境的热强度。它适合用来评价在整个工作周期中人体所受的热强度，而不适合用于评价短时间内或热舒适区附近的热强度。

在气流速度小于 1.5m/s 的非人工通风条件下，WBGT 采用下式计算：

$$WBGT = 0.7WBT + 0.2GT + 0.1DBT \tag{7-4}$$

在气流速度大于 1.5m/s 的人工通风条件下，WBGT 采用下式计算：

$$WBGT = 0.63WBT + 0.2GT + 0.17DBT \tag{7-5}$$

式中　WBT——湿球温度（℃）；

　　　GT——黑球温度（℃）；

　　　DBT——干球温度（℃）。

若操作场所和劳动强度在时间上并不是恒定的，则需计算时间加权平均值。

关于 WBGT 的允许热暴露阈值，ISO7243：1989《热环境　根据 WBGT 指数（湿球黑球温度）对作业人员热负荷的评价》只提出了一个参考值。美国工业卫生委员会推荐的各种不同的劳动休息制度的三球温度指数阈值参见表 7-10。

表 7-10　不同劳动休息制度的 WBGT

劳动休息制度	劳动强度		
	轻	中	重
持续劳动	30	26.7	25.0
75%劳动，25%休息	30.6	28.0	25.9
50%劳动，50%休息	31.4	29.4	27.9
25%劳动，75%休息	32.4	31.1	30.0

4. 卡他度

卡他温度计是一种测定气温、湿度和风速三者综合作用的仪器。卡他度一般用来评价劳动条件舒适程度。卡他度 H 可通过测定卡他温度计的液柱由 38℃降到 35℃时所经过的时间而求得。

$$H = F/t \tag{7-6}$$

式中　H——卡他度 $[MJ/(cm^2 \cdot s)]$；

　　　F——卡他计常数；

　　　t——由 38℃降至 35℃所经过的时间（s）。

卡他度分为干卡他度和湿卡他度两种。干卡他度包括对流和辐射的散热效应。湿卡他度则包括对流、辐射和蒸发三者综合的散热效应。一般 H 值越大，散热条件越好。工作时感到比较舒适的卡他度见表 7-11。

表 7-11　比较舒适的卡他度

卡他度/$[MJ/(cm^2 \cdot s)]$	劳动状况		
	轻劳动	中等劳动	重劳动
干卡他度	>6	>8	>10
湿卡他度	>18	>25	>30

7.4.2 微气候环境的人体主观舒适参数值

衡量微气候环境的舒适程度是相对困难的，因为不同的人对于舒适的环境有不同的评断标准。一般认为，"舒适"有两种含义：一种是指个体主观感觉上的舒适；另一种是指人体生理上的适宜度。比较常用的是以人主观感觉作为标准的舒适度，人的自我感觉舒适度与工作效率有关，为此，探究微气候环境中的人体主观舒适参数值也对合理布置作业环境、实现安全生产起到很大的帮助。

1. 舒适的温度

生理学上关于舒适温度常用的定义是：人坐着休息，穿着薄衣服，无强迫热对流，未经热习服的人所感到的舒适温度。按照这一标准测定的温度一般是 $(21\pm3)℃$。人主观感到舒适的温度与许多因素有关，从客观环境来看，湿度越大，风速越小，则舒适温度偏低；反之则偏高。从主观条件看，体质、年龄、性别、服装、劳动强度、热习服等均对舒适温度有重要影响，主要体现在以下几点：①舒适温度在夏季偏高，冬季偏低；②室外劳动工作者对环境舒适温度的要求较低；③穿厚衣服对环境舒适温度的要求较低；④人由于在不同地区的冷热环境中长期生活和工作，对环境温度习服不同，习服条件不同的人，对舒适温度的要求也不同；⑤性别、年龄等不同对舒适温度的要求不同。例如，女子的舒适温度一般要比男子高 $0.55℃$，40 岁以上的人比青年人约高 $0.55℃$。

2. 舒适的湿度

舒适的湿度一般为 $40\%\sim60\%$。在不同的空气湿度下，人的感觉不同，温度越高，高湿度的空气对人的感觉和工作效率的消极影响越大。

3. 舒适的风速

民用建筑及工业企业辅助建筑物，风速不宜大于 $0.3m/s$；生产厂房的工作地点，当室内散热量小于 $23W/m^3$ 时，风速不宜大于 $0.3m/s$；当室内散热量大于或等于 $23W/m^3$ 时，风速不宜大于 $0.5m/s$。更多关于工作场所风速的规定可参阅《工业建筑供暖通风与空气调节设计规范》（GB 50019—2015）。

7.4.3 微气候环境对于人体的影响

空气的温度是微气候环境的主要因素，直接影响人的工作情绪、疲劳和身体健康。为此，本节主要探讨的是气温对人体生理机能和心理情绪方面的影响，而这首先需要进行人体体温调节机制方面的介绍与说明。

1. 人体体温的调节机制

人的体温一般波动很小，这是因为人体经常按照 $36.5℃$ 的目标值进行一系列生理调整从而自动调节体温。人体通过新陈代谢不断地从摄取的食物中制造能量，这些能量除用于生理活动和肌肉做功外其余均转换为热能。人要保持体温，体内的产热量应与对环境的散热量及吸热量相平衡。如果得不到这种平衡，体温则要随着散热量小于或大于产热量的变化而发生上升或下降，这时人会感到不舒服，甚至生病。人体的热平衡方程式为

$$S = M - W - H \qquad (7\text{-}7)$$

式中　　S——人体单位时间储热量；

　　　　M——人体单位时间能量代谢量；

　　　　W——人体单位时间所做的功；

　　　　H——人体单位时间向体外散发的热量。

当 $M > W + H$ 时，储热量 S 为正值，身体内的热量不断积聚，人感到热；当 $M < W + H$ 时，S 为负值，人感到冷；当 $M = W + H$ 时，人处于热平衡状态，此时人体皮肤温度在 36.5℃ 左右，人感到舒适。

人体单位时间向外散发的热量 H，取决于人体的四种散热方式，即辐射、对流、蒸发和传导热交换。

（1）辐射

人体单位时间辐射热交换量，取决于热辐射强度、面积、服装热阻值、反射率、平均环境温度和皮肤温度等。

（2）对流

人体单位时间对流热交换量，取决于气流速度、皮肤表面积、对流传热系数、服装热阻值、气温及皮肤温度等。

（3）蒸发

人体单位时间蒸发热交换量，取决于皮肤表面积、服装热阻值、蒸发散热系数及相对湿度等。

蒸发散热主要是指从皮肤表面出汗和由肺部排出水分的蒸发作用带走热量。在热环境中，增加气流速度，降低湿度，可加快汗水蒸发，达到散热目的。

（4）传导热交换

人体单位时间传导热交换量取决于皮肤与物体温差和接触面积的大小及传导系数。

不知不觉地散热可能对人体产生有害影响。因此，需要用适当的材料构成人与物的接触点，如桌面、椅面、控制器、地板等。

2. 微气候因素对人体的生理影响

（1）空气温度对人体的生理影响

工作环境中的温度不仅取决于大气温度，还受到太阳辐射和作业场所中热源的影响。工作环境中的温度过高或过低都会对人的身心造成一定的影响。

人在高温环境下，出汗量增加，水盐代谢加快，进而导致血输出量增加，脉搏加速，胃液酸度下降，消化液分泌量减少，使消化吸收能力受到抑制。

人在低温环境下，体表温度降低，皮肤、血管收缩，流至体表的血流量下降甚至完全停滞，引发组织冻结，造成局部冻伤；引起人体全身过冷，导致皮肤苍白、脉搏和呼吸减弱、血压下降，以及血量、白细胞和血小板减少，凝血时间延长；影响手的精细运动灵巧度和双手的协调动作。长时间暴露于 10℃ 以下环境中，手的操作效率就会明显降低。

（2）湿度对人体的生理影响

工作环境中的湿度取决于工作环境中水分蒸发和蒸汽释放。它以空气的相对湿度表示。人们规定相对湿度在80%以上为高气湿，低于30%为低气湿。

空气相对湿度通过影响人与环境之间的热交换，进而影响人体的温热感。在高温环境中，如果相对湿度超过50%，人的汗液蒸发功能就会显著降低，感觉闷热；如果相对湿度低于30%，就会使人呼吸道黏膜干燥，感觉不舒适。在低温环境中，如果湿度过高，空气水分会从人体吸收部分热量，人会感觉阴冷。长期的低温高湿环境，容易导致关节疼痛等疾病。

（3）气流速度对人体的生理影响

工作环境中的气流速度不仅受外界风力的影响，还受室内外温差的影响。室内外温差越大，产生的气体对流就越大。气流速度主要影响人体与环境之间的热交换，以及人对空气的清新感。例如，冷气流速度过快，会加快人体与环境之间的热交换，引起人的体感温度改变，人体产生不适感觉，有时甚至引发感冒、头晕等疾病。

（4）热辐射对人体的生理影响

工作环境中的热辐射主要是指红外线及一部分可见光。太阳及工作环境中的各种热源均能产生大量热辐射。当周围物体表面温度超过人体表面温度时，周围物体表面会向人体辐射散热，称为正辐射。相反，当周围物体表面温度低于人体表面温度时，人体表面则向周围物体辐射散热，称为负辐射。正辐射有利于人体吸热取暖，负辐射有利于人体散热降温，但在寒冷季节负辐射容易使人受凉、感冒。

应该强调的是组成微气候的各个物理要素对人体的影响是综合的。例如，湿度升高所带来的影响可由增大风速来抵消。

3. 微气候因素对人体的心理影响

人在适宜的气候条件下，会感到舒适，人体各器官的机能也可以正常发挥。在不利的气候条件下，人不但在生理上发生各种反应，而且心理也受到影响。

在高温环境下，由于热环境下体表血管扩张，血液循环量增加，导致大脑中枢相对缺血，此时人的注意力开始分散，记忆力有所减退，思维变得迟缓，知觉和感觉能力受到消极影响，以及辨识能力和反应速度等下降。在低温环境中，由于神经兴奋性和传导能力减弱，也会使人出现上述症状。

不适的微气候环境还影响人的情绪，高温环境增加人的烦躁感，低温环境会使人增加紧张不安感。此外，不适的微气候引起人生理上的不良反应也会间接导致不良情绪。例如，由于呼吸和心跳频率的加快，人会感到慌乱和紧张，容易疲乏。在情绪不佳的情况下，人的责任感和工作积极性也易受到消极影响。

7.4.4　微气候环境与安全

上节介绍了不适的微气候作业环境对于人体生理和心理方面的影响，可以看到无论是从哪个角度来看构建一个舒适的微气候环境对生产经营单位极为重要。例如，不适微气候造成的心理状态不佳，会使人的责任感和生产积极性受到消极影响。不适微气候造成的体能下降会使人工作起来力不从心。

研究表明，最佳的工作环境温度是 20℃ 左右，这时作业效率最高，出错率最低；当环境温度低于 15℃ 或高于 25℃ 时，人的思维和体力就开始受到影响，出现作业效率下降、出错率增高的现象；当气温高于 30℃ 左右时，心理状态开始恶化，如开始烦闷、心慌意乱；当气温达到 50℃ 时，人体一般只能忍受 1 小时左右。环境温度对作业效率和相对差错率的影响如图 7-6 所示。

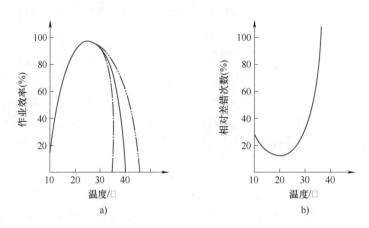

图 7-6 环境温度对作业效率和相对差错率的影响

a）对作业效率的影响　b）对相对差错率的影响

7.4.5 微气候环境的设计与改善

1. 高温作业环境的改善

高温作业环境应从生产工艺和技术措施、保健措施、生产组织措施几个方面加以改善。

（1）生产工艺和技术措施

1）合理设计生产工艺过程。在进行生产工艺设计时，要切实考虑到作业人员的舒适问题，应尽可能将热源布置在车间外部，使作业人员远离热源，否则热源应设置在天窗下或夏季主导风向的下风头，或热源周围设置挡板，防止热量扩散。

2）屏蔽热源。在有大量热辐射的车间，应采用屏蔽辐射热的措施。屏蔽方法有三种：直接在热辐射源表面铺上泡沫类物质；在人与热源之间设置屏风；给作业者穿上热反射服装。

3）降低湿度。人体对高温环境的不舒适反应，很大程度上受湿度的影响，当相对湿度超过 50% 时，人体通过蒸发散热的功能显著降低。

4）增加气流速度。增加工作场所的气流速度，可以提高人体的对流散热量和蒸发散热量。高温车间通常采用自然通风和机械通风措施以保证室内一定的风速。在高温环境下，气流速度的增加与人体散热量的关系是非线性的，在中等以上工作负荷，气流速度大于 2m/s 时，增加气流速度，对人体散热几乎没有影响。

（2）保健措施

1）合理供给饮料和补充营养。高温作业时应及时补充与出汗量相等的水分和盐分，否则会引起脱水和盐代谢紊乱。按照中国营养协会编写的《中国居民平衡膳食宝塔》推荐，成年平均每天食盐摄入量不超过 5g，低身体活动水平的成年人每天至少饮水 500~1700ml，在高温或高身体活动水平的条件下，应适当增加饮水量。

2）合理使用劳保用品。高温作业的工作服，应具有耐高温、导热系数小、透气性好的特点。

3）进行职工适应性检查。在就业前应进行职业适应性检查。凡有心血管器质性病变的人，血压高的人，患溃疡病的人，肺、肝、肾等病患的人都不适合高温作业。

（3）生产组织措施

1）合理安排作业负荷。高温作业条件下，不应采取强制性生产节拍，应适当减轻工人负荷，合理安排作息时间，以减少工人在高温条件下的体力消耗。

2）合理安排休息场所。为高温作业者提供的休息室中的气流速度不能过高，温度不能过低，否则会破坏皮肤的汗腺机能。高温作业环境下，温度控制在 20~30℃ 之间最适宜，身体积热后休息室温度宜控制在 20~30℃。

3）职业适应。对于离开高温作业环境较长时间又重新从事高温作业者，应给予更长的休息时间，使其逐步适应高温环境。

2. 低温作业环境的改善

（1）做好采暖和保暖工作

应按照《工业建筑供暖通风与空气调节设计规范》（GB 50019—2015）的规定，设置必要的采暖设备。采暖设备调节后的温度要均匀恒定。

（2）提高作业负荷

增加作业负荷，可以使作业者降低寒冷感。

（3）个体保护

低温作业车间或冬季室外作业者，应穿御寒服装，御寒服装应采用热阻值大、吸汗和透气性强的衣料。

（4）采用热辐射取暖

室外作业，若用提高外界温度方法消除寒冷是不可能的；若采用个体防护方法，穿着厚的衣服又影响作业者操作的灵活性，而且有些部位又不能被保护起来。因此还是采用热辐射的方法御寒最为有效。

关于生产作业环境微气候参数的具体数值，德国劳动保护与事故研究所给出了推荐参数值，详见表 7-12。

表 7-12　生产作业环境微气候参数值

劳动类别	空气温度（℃）			相对湿度（%）			空气最大流速/(m/s)
	最低	最佳	最高	最低	最佳	最高	
办公室	18	21	24	30	50	70	0.1
坐着轻手工	18	20	24	30	50	70	0.1
站着轻手工	17	18	22	30	50	70	0.2

（续）

劳动类别	空气温度（℃）			相对湿度（%）			空气最大流速/（m/s）
	最低	最佳	最高	最低	最佳	最高	
重劳动	15	17	21	30	50	70	0.4
最重劳动	14	16	20	30	50	70	0.5

复 习 题

1. 分析照明对安全生产的影响，并阐述根据心理特征进行照明设计的原则。

2. 阐述常用的照明度量单位及其实际应用。

3. 阐述色彩三要素的构成及它们对人体生理和心理的影响。

4. 分析色彩与安全生产的关系，阐述色彩的设计与应用原则。

5. 什么是噪声？噪声的分类和评价指标都有哪些？

6. 噪声对人体有哪些危害？可以从哪些途径控制和消减噪声对人体的影响？

7. 简述振动对人体的生理影响及振动的防护措施。

8. 微气候环境的组成要素有哪些？它们之间的关系是怎样的？

9. 简述人体的体温调节机制。

10. 如何改善微气候环境以减少对人体的不良影响？

第8章
生理、心理测量技术在安全生产中的应用

8.1 生理测量技术在安全生产中的应用

8.1.1 生理测量的含义及特征

1. 生理测量的含义

人的行为是由思想、感情、动机所支配的，是内在心理活动的外在表现。在客观现实中，人的行为要受到心理活动的支配，行为和心理相互依存、相互影响，心理活动在行为中产生，又在行为中表现，因而人的心理活动会对人的不安全行为产生一定程度的影响。同时，人又是生理的人，人的不同心理状态可以对身体机能产生强烈的影响；处于不同心理状态下的个体其相关的生理指标会有不同的表现，也就是说不同心理活动过程会使人的生理指标产生变化，因而可以根据人的相关生理指标的变化来判断其心理状态水平。

生理测量法是依赖测量仪器和电子设备对人的某些特定特征的生理参数进行观察评估，根据其变化趋势或走向判断其心理状态水平，而且与正常标准值的比对也是一个判断基准。国内外试验总结及现代生理心理学的研究表明，由心理变化引起的生理变化及由生理变化引起的心理变化的指标有很多，目前国内外对人的生理和心理的研究测定主要有以下几项指标：心率、心率变异性、血压、呼吸、体温、肌电、皮电、脑电、眼动追踪等。

2. 生理测量的特征

生理测量技术相比心理测量技术具有更高的稳定性与可靠性，甚至更具准确性。生理测量技术只要具备配套先进仪器及正确的测量方法，一般就可以得到可靠的结果。

对生理测量的探索主要起源于人们对皮层觉醒水平定量研究所获得的成果。资料表明，脑干中枢神经系统活动激活皮层并诱发外在行为反应，自主神经系统则通过下丘脑整合通路发散性地与皮层和外在行为发生联系。早在1982年，韩咏等就应用神经适应指数来测量当外界刺激不断重复时，人们脑电波振幅下降的幅度，发现神经适应性与智力有很大的关联。另外也有一些研究发现，诸如情感稳定性和外向性等人格也有神经生理上的关联。

8.1.2 生理测量的指标及方法

1. 心率

心率是指正常人安静状态下每分钟心跳的次数，也叫安静心率，一般为 60～100 次/min。心率变化受病理状态、环境、情绪等因素影响，并且外部环境因素对心率影响显著。当人体处于应激状态下，神经系统兴奋，心率随即升高。心率指标分瞬时心率和平均心率，通常试验中测量的数据为某段时间内被试者的平均心率（MeanHR）。心率是较易测量的人体生理参数，也是运动和健康监测设备中最常用的检测指标之一，常见的方法有心电法和脉搏波法，其中脉搏波法又分为表面张力法和光电容积法。

2. 心率变异性

心率变异性（HRV）是指逐次心跳周期差异的变化情况，它含有神经体液因素对心血管系统调节的信息，可能是预测心脏性猝死和心律失常性事件的一个有价值的指标，它反映自主神经系统活性，可以定量评估心脏交感神经与迷走神经张力及其平衡性，心率变异（HRV）代表了这样一种量化标测，即通过测量连续正常 R-R 间期（两个 R 波之间的时限，代表心室波动频率）变化的变异性来反映心率变化程度、规律，从而用以判断其对心血管活动的影响。心率变异性的大小实质上反映了自主神经系统交感神经活性与迷走神经活性及其平衡协调的关系，在迷走神经活性增高或交感神经活性减低时，心率变异性降低，反之相反。

心率变异性分析目前常采用的方法有时域分析法和频域分析法。时域分析法是应用数理统计指标对 HRV 做时域测量，包括简单法和统计学方法；频域分析法原理是将随机变化的 R-R 间期或瞬时心率信号分解为多种不同能量的频域成分进行分析，可以同时评估心脏交感和迷走神经活动水平。频域分析法从频谱分析的角度来分析心率变化的规律，与时域分析既有相关性，又能揭示出心率更复杂的变化规律。

3. 血压

血压是指血液在血管内流动时，作用于单位面积血管壁的侧压力，它是推动血液在血管内流动的动力。血压分为动脉压和静脉压，通常所说的血压是指动脉压。血压因心脏的跳动产生周期性变化。当心室收缩时，心脏射血，心室中的血液流入主动脉和动脉树，动脉内的血量增多，对血管的侧压力增大，此时动脉压力最高，称为收缩压（systolic blood pressure, SBP），即通常所说的"高压"。当心室舒张时，动脉血管因具有弹性产生回缩，血液得以在血管内继续向前流动，血管侧压力减小，血压下降，此时动脉压力最低，称为舒张压（diastolic blood pressure, DBP），即通常所说的"低压"。在实际测量血压值时，通常采用 mmHg（毫米汞柱）作为血压的计量单位。血压是维持血液循环稳定的重要因素，血压维持在一个正常的范围内才能有效地保证人体的新陈代谢运转正常，超过一定范围会破坏血液循环的平衡，造成严重的后果。人体血压会随着个人情绪、生理周期等因素的变化而产生波动，单次测量结果存在较大差异。因此，准确地连续测量人体血压值在日常监测和医疗诊断中都具有特别重要的意义。

血压测量方法很多，一般分为有创和无创两种。有创血压测量法是将导管穿刺置入被测部位的血管中，导管外端连接压力传感器来检测血压。一般常用于危重病人及一些心脏手术，但不适用于普通人的测量。无创血压测量法是通过检测动脉管壁的搏动、血管容积变化等参数间接得到血压。无创血压测量分为间歇血压测量和连续血压测量。应用最广泛的听诊法、示波法与超声法都属于间歇血压测量法。连续血压测量法主要包括动脉张力测定法、容积补偿法、容积描记法和脉搏波测量法。

4. 呼吸

呼吸是由中枢神经系统和自主神经系统一起调节的。呼吸实质上是肺实现通气的过程。有关呼吸的测量指标有呼吸时间、吸气时间、换气时间及通过对呼吸频率解析求最大呼吸频率。在正常状态下，人是均匀缓慢地深呼吸，当生理、心理等受到影响时，人的呼吸就会加快。

测量呼吸最常用的方法是测呼吸率（以每分钟呼吸次数表示）、呼吸周期（两次呼吸之间的时间）和呼吸量（呼出或吸进的空气量）。所有这些可以用一种呼吸运动描记器来测量。描记器主要由一个围着胸（腹）的能伸缩变化的橡皮管构成，当被试者呼气或吸气时，描记器可显示呼和吸的容量，并在记录纸上记录下来。

在测量呼吸时，常采用的方法是在身上紧系一跟绑带，绑带上装有伸缩性可变的阻抗元件，通过测量伴随呼吸时的胸围或（和）腹围的变化，反映呼吸指标。

5. 体温

体温是机体内部的温度，健康人的体温是相对恒定的，但因为测试部位、时间、季节及个体差异等因素的影响，人的体温会有不同程度的波动，可以作为参考的生理指标。

皮温即人体表皮温度，其指标的变化情况可以用于反映人体心理的紧张程度，测定个体的情绪波动及性格特征，是情绪测定的常用心理生理指标。皮温常用皮温计测量，如图 8-1 所示。数字皮温计主要用于测定人体各部位的皮肤温度，检查人体心理的放松与紧张程度，测定人的情绪波动及性格特征。

图 8-1　数字皮温计

6. 肌电

肌电信号（EMG）是产生肌肉力的电信号根源，它是肌肉中许多运动单元动作电位在时间和空间上的叠加。通过贴在人体肌肉表面的电极所记录的生物电信号，由于每一个运动单位的活动受中枢神经部分脊髓中的运动神经元所支配，因此肌电信号反应神经肌肉的兴奋性，通常用来评估神经与肌肉的功能状态。可用于肌肉工作的工效学分析、康复医学领域的肌肉功能评价、体育科学中的疲劳判定和运动技术合理性分析、肌电假肢控制领域中的动作模式识别等。

7. 皮电

人体的皮肤电阻、电导随皮肤汗腺机能变化而改变，这些可测量的皮肤电的改变称为皮电反应。当自主神经系统的交感神经高度兴奋时，汗腺活动会加强，从而增加了皮肤电导。出汗是由交感神经系统控制的，因此皮肤电导可以作为心理或生理觉醒的指标。当情绪变化时，交感神经出现兴奋，引起汗腺活动的加强，使皮肤导电性提高，所以能由此推断情绪反应的存在；当外界温度变化时，汗腺的分泌和皮肤血管的舒张，同样影响人体的皮电反应。

皮电反应可以通过测量皮肤电导信号来观察。皮肤电导水平（SCL）是指跨越皮肤两点的皮肤电导的绝对值，也可称作基础皮肤电传导（basal skin conductance）。皮肤电导水平是对皮肤电活动测量的一种典型指标，其原理是利用电极测量手掌的发汗部位两点之间的电阻或电压（图 8-2）来测量人的情绪、唤醒度和注意等心理状态。皮肤电活动可以明显表示人的情绪变化，当人处于紧张状态，交感神经作用增强，引起汗腺分泌的增加，皮肤导电性会随之增强，因此皮肤电作为心理生理学指标可以推断出情绪反应的存在，该指标比脑电更敏感，变化更显著。

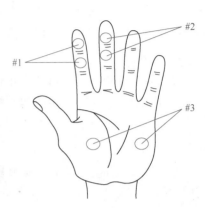

图 8-2　皮肤电测量电极放置位置

皮电反应的个体差异很大，不同人的皮电反应水平各不相同，甚至同一个人在不同时间、不同环境下也会不同。因此，皮电反应会受到环境温度、湿度、噪声及受试者性别、年龄、情绪活动等众多因素的影响。

8. 脑电

脑电波（electroenc ephalogram，EEG）是一种使用电生理指标记录大脑活动的方法。它是大脑在活动时，大量神经元同步发生的突触后电位经总和后形成的。它记录大脑活动时的电波变化，是脑神经细胞的电生理活动在大脑皮层或头皮表面的总体反映。脑电波是一些自发的有节律的神经电活动，其频率变动范围为每秒 1~30 次，可划分为四个波段。脑电波或脑电图是一种比较敏感的客观指标，不仅可以用于脑科学的基础理论研究，而且更重要的意义在于它的临床实践的应用，与人类的生命健康息息相关。

脑电信号是大脑电活动的记录。检测脑电信号需要用到检测电极，在头皮敷贴检测电极，电极将检测到一个小但可感知的远场电位，代表潜在大脑波动的总和。现在有多种非侵入性方法可用于监测大脑功能，包括脑电图、脑磁图、正电子发射断层扫描和功能磁共振成像。目前，只有脑电图设备相对便宜，而且容易记录和处理，其他三种方法均价格昂贵。但是脑电信号中包含的大量信息，需要对其进行分析才能得到有效信息，其分析方式多种多样。由于脑电信号的频域特征，时域分析和非线性方法使用得比较广泛而且开展的研究也较多。

9. 眼动追踪技术

眼动追踪技术就是追踪眼睛的运动轨迹，它是利用软件算法、机械、电子、光学等各种检测手段，定位瞳孔，获取被试者当前视觉注意的技术。也就是说，眼动追踪技术是为了检测人的关注焦点。

8.1.3 生理测量在安全生产中的作用

随着电子仪器和计算机技术的迅速发展，生理参数监测技术从单一生理参数的监测发展到对肌电、血压、心率、呼吸、体温等多参数的综合监测。现代生理参数监测系统均采用了计算机技术，并运用了无损监测技术、遥测技术、无线网络技术等，可以对大量监测数据进行实时分析、处理、显示和记录，产品呈现"多参数、智能化、微型化、网络化、无线化"等新技术特征，各种无线便携式生理监测产品也随着技术的发展层出不穷，以安全生产为目标的应用场景日趋丰富。

1）测量人体数据，为人职匹配、人机匹配提供依据。

作业岗位不同，对作业人员有不同的要求，合理地选择从业人员，科学地为从业人员匹配机器，达到最佳的合作使用关系，是安全、健康、高效地完成作业的基础。获得人在静态、动态中的各种生理数据是确定岗位工作负荷、人机交互设计的基础。人力资源工作者可根据工作分析结果，在人员招聘过程中对应聘者做必要的测量。如付世萃通过比较机床操作者在不同情境下操作机床的生理指标（心率变异性、血压、皮肤温度），总结出操作者不同状态下工作生理心理的变化规律，有助于机床作业岗位设计、确定人员要求。

2）测量特定作业条件对人生理状态的影响，为优化作业环境条件或提供作业辅助提供依据。

某些特定的作业环境对人员的生理产生特殊影响，掌握这些影响及影响的规律，可以为优化作业环境或为作业者提供一些辅助设施或条件提供依据。杨运兴和陈芳为了解高速公路空间郁闭度对驾驶人视觉行为和心理状态的影响规律，在山区高速公路开展室外实车实验，采用 Dikablis 眼镜式眼动仪和 Varioport 生理记录仪记录了驾驶人的眼动和生理数据（注视时间百分比、平均注视时间、扫视幅度、眨眼率、心电、心率、皮电），结果表明，随空间郁闭度增加，驾驶人皮电和扫视幅度增大，眨眼率和平均注视持续时间减小，视点越来越集中；随着驾驶人的逐渐适应，空间环境对驾驶人的心理影响逐渐减弱。这些研究结果可用于改善高速公路郁闭空间景观设计、标志标线等设计。

3）测量作业人员的身体机能，排查事故隐患。

作业人员的身体机能是否健康完好对其能否完成要求的操作行为有直接影响。所以如果能够找到个人身体机能及行为能力的一些相关数据，类似生理指标或身体表现症状等，然后对其进行观察和测量，就可以掌握可能出现的不安全事故或隐患，从而实现有效的预防和控制。

4）监测作业中人的状态的变化，完善事前预警。

人在作业过程中可能出现一些突发的生理上的异常或不利于安全作业的状态，如工作过程中的从业人员，也要细心关注其生理机能变化和心理活动的变化，从而做出必要而合理的调整，因为工作人员的状态不佳而发生的危险或意外的情况要尽力避免。例如，吴红玉运用生理参数测量法进行了矿工生理疲劳与不安全行为的实验研究，可指导矿山企业通过对井下作业人员进行心率、心率变异性等生理指标的监测，及时发现员工疲劳作业，及时预警并采取措施预防事故。

5）测量应激生理反应，制定科学的应急训练方案。

了解人在危及生命安全的紧急情况下的应激反应和应激发展过程，评估人员的应急能力，是制定应急预案、开展应急训练的依据。孙欣通过构建模拟煤矿突发事故场景的实验系统，对受试志愿者进行施加模拟事故前后生理指标的测量，分析了煤矿事故受困人员生理特征及变化规律。汪琪采用生理实验的方法分析了大学生在突发事件下的心理反应（心率、皮电、呼吸性窦性心律不齐、射血前期、低频与高频比值），对其应急能力进行评价。

8.2 心理测量技术在安全生产中的应用

8.2.1 心理测量的含义及特征

1. 心理测量的含义

心理测量是指依据一定的心理学理论，使用一定的操作程序，给人的个性、能力及心理健康等心理特性和行为确定出一种数量化的价值。广义的心理测量，不仅包括以心理测验为工具的测量，也包括用观察法、访谈法、问卷法、实验法、心理物理法等方法进行的测量。

心理测量学（psychometrics）也称心理测定方法，它是通过观察人的有代表性的行为，对贯穿在人的行为活动中的心理特征和状态，根据确定原则进行推理和数量分析的一种科学手段。具体来说，心理测量是借助于一定的测量器械、问卷、量表等手段对人的心理功能和变化过程进行分析和量化。

2. 心理测量的特征

（1）间接性

心理测量只能通过一个人对问题情境的反应来推论他的心理特质，也就是从个体的外在行为模式来推知其内在的心理特性，因而心理测量永远是间接的。

（2）相对性

任何测量都必须具备参照点、单位和量表三个要素。在对人的心理特性和行为进行比较时，没有绝对参照点，也就没有绝对零点，有的只是一个连续的行为序列。因此，心理测量的度量单位是相对的。一般来说，心理测量是在等级量表上进行的，但往往把等级量表转换成以标准差为单位的等距量表。

（3）客观性

客观性是对一切测量的基本要求。由于任何测量都有误差，因此心理测量的客观性实际上就是测量的标准化问题。标准化是指量具的编制、实施、计分和分数解释过程的一致性，减少主试者和被试者的随意性程度，尽可能地控制和减少误差，进而保证测量结果的准确性和客观性。

8.2.2　心理测量在安全活动领域中的应用

心理测量在安全活动领域中的应用是广阔的，下面仅就心理测量在安全管理中的应用进行说明。安全管理涉及要素多、内容广，但就其大范围来讲，可分为宏观安全管理和微观安全管理，讨论心理测量在安全管理中的应用也要从这两个层次来考虑。

1. 心理测量在宏观安全管理中的应用

宏观安全管理泛指保证和增进人类安全和健康的一切管理措施和活动，通常是以国家及主管部门通过制定管理方针、政策和立法来保证实施的。心理测量在宏观安全管理中的应用有以下几个方面：

（1）制定用人决策

可根据不同行业所需要的不同能力倾向的人为依据，按照心理测量的结果，制定不同人员的甄选、安置策略，即制定"先测量，后择业"的政策。

（2）制定安全工作方针和计划

在制定安全工作方针和计划方时应把心理安全和健康作为劳动者不受伤害的指标，并进行经常性的达标检测。

（3）制定就业培训制度

在就业培训时应该进行心理教育和培训，并制定相应的标准，以增强各类人员对工作岗位的适应性。

（4）制定安全教育规划

应根据不同行业不同层次人员的心理特点和实际需要规定教育内容和学习策略等。

2. 心理测量在微观安全管理中的应用

微观安全管理是指在生产过程或与生产有直接关系的活动中保护劳动者的安全与健康，防止意外伤害和财产损失的各种管理活动。心理测量在微观安全管理中的应用比较广泛，主要表现在以下两方面：

（1）人、机、环境的合理匹配

从作业人员的心理素质和工作岗位的具体需要出发，使心理测量结果成为人、机、环境合理匹配的重要依据之一，以充分实现人在劳动中的安全、效率、舒适和健康。

（2）提高处理事故的应急能力

从减少或避免对作业人员的伤害出发，运用心理测量技术对作业人员进行减少事故损失的行为分析，达到减少工伤事故，提高处理事故的应急能力的目的。随着科学技术的发展，本质安全水平的不断提高，对人为伤害的心理分析将日显重要。

3. 心理测量在安全活动领域应用的展望

为了扩大心理测量在安全活动领域的应用范围和前景，目前亟待进行的一项工作是在一般的心理测量中划分出安全心理测量的内容和项目，形成相对独立的测量系统，为此，应从以下几方面开展工作：

（1）确定安全心理测量的内容和项目

安全心理测量是心理测量的一个分支，应首先把心理测量现有的适用于安全方面的内容挑选出来，然后再根据安全的特点和需要，重新组织安全心理测量的内容和项目。就我国目前安全管理工作的现状来说，安全心理测量的主要内容应包括：①智力与安全适应性测量；②一般能力倾向与安全适应性测量；③特殊能力倾向与安全适应性测量；④操作反应能力与安全适应性测量；⑤应急状态下心理反应（速度、能力、节律等）测量；⑥气质与职业适应性测量；⑦人格与职业适应性测量；⑧特殊作业心理适应性测量。上述每一项测量内容所包含的细节，还应根据实际需要详细制定。

（2）制定安全心理测量的基本步骤

下面以工业生产中作业人员选拔为例，说明安全心理测量的基本步骤：

1）进行作业分析，确定作业程序及完成该作业所必需的具体技能、知识和其他条件。

2）编制为某种作业需要的一系列测验，以评价和衡量所需人员的心理特质。

3）求出各测验与工作内容之间的相关系数，挑出相关系数较高的测验，组成最后的成套测量。

4）以最后成套测量结果为依据，说明在人员选拔中应如何解释和使用这些结果，以确定选拔的标准。

（3）逐步完善安全心理测量的工具体系

在心理测量中常用的工具有量表、问卷，及相应的仪器设备等。这些工具在安全心理测量中虽可借鉴使用，但并不能满足安全心理测量的全部要求，还必须在测量实践中不断摸索和创造适用于安全心理测量的专用工具。对此，应做如下考虑：首先应学习心理测量工具的先进技术，经过吸收、消化、改进和创新，用于安全心理测量；其次是认真总结安全心理测量过程中的成功经验，不断充实和完善现有的测量工具体系，使之逐步适应安全心理测量的需要。

8.2.3 心理活动的测量

1. 注意的测量

在生产过程发生的事故中，由人的失误引起的事故占较大比例，而不注意又是其中的重要原因。人从生理上、心理上不可能始终集中注意力于一点；不注意的发生是必然的生理和心理现象，不可避免，不注意就存在于注意之中；自动化程度越高，监视仪表的工作人员越容易发生不注意。注意的测量有多种方法。

（1）心理行为测量

1）量表法。量表法最早出现于 1976 年，尼德弗（Nideffer）提出了世界上第一个测量注意的量表，即"注意与人际关系测验"（tests of attention and interpersonal style，TAIS），尽管该量表仍存在一些不足，但在当时该量表是被公认的用于测量注意力的理想工具。此后，测量注意力缺陷比较典型的量表有"诊断与统计手册：精神障碍"（diagnostic and statistica manual of mental disorders，DSM）、"康纳斯（conners）行为评定量表"和"注意力变量检查"（test of variables of attention，TOVA）。

2）测验法。在注意力测量中，还可以使用测查注意力的一些测验，经常采用的注意测验有数字划消测验、舒尔特方格、图形匹配测验等。

（2）生物反馈技术测量

生物反馈技术于 20 世纪 60 年代末首先在美国临床中应用，它的发展主要源于自主神经系统的工具性条件反射。生物反馈技术是依靠仪器将人们体内的身体器官，以及心理与生理表现过程的许多不能被觉察的信息，如肌电、皮肤电、皮肤温度、血管容积、心率、胃肠pH 值和脑电等加以记录，经过信息加工后，转换成人们能理解的信息，以视觉的形式展现信息，在电子屏幕上不断显示出来（信息反馈），指导人们通过对这些信号活动变化的认识和体验，训练学会有意识地控制自身的心理生理活动，以达到调整机体的功能与目的。

生物反馈技术有三个重要组成部分：电子仪器（感受器）、机体（人类）和生理指标（肌电、皮电、皮温、心率、血压和脑电）。因此，一套完整的生物反馈技术需要仪器设备的完好，需要机体具有一定的认知能力，能够明确电子仪器接收的信号代表的含义，同时具有一定的自我调节能力。生理指标能顺利地被采集与记录。生物反馈技术主要有四个流程，如图 8-3 所示。

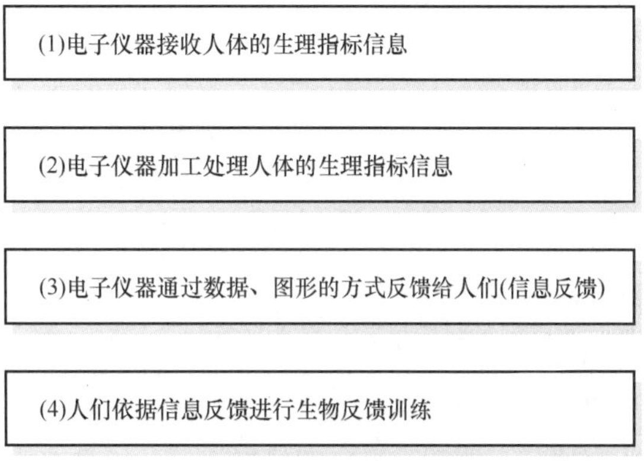

> (1)电子仪器接收人体的生理指标信息
>
> (2)电子仪器加工处理人体的生理指标信息
>
> (3)电子仪器通过数据、图形的方式反馈给人们(信息反馈)
>
> (4)人们依据信息反馈进行生物反馈训练

图 8-3　生物反馈技术的流程

在生物反馈技术中，脑电技术在注意力研究中更加值得关注。脑电技术（EGG）是利用脑电传感器记录脑电活动的电生理监测方法，将电极沿着头皮放置，用来采集和放大由脑细胞产生的微弱电信号，EGG 技术可以记录大脑在一段时间内自发进行的电活动，并转化为数字信号以便进行分析。通常所有的 EEG 波段范围为 1~40Hz，不同的波段代表着不同的注意力状态，不同位置的神经元细胞产生不同节律的波形，最常见的波形分为 α、β、θ、δ 波型。将波段和波型综合，可以用来分析大脑的活动状态。高频 β 波代表紧张注意，波段为 20~30Hz。低频 β 波代表警觉注意，波段为 15~18Hz。SMR（sensory motorrhythm，感觉运动节律波）代表平静注意，波段为 12~15Hz 位于 α 和 β 脑电波波段之间。α 波代表注意分散，波段为 8~12Hz。θ 波代表困倦，波段为 4~7Hz。δ 波代表深睡，波段为 1~3Hz。如果机体过于紧张和焦虑，大脑表现为高频率 β 波；当处于平静状态或集中注意力学习时，则出现 SMR 波。

（3）眼动追踪技术测量

人对于外界信息的获取 80%~90% 依靠眼睛，即视觉信息的捕捉。早在 19 世纪就有学者研究人类眼睛运动的数据与人类内在心理活动的关系。眼动追踪技术经历了观察法、后像法、机械记录法、光学记录法、影像记录法等多种方法的演变。眼动追踪技术属于一种机械视觉技术。通过追踪眼动轨迹的记录，研究个体的内在认知过程。首先通过图像传感器捕捉眼球图像、识别眼球瞳孔的特征，通过特征计算出看屏幕的注视点。然后记录双眼注视时间、注视范围、瞳孔大小、眼跳距离等，最后分析数据，研究个体的内在心理活动。

相对而言，采用仪器测量的结果比较客观公正，但这种方法对环境和操作人员的自身能力有要求；量表和问卷的方法相对比较简单易于实施，但这种方法也有缺点，该方法具有很大的主观性，而且有可能发生信息遗漏等现象，从而使结果不是很准确，这种方法的结果只能作为初步的诊断信息。此外，注意测量还对自身的年龄、认知能力、阅读理解能力等因素有一些要求，假如可以很好地控制这几个方面的因素，则该方法也是一种值得推广使用的客观诊断方法。总之，对个人注意缺陷的诊断是一个相当复杂的过程，它涉及许多方面，因此相对单一的诊断方法不足够具有说服力，应该考虑尝试多种方法进行综合诊断。

2. 记忆的测量

（1）记忆对行为的影响

首先，在生产活动中，为了提高劳动效率，人需要有熟练的操作技能，而技能并非天生的，它是人在后天实践中通过经验的积累而逐步掌握的。同样，为了保证生产的安全，工人需要学习安全知识，熟悉安全操作规程，掌握机器的性能，接受以往生产事故的教训等，所有这些都离不开记忆。

其次，记忆是思维的前提。只有通过记忆，才能为人脑的思维提供可以加工的材料。人之所以能在复杂多变的环境中求得生存和发展，一个重要的原因就是人类具有思维。但思维必须有原料，这就是丰富的信息储存。信息的储存要靠记忆。可见没有记忆，也就难以建立思维，更不可能做出预见性判断。

（2）记忆常用的测量方法

就目前而言，国内外常用的测量方法主要有三种：韦氏记忆量表（wechsler memory scale，WMS）、中国临床记忆量表（clinical memory scale，CMS）和多维记忆评估量表（multiple memory assessment scale，MMAS）。

3. 协调能力的测量

协调能力是指身体作用肌群之时机正确、动作方向及速度恰当，平衡稳定且有韵律性。虽然协调能力表现为肌肉运动，但协调的过程更多是认知活动的作用。协调性可以理解为一个序列，即接受刺激、从先前学过的技能中选择或组建一个合适的动作程序、执行动作。这个反射反应在大脑中仅用几毫秒的时间就迅速完成了，其主要内容包括对身体动作进行预测、评价和调整。协调能力是人运动能力的重要组成部分，反映人们顺利完成某种活动所必需的并影响活动效果的心理特征，同时又与人的神经类型有关，受视觉、听觉、本体感觉，以及记忆、思维、想象、分析与综合等认知能力的影响，离不开知识与经验的积累。协调能力主要包括反应能力、时间感知能力、空间感知能力、适应调整能力，以及协调动员能力这五个方面的能力，是人在复杂外界环境下，较好地完成突然的任务的综合能力。协调能力的测量可用来了解员工是否能够正确安全地完成工作。

协调能力的测量多以手眼协调和运动协调为主，这里主要介绍手眼协调。手眼协调能力是指眼睛将所看到的刺激传给大脑，大脑再发出动作指令，由手来操作完成。人在视觉配合下手的精细动作的协调性是由小肌肉的能力配合知觉能力而组成的。从感觉统合的观点来看，手眼协调还涉及其他许多的神经系统，前庭、触觉、运动觉等神经系统都会影响手眼协调，进而影响动作的能力。韦氏成人智力测试表（wechsler adult intelligence scale，WAIS）中的数字符号部分可用来测试被试者的手眼协调能力，如图 8-4 所示。研究表明，完成测试所需时间越短，表明被试者的手眼协调性能越好。

姓名：_____　时间：_____　照度：_____　总用时：_____

1. 以最快的速度，按顺序填写相应的符号，填写完成。

2. 每正确填写一个符号记1分，转转符号记0.5分，最高90分。

1	2	3	4	5	6	7	8	9
–	#	L	w	O	x	%	=	v

2	1	3	7	2	4	8	1	5	4	2	1	3	2	1
4	2	3	5	2	3	1	4	6	3	1	5	4	2	7
6	3	5	7	2	8	5	4	6	3	7	2	8	1	9
5	8	4	7	3	6	2	5	1	9	2	8	3	7	4
1	5	3	7	9	2	6	1	4	5	8	3	2	7	4
9	4	6	2	1	3	7	5	8	6	2	9	3	7	1

图 8-4　手眼协调能力测试表

4. 情绪的测量

（1）情绪维度的测量

情绪维度理论经历了从二维理论向多维理论的演变。在二维理论中，核心情绪是连续的，有快感（愉悦—非愉悦）和唤醒（激活—非激活）两大维度，愉悦表明某个动机系统被情绪刺激激活，唤醒表明每个动机系统的激活程度。三维理论的出现从对动机研究的重视开始，一些研究者将积极情绪与趋近动机直接联系、消极情绪与回避动机直接联系。情绪动机模型的提出让研究者重新审视除效价和唤醒之外的维度，并得到了支持证据。

PAD 情绪量表是基于 PAD 情绪状态模型发展起来的，而 PAD 情绪状态模型则是基于梅赫拉比安和拉塞尔（Mehrabian 和 Russell）的维度观情感测量模型而提出的。PAD 情绪量表中的 PAD 是指情绪的三个维度：P 表示愉悦度（pleasure-displeasure），说明个体情绪状态的正负特性；A 表示激活度（arousal-nonarousal），说明个体的神经生理激活水平；D 表示优势度（dominance-submissiveness），说明个体对情景和他人的控制状态，由愉悦度、激活度和优势度组成的三维情绪空间可以充分地表达和量化人类情感，是情感计算研究的基础。PAD 情绪量表可用于产品评估、情绪或心境状态的评定及人格测量等，与很多其他人格量表和情绪量表可建立对应关系。PAD 情绪量表中的三个维度可以有效地表示正性、负性情绪量表中的正性情绪和负性情绪，也可以很好地区分焦虑和抑郁（焦虑和抑郁都属于愉悦度低和优势度低的情绪，但焦虑在激活度水平上高于抑郁）。

拉塞尔（Russell）基于情绪的环状模式，创设了一种叫作"影响表格"的单项调查问卷。影响表格由一个 9 乘 9 的矩阵组成，情绪的形容词被放置于表格每边的中点和四个角，组成扇形，并按顺时针方向排列，分别为：激动、愉快、放松、困倦、忧伤、难受、紧张和振奋。被试者在表上选择最符合自己心情的形容词并在其对应的格子里打钩，这种等级模式能得到与其他测试类似的结果。拉塞尔等认为这种工具对于改变被试者愉悦和抑郁程度的操作很敏感，其最大优势是可多次使用而不会引发疲劳。

左克曼和卢宾（Zucherman 和 Lubin）的多重情绪形容词量表（multiple affect adjective check list，MAACL）除了包含积极情绪和消极情绪的感知寻求以外，还包含几个愉悦的情绪得分。MAACL 及其修订版都是以列表形式呈现的，被试者通过打钩来确定某种特定情绪是否存在，但是列表也极易受到固定答案和非随机错误的干扰。

积极-消极情感量表（positive and negative affect schedule，PANAS）是基于积极-消极情感模型而建立的用于测量情绪状态和特质的研究工具，包括积极情感和消极情感 2 个分量表，各有 10 个项目，每一项形容词以 5 点计分。要求被试者评定在一段时期或特定时间段内感受到某种情绪的程度。PANAS 简单易行，在临床研究中具有重要作用，能够很好地区分焦虑和抑郁两种情绪。

激活-去激活形容词检测量表（activation-deactivation adjective check list，AD-ACL）是基于塞耶（Thayer）的能量-紧张模型，主要用于测量两个相对独立的维度：能量激活和紧张唤醒。马修斯（Matthews）等在塞耶研究的基础上增加了快乐感作为第三个维度，提出了"UWIST 心境形容词测量量表"。

（2）情绪的生理激活及测量

任何情绪体验都伴随着一系列的生理唤醒（也称为生理激活），并且这种生理唤醒会反过来增强人的情绪体验，同时影响人的活动水平，对人的行为安全起着重要的作用。这种生理唤醒包括外周自主神经系统的反应、大脑脑区的活动变化，以及体内一些神经化学物质的改变。

1）情绪自主神经反应及测量。自主神经系统（autonomic nervous system）是控制各种腺体、内脏和血管的神经系统，这种神经控制的活动，如心跳、呼吸等都是不受意志支配的，所以也称为植物性神经系统。自主神经系统的活动是不随意的，不受中枢神经系统的支配，它与情绪活动有密切的联系。一些情绪研究者认为，情绪的生理变化主要是通过自主神经系统的活动来实现的，每一种情绪在一定程度上存在特定的、相对可靠的自主神经反应模式。当个体受到情绪性信息刺激时或机体处于某种情绪状态时，自主神经系统内部会发生一系列的生理变化，生理唤醒水平和器官激活程度都会明显不同于常态生理节律。测量这些变化的指标就是生理指标（physiological index），可以运用生物反馈技术的生理记录仪器（生理多导仪）来记录。

克雷比格（Kreibig）提出常见的生理测量指标可以区分为四大类：心血管测量，包括心率、血压和心率变异性等指标；皮肤电测量，主要指标是皮肤电导水平和皮肤温度；呼吸测量，包括呼吸频率、呼吸变异性和呼吸潮气量等；肠胃测量，主要是胃电。此外，有一些研究者将眼睛的瞳孔直径变化、眨眼等也作为测量情绪自主神经反应的一项生理指标。

2）情绪中枢神经反应及测量。随着正电子放射断层扫描（PET）、功能性磁共振成像（fMRI）、脑磁图（magnetoencephalography，MEG）和事件相关电位（EEG）等高时间和空间分辨率技术的发展，心理学和认知神经科学研究者采用这些技术系统考察人类情绪活动的中枢神经机制。以往诸多研究发现情绪由大脑中的一个回路控制，包括前眶额皮层、腹内侧前额皮层、杏仁核、下丘脑、脑干、扣带回皮层、丘脑、海马体、伏隔核、脑岛及感觉皮层等。不同脑区活动的特异性激活和失活可能表明它们在情绪加工中起到不同的作用。

3）情绪的生化反应及测量。内分泌系统由内分泌腺和分布于其他器官的内分泌细胞组成。不同的情绪状态引起不同的内分泌腺体分泌激素的变化。坎农和巴德（Cannon 和 Bard）首先提出了情绪是由下丘脑控制的理论。下丘脑作为神经系统的代表，支配着内分泌细胞集中的诸多腺体，构成几个激素轴系统，包括下丘脑-垂体-肾上腺轴、下丘脑-垂体-甲状腺轴等，对全身进行神经内分泌调节，产生不同的情绪状态。通过下丘脑对全身进行神经内分泌调节，从而引起垂体前叶、肾上腺、甲状腺分泌的各类激素的变化。内分泌腺激素的检测包括：肾上腺激素的检测、皮质醇测定、醛固酮测定、甲状腺激素的检测、脑垂体后叶素的检测、促肾上腺皮质激素检测、促甲状腺激素检测等。

8.2.4 个体差异测量的指标和方法

心理学家把个体差异来源概括为两大类，即个性上的差异和能力上的差异。对个性差异进行测量的称为个性测量，包括个性测验、气质测验、兴趣和态度测验等。对能力的测量称为能力测量，包括智力测验、特殊能力倾向测验、学习成绩测验等。

1. 个性测量

（1）个性测量的定义

个性测量是以个性为测量对象的测验，是一种用来鉴别个性差异的工具。首先提倡用科学方法测量个性的是英国的高尔顿（Galton）。个性测量具有描述和鉴别的功能，因此它便于因材施教和职业指导。

（2）个性测量的方法

依据不同的理论有不同的个性测量方法，主要有自陈量表法、投射测验法和评定量表法等。

1）自陈量表法。自陈量表法是测量个性最常用的方法。自陈量表法的做法是对拟测量的个性特征编制许多测验试题，让被试者回答，根据其答案来衡鉴这项特征。

由于自我报告对有关变量难以控制且不容易客观评分，因此自陈量表法多采用客观测验的形式。另外，被试者的答题偏向或习惯会影响结果的真实性，因此应在量表中增加效度量表以检查被试者答卷的有效程度。

2）投射测验法。投射测验法是一种非组织的、随意的测验方法。它是向被试者提供一些意义不明确的刺激情境，让被试者在没有控制的情况下，对多种含义模糊的刺激，不受限制地、自由地做出反应，从而不知不觉地表露出个性特质。依据被试者的反应方式可将投射测验分成五类：联想法、构造法、完成法、选排法和表露法。

3）评定量表法。所谓评定是指由评定人通过观察来给被评定人的某种行为或特质确定一个分数。表达评定结果的程序叫作评定量表。评定量表一般包括一组用以描绘个体的特质或特征的词或句子，要求评定人在一个多重类别的连续体上对被评定人的行为和特质做出评价和判断。评定量表法是观察法与测验法的结合。由于评定方式不同，评定量表通常有数字评定量表、图表评定量表、标准评定量表、强迫评定量表、检核表等不同种类。常见的个性评定量表主要有萧孝嵘品质评定量表、梵兰社会成熟量表、卜氏儿童社会行为量表、高夫等人的形容词检核表等。

（3）气质类型测量的方法

气质类型的测量方法主要有观察法、条件反射法、心理实验法和心理量表法等。在心理量表法中，自陈量表法是测定气质类型较为简便的方法，常用量表主要有波兰心理学家简·斯特里劳编制的斯特里劳气质调查表（STI）、英国心理学家艾森克编制的艾森克人格问卷（EPQ）、美国心理学家瑟斯顿编制的瑟斯顿气质量表和我国的张拓基、陈会昌编制的气质类型调查表等。

（4）个性与安全生产的关系

为了揭示人的个性与安全生产的关系，唐学曾等人曾对 94 例货运汽车驾驶人进行艾森克成人个性问卷调查。问卷采用陈仲庚修订表，共计 85 题。要求每个驾驶人对每题做出如实回答，然后按陈氏常模式进行统计比较分析。结果显示，94 例驾驶人中有 30 例未发生行车事故，占 32%，其中个性情绪稳定的 18 例，占 60%；个性情感不稳定的 12 例，占 40%。可见，驾驶人的个性与安全行车有着密切的关系。日本宇野氏的研究指出，如果驾驶人的个性不好，有易出事故的倾向。

2. 能力测量

能力测量是指通过对心理能力变相的测量，了解测量对象的现有能力及未来能力的倾向。能力测量一般包括智力测量、能力倾向测量和创造力测量等。智力测量的目的在于测量智力的高低、辨别智力的发展水平；能力倾向测量的目的在于发现一个人的潜在才能，预测个体在将来的学习或工作中可能达到的成功程度；创造力测量的目的是评定个体创造力的高低和发展水平。

（1）智力测量

智力测量是用以测量人的智力水平的一种方法。测量智力的工具称为智力量表。由于一个人智力的高低通常用智商来表示，所以智力测量又叫智商测量。智力的理论研究为各种类型的智力测量提供了理论基础，如智力因素理论为各种智力测量的构想效度提供了依据，智力的稳定性理论则为智力测量的预测效度提供了依据。

目前，各种智力量表和类似智力量表的测量工具有斯坦福-比奈量表、韦克斯勒量表等200种以上。每类测量均包含许多测量题目，其中有文字的，也有图形的、操作的和问答的。在众多的量表中以斯坦福-比奈量表和韦克斯勒智力量表最具影响力和权威性。

（2）能力倾向测量

能力倾向是指天生或遗传的，并不直接依赖于专门教学或训练的潜在的能力趋势，它反映的是个体从未来训练中获益的能力。能力倾向测量主要用于测量被试者的潜在成就或预测将来的作为水平，也就是预测个体在将来的学习或工作中可能达到的成功程度。例如，某人的测量结果表明他在逻辑推理能力上有明显的优势，那么可以预测此人将来在理科课程的学习上可能获得较好的成绩，从而可以帮助他在未来的专业或职业选择中做出正确决策。能力倾向测量可用于学术和职业咨询、职业安置等，该测量的分数可以帮助决策者和被试者自己选择合适的训练程序或职业。能力倾向测量包括一般能力倾向测量和特殊能力倾向测量。

1）一般能力倾向测量。一般能力倾向测量是测量一个人多方面的潜能。它强调的是对能力的不同方面的测量，测量的结果不是得到单一的 IQ 分数，而是产生一组不同的能力倾向分数，从而表示个人特有长处和短处的能力轮廓。一般能力倾向测量的结果通常是职业咨询、分类安置决策中最有效的信息。一般能力倾向成套测量和职业能力倾向测量是常用的两个一般能力倾向测量项目。

《一般能力倾向成套测验（GATB）》是由美国劳工部就业保险局于 20 世纪 50 年代出版、70 年代修订的，是职业咨询和分类安置中最有效的一套测量。它是在各种职业团体施测几十个测量后进行因素分析的基础上编制的，被美国各州就业办事机构所采用，并为其他国家制定能力倾向成套测量所借鉴。这个成套测量包括 12 个分测量：名称比较、算术、三维空间、词汇、工具相配、算术推理、形状相配、做记号、放置、转动、装配和拆卸，前 8 个分测量为书面测量，后 4 个分测量为器具测量。共测量 9 种能力：一般智慧能力、言语能力、数字能力、空间能力、形状知觉、书写知觉、运动协调、手工灵巧和手指灵活。GATB 适用于初二以上年级的中学生及成年人，为团体测量，测量时限为 120～130min，主要用于职业指导和就业咨询。

《BEC 职业能力倾向测验（Ⅰ型）》是 1988 年由北京人才评价与考试中心（BEC）参照

美国教育与工业测验服务中心编制的《职业能力安置量表（CAPS）》开发的，是我国最早的成套职业能力倾向测量。该测量包括机械推理、空间关系、言语推理、数学能力、言语运用、字词知识、知觉速度和准确性、手指速度和灵活性8个分测量。

2）特殊能力倾向测量。所谓特殊能力，是指从事某种专业活动的能力，如运动能力、机械能力、音乐和艺术能力、飞行能力等。特殊能力测量就是对这些能力的测量，也可以说是测定智能的特殊因素的一种测量。它具有诊断和预测的职能，也就是能够判断一个人具有什么样的能力，以及在所从事的活动中适应和成功的可能性。现有常用的特殊能力测量一般针对一种特殊能力所包含的各方面因素进行测量，其内容与相应专业或职业训练的重点是一致的，测量的目的既想了解个体在此专业领域的既有水平，又想预测个体今后在此专业领域成功的可能性。西方比较流行的特殊能力测量有梅尔美术判断力测量、西肖尔音乐能力测量、明尼苏达机械装配测量等。

（3）创造力测量

创造力是智能的综合体现，它以创造思维和创造想象为先导，受智力水平的制约，因此我们把创造力测验作为能力测量的一种来讨论。由于创造力的定义，尤其是其操作定义，一直是心理学研究领域中众说纷纭、争论不休的话题，因此不少心理学家根据自己对创造力的界定和理论构想，设计出了相应的创造力测量。从总体上看，大家基本上承认思维的新颖性、独特性、流畅性、变通性等发散性思维的品质特征是创造性活动的基础。

创造能力测量是基于"以往的测验多采用低级思维的记忆问题，很难获得发现新情况、创造新事物的能力"的认识而提出的。美国学者盖茨尔斯（Getzczs）与杰克逊（Jaekson）所设计的一套创造力测量应用较广。该种测量共分五个部分：词汇联想测量、物体用途测量、隐蔽图形测量、寓言解释测量和组成问题测量。这套测量与一般能力测量的不同在于，不是只有一个答案，而是答案越多越好，而且要求新颖而富于创造性。

（4）能力测量在安全生产中的应用

工业企业对干部的选拔比较严格，要通过能力测量聘用具有一定领导能力（包括业务能力、创造能力等）的人员。专家研究认为，人与人之间的能力差异是普遍存在的，能力的差异既体现在先天因素上，也体现在后天因素上。由于不同的职业对任职者的能力要求会有所不同，所以当任职者具备职业所要求的能力时，其所产生的绩效水平，也就会明显高于能力与职业素质要求不相匹配的任职者。因此，企业在选拔任用人才时，则需要挑选能够满足职位素质要求的人才。企业要实现"人岗匹配"，必须开展两项基本工作：一是企业必须通过系统的方法，去分析职位所要求的任职资格；二是企业必须利用科学的人才测评技术，去分析申请者的能力。

8.2.5　社会态度的测量

态度是一种稳定的内在心理倾向，但它也是可以测量的，常用两种方法进行测量。

1. 直接测量

直接测量的方法包括自陈法、行为观察法和问卷法等。自陈法一般采用态度测量表测量，而行为观察法通过行为观察推断，问卷法则是把我们要调查的问题编成问卷。

（1）利克特量表

常用的态度量表有利克特量表（likert scales），它通常是 5 点、7 点量表，下面是韦伯（Weber）等人提供的一个测量风险态度的量表样例，该量表包括伦理、金融、健康/安全、娱乐，以及社会 5 个内容范围的 50 个项目。用 1~5 之间的 5 个数字表示自己与描述的句子的相似程度，其中，1 表示完全不一样，5 表示完全一样。其中，α 版本中安全与健康方面的题包括：吃那些看起来没坏的过期食物，经常酗酒，通过不去看医生来忽略一些持续的身体疼痛，从事无保护的性行为，日光浴时从不使用防晒霜，从不使用安全带，卧室内外没有烟雾报警器，经常不戴头盔骑自行车，每天抽一包烟。

（2）瑟斯顿量表

瑟斯顿量表（thurstone scales）与利克特量表类似，唯一不同的是它是一个 11 点量表，被试者在回答的时候用从 1~11 的 11 个数字表示的等级来反应。从结构上来看，瑟斯顿量表与利克特量表的差异仅是尺度大小的不同，但是它却可以很好地比较对象之间的细微区别。例如，在对两种化妆品广告效果进行比较时，由于这两种产品的知名度都很高，所以一般的小尺度量表难以反映出这种差异，这时候利用瑟斯顿量表就能反映出差异。除非情况特殊，一般很少使用瑟斯顿量表，而使用比 11 点的瑟斯顿量表尺度更大的量表就不可能了。

（3）语义区分量表

与前面两种态度量表不同，奥斯古德（Osgood）的语义区分量表（semantic differential scales）采用双极形容词，如好—坏、强—弱等。现在研究者常常对语义区分量表稍加修改，把双极形容词拆开，并用这种方法建立人格问卷。例如，杨国枢等人最近几年就用这种方法提出了中国人人格结构的七大模型问卷。

用上述几种直接测量方法测量被试者的态度时，被试者容易出现社会赞许性的反应偏差（social desirability response bias），所以在测量人们对一些比较微妙的问题的态度时，在提问方式上要注意避免引起这种偏差。

2. 间接测量

除了直接测量人们对某些问题的态度，还可以通过一些间接的方式了解他人的态度。间接测量包括：

（1）投射技术

投射技术是心理学研究中常用的一种技术，早在 20 世纪 30 年代，它就成为心理学家了解他人内心世界的重要手段。在投射技术中最有代表性的当数主题统觉测验（thematic apperception test，TAT），这种方法通过让人们用看过的画编故事的形式测量人的欲求与内在心理状态，如人们对成就动机的研究就经常使用这种方法。

（2）生理指标测量

有时候还可以通过测量一些生理指标来了解人对他人或事物的态度。例如，可以用皮电反应来观察一个人的紧张程度，也可以用脑电 P300 来测试一个人有没有说谎。现在很多测谎设备就是利用这些生理指标来认定被测者是否说谎。

（3）反应时测量

正如在法继欧的研究中可以用反应时指标衡量人们对某个候选人的态度那样，也可以用反应时测量人的许多态度，如格尔德（Greenwald）等人在文化心理学研究中使用的隐含相关测验（implicit association test，IAT）就是以反应时为指标，衡量人在做与自我一致或不一致的判断时的文化差异。

8.3 心理问卷编制及测量结果处理

8.3.1 问卷的内容及其形式

问卷法是安全心理与行为研究中收集研究数据常用的一种方法，使用该方法的基础是要编制符合研究目的和技术要求的问卷。问卷的核心内容是让被试者书面回答的一套题，此外还有使用这套问卷的说明，包括施测的条件、指导语和记分的规则等。问卷按照被试者对问卷题目的反映形式有封闭式问卷和开放式问卷。封闭式问卷就是答案已拟定好，由被试者进行选择性回答；而开放式问卷则是没有固定的答案，完全由被试者根据自己的理解进行填写。封闭式问卷中按照被调查者做出反应的数目可再进行划分。常要求被调查者对两种截然不同的态度、状态或事物做出明确的回答，这种问卷称为二极表。有些问卷要求被调查者在3~7个等级中做出选择性的回答，如图8-5所示。

---

1. 你觉得你单位的安全工作令人满意吗？　　　　　　满意（　　）　　　　　　　　　　不满意（　　）
2. 你觉得你单位重视安全生产工作吗？　　重视（　　）　　　　一般（　　）　　　　不重视（　　）
3. 你常把安全生产挂在心上吗？
　　从来没有（　　）　　很少（　　）　　　　有时（　　）　　　　经常（　　）　　　总是如此（　　）
4. 你认为发生事故是不可避免的吗？
　　非常不同意（　　）　　不同意（　　）　　有点不同意（　　）　　说不准（　　）
　　有点同意（　　）　　　同意（　　）　　　非常同意（　　）

图 8-5　评定安全态度的选择性问卷

8.3.2 心理问卷的编制

1. 心理问卷编制的要求

在心理学使用的工具中，问卷的编制和施行都是比较容易的。但并不是将日常使用的言语编成问题或句子就可以提问了，要获得具有科学性的资料，所选择的问卷项目必须是根据统计学的方法，从与测验目的有关的问题项目群中抽取的。问卷中的问题是传送给被试者的一种信息，如果超出被试者的语言能力，则对其是没有意义的。因此，在问卷编制时不仅要考虑问题内容作为所测量的心理概念的行为样本的代表性，还要了解问卷施测对象对将在问卷中出现的问题和可能的答案的反应，答案设计还应能区分不同被试者的反应。

具体来说，题目的编制应注意以下一些细节：①题目要清楚、不含糊，使用的术语要使答卷人能明白，避免使用专门性的术语；②一个题目中只能包含一个问题；③防止使用导向性的问题，答卷者会为避免与题目暗含的赞许态度不一致而隐瞒自己的真实想法；④问题的内容应和答题者的经历匹配，使答卷者能够提供相关信息；⑤问题与答案之间应是相互独立的；⑥所呈现的答案应该是穷尽问题的各种可能的答案；⑦尽可能避免使用否定性题目和双重否定性题目。

答卷者的反映方式的设计是问卷编制的最后一项工作。设计合理的反应方式不仅有利于被试者的填写和回答，提高题目的区分度，而且有利于对结果的处理和分析。反应方式可分为两类：一是从两个或多个选项中选择一个的选择回答型，二是被试者自定答案的开放型。根据问卷使用目的和题目性质，研究者可选择不同的反应方式设计问卷。问卷调查中通常使用的选择回答型反应方式是李克特量表，这是一种带有顺序测量量度的量表，该问卷提供一系列选项，每个选项对应一个数字，要求被试者圈出与自己情况相符的数字。

2. 编制问卷的步骤

（1）确定测量目的

1）要明确测量对象。要解决的问题是该测量问卷编成后要用于什么人或者什么团体。通常以年龄、性别、职业、受教育程度、经济状况、民族、文化背景等指标来区分测量对象。施用于不同对象的测量问卷应该有不同的特征，而不应该千篇一律。

2）要明确测量目标。明确所编测量问卷用来测量什么心理功能，是能力、人格还是学业成绩。明确测量的目标后，还要将此目标转化为可操作的术语，即将目标具体化。

3）要明确测量的用途。所编制测验是要对被试者做描述、诊断，还是选拔和预测。用途不同，测量问卷时的取材范围及试题的难度也不相同。

（2）编制项目或题目

1）要搜集有关资料。一个测量的价值高低，与其效度有关。一个测量的效度与其测量材料的选取有密切的关系。收集材料要丰富、有普遍性和趣味性。

2）要选择项目形式。在测量中，必须将项目以某种形式呈现给被试者，而测量项目呈现的形式要与被试者的年龄、人数的多少、测量的目的等方面联系在一起。因此，选择合适的项目形式，与一个测量成功与否有很大的关系。

3）编写测量项目。编写是一个反复的过程。在这个过程中，测量项目编制者需要对测量项目进行反复修改，其中包括：订正意思不明确的词语，删改重复或者不当的题目，增加有用的题目等。

（3）预测与项目分析

初步筛选出来的项目虽然在内容和形式上符合要求，但是是否具有适当的难度与鉴别作用，必须通过预测进行项目分析，为进一步筛选题目提供客观依据。

由初步筛选出来的项目结合成一种或几种预备测量，在正式使用前需要进行试测。试测的目的在于获得被试者对项目反应如何的资料，以进行进一步分析。它既能提供那些题目意义不清、容易引起误解等质的信息，又能提供测量项目优劣等量的信息。

根据试测取得的数据要对问卷进行项目分析。项目分析包括质的分析和量的分析两方面。前者是对内容取样是否合适、题目的思想性及表达是否清楚等方面加以评鉴，后者是对预测结果进行统计分析，确定题目的难度、区分度、备选答案的合适程度等。

（4）将测量标准化

一套好的题目未必就是一个好的测量。测量的基本要求是准确、可靠。一切测量要想得到准确、可靠的结果，都必须依赖对无关因素的控制。在心理测量中，无关因素的控制主要是通过使测量情境对所有人都相似来完成的。为了减少误差，就要控制无关因素对测量目的的影响，这种控制过程称为标准化。具体包括以下几方面：

一是测量题目的标准化。标准化的首要条件就是对每一个被试者给以相同的测量题目。

二是实施测量标准化，包括相同的测量情景、相同的指导语、相同的测量时限等。

三是记分标准化。记分方法要有详细、明确的规定，这主要是为了提高分数的客观性。客观性意味着任何有资格的评分者都可以得到一致的评定分数。只有当评分是客观的时候，才能将分数的差异归于被试者本身的差异。但要做到完全客观（一致）的评分是比较困难的。一般来说，不同评分者之间的一致性达到90%以上，便可以认为评分是客观的。

四是测量结果解释标准化。对测量结果的解释也必须有统一的标准。实施测验之前，需要先建立一个常模，即一定人群在测验所测特性上的普遍水平或水平分布状况，通常用标准化样本的平均数、标准差来表示。测验结束后，将受测者分数与常模比较，即可获得对受测者分数的解释。

五是对测量的鉴定。测量问卷编好后，必须对其测量的可靠性和有效性进行考验，以便确定测量是否可用。对测量的鉴定，主要是确定其信度系数和效度系数。

（5）建立测验量表的常模

测量编制者为了说明和解释测量结果，必须注重测量的性质、用途，以及所要达到的测量量表的水平。按照统计学的原理，把某一标准化的测量分数转化为具有一定参照点、等值单位的导出分数，这就是所谓的测量量表。将标准化样本的测量分数与相应的某一或几个测量量表分数一起用表格的形式呈现出来，就是该测量的常模表。

（6）编写测量说明书

最后，还要编写一份说明书，就下列问题做出详细而明确的说明：本测量的目的和功能、编制测量的理论背景和选择题目的依据、测量的实施方法和时限及注意事项、测量的标准答案和评分方法、常模资料（包括常模表、常模适用的团体及对分数如何做解释）、测量的信度与效度资料（包括信度系数、效度系数，以及这些数据是在什么情况下得到的）。

经过以上六个步骤，一个测量问卷便可以正式交付使用了。

8.3.3　心理问卷测评结果与评价

问卷回收以后，应逐份地检查筛选，将无效问卷予以删除，然后对有效问卷进行整理分析，以评价测评结果。常用的测量结果的统计分析和评价手段有数理统计和模糊数学等。

1. 运用数理统计手段对测量结果进行统计分析

正确地选择统计分析方法，应充分考虑相应的条件和因素。统计推断即利用样本所提供的信息对总体进行推断（估计或比较），其中包括参数估计和假设检验，如可信区间、t 检验、方差分析、χ^2 检验等；回归分析，用于研究某个因素与另一个因素（变量）的依存关系，即以一个变量或一组变量去推测另一个变量。

2. 运用模糊数学方法进行综合评判

模糊数学是描述客观世界的有力工具。我们知道，许多事物或概念相互之间的界限是不清晰的。例如，"清洁"与"污浊"之间，"冷"与"热"之间，都很难找出明确的分界。在传统数学中，一切概念都是基于确定性与精确性的原则来定义的。因此，传统数学无法提供描述边界不清晰的事物及其关系的方法。模糊数学的产生为描述这类边界不清的事物提供了一套有效的方法，使人类从此有了以结构化和公式化的手段处理这类事物的能力，能够在模糊环境中解决问题，做出正确决策。

在实际工作中，对一个事物的评价（或评估），常常涉及多个因素或多个指标，这时就要求根据这多个因素对事物做出综合评价，而不能只从某一因素的情况去评价事物，这就是综合评判。在这里，评判是指按照给定的条件对事物的优劣、好坏进行评比、判别；综合的意思是指评判条件包含多个因素或多个指标；模糊就是运用模糊数学的运算方法进行处理。因此，模糊综合评判就是要对受多个因素影响的事物运用模糊数学的方法做出全面评判，如图 8-6 所示。

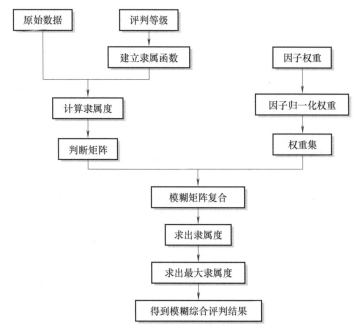

图 8-6 模糊综合评判流程

模糊数学用来对外延模糊的事物做出更为精确的刻画，因而该数学工具用于对人心理因素的研究非常合适。模糊综合评判还可以对不同类型的数据进行有效的综合，包括非正态分布的数据，它的适应性更强。它的最终结果是对被试者的评价。

复 习 题

1. 心理测量在安全科学构架中处于什么位置？
2. 个性测量的方法有哪些？
3. 开展职工能力测量对安全生产有什么作用？
4. 简述注意测量的方法。
5. 简述情绪测量的方法。
6. 简述态度测量的方法。
7. 心理问卷编制有哪些要求？
8. 心理问卷编制要经过哪些程序？

第 9 章
安全管理中的心理学策略

9.1 基于行为的安全管理

尽管安全事故的发生是一个系统的问题，但人的不安全行为是公认的引发事故的重要的、直接的原因。以美国杜邦公司为例，在这个被称为世界上最安全的地方，其工作场所造成伤害的最主要因素也是人的不安全行为，不安全行为引发的事故占事故总数的 96%，而其他因素引发的事故只占 4%。因此，加强人员的行为管理，即便是在工业生产走向智能化的今天，也依然是企业安全管理的重要内容。

9.1.1 不安全行为

1. 不安全行为与人失误比较

不安全行为与人失误是经常放在一起比较的一对概念，两者既有区别又有联系。

（1）两者的区别

1）两者评判的依据不同。不安全行为是以行为是否引发事故或伤害为依据。因此，不安全行为通常被定义为"那些曾经引起过事故或可能引起事故的人的行为"。人失误一般被定义为发生在人身上的偏离系统既定标准或目标的现象，所以评判的依据是既定标准或目标，不一定是安全的标准或目标。

2）两者包含的成分不同。不安全行为的成分是单一的，即可观察的、外化的行为。人失误的成分是多重的，有可观察的行为失误，如口误、笔误，也有不可观察的感知失误、记忆失误、判断失误等心理过程的失误。

3）两者的结果不同。不安全行为多数是危及安全的，是导致事故发生的直接原因，进而不安全行为的主体通常是作业现场的人。对人失误来讲，首先不是所有人失误的结果都会导致事故发生，有些看起来偏离了系统要求的失误甚至可能带来意外的收获，如画家配色失误结果配出了新的颜色；有些人失误需要通过传导作用最终导致事故发生，而不是直接导致事故发生，如设计师设计方案中的失误、维修人员对故障情况判断的失误并不直接导致事故的发生，而是在后期通过人员的操作或使用导致事故发生。从对安全的影响来讲，人失误的主体可以分布在不同的岗位上。

4）两者影响的范围不同。不安全行为的影响是指向事故或伤害的。人失误的影响随失误发生的领域而定，如投资中的判断失误导致经济亏损，射击比赛中的失误导致脱靶。

5）两者的主观意图不同。不安全行为从行为者的意图来说，有有意的不安全行为，也有无意的不安全行为，因此有些不安全行为是可以通过行为人主动调节的。人失误通常来说是在行为人意图以外发生的，失误主体自身不能主动觉察或控制。

（2）两者的联系

首先两者都不是系统正常运行所要求的，对活动目的的达成都造成干扰；其次有些不安全行为是某种人失误的结果，或者说人失误经常带来不安全行为，如在没有中心线的路面上，驾驶人对对面车辆运行速度判断的失误使驾驶人做出超车动作，进而造成碰撞的交通事故。

通过以上比较可以看到，人的不安全行为是发生在生产现场的，由行为人主观选择或在其无意中发生的、可以观察的危害安全的行为。因此，对不安全的行为的管理还需要一些与预防人失误不同的方法。

2. 不安全行为的类型

（1）按照不安全行为的意图划分

按照行为的意图划分，不安全行为可以分为有意的不安全行为和无意的不安全行为。区分一个行为是否属于有意图的行为，可以通过以下三个问题的答案来判断：这个行为是由预先的意图主导的吗？这个行为是按照之前计划好的样子去做的吗？这个行为达成了它预期的结果吗？

由此可见，一次有意的不安全行为从行为人的意图来看，也是实现了意图的行为。实际上，为逃避管理，行为人会以隐蔽的方式进行。如果行为得以完成，这一隐蔽的不安全行为会因为帮助行为者达成了逃避管理的意图而得到强化，这种行为就会不断发生。所以，对不安全行为的管理应加强对行为人行为意图的教育，加强巡查，及时发现及时阻止，对已经发生的不安全行为必须及时予以纠正或惩罚。对于无意的不安全行为，由于该行为不在行为人的计划内，所以行为的过程和结果不被行为人预期，行为人对行为的危险性也可能没有预先的应对措施，从而将行为人置于危险当中。因此，对无意的不安全行为也需要管理人员能及时发现，给予提醒或制止。

（2）按照行为的具体表现划分

《企业职工伤亡事故分类》（GB/T 6441—1986）从企业生产中常见的不安全行为的具体表现中归纳了13类不安全行为，包括：操作错误、忽视安全、忽视警告；造成安全装置失效；使用不安全设备；用手代替工具操作；物体（指成品、半成品、材料、工具、切屑和生产用品等）存放不当；冒险进入危险场所；攀、坐不安全位置（如平台护栏、汽车挡板、吊车吊钩）；在起吊物下作业、停留；机器运转时加油、修理、检查、调整、焊接、清扫等工作；有分散注意力行为；在必须使用个人防护用品用具的作业或场合中，忽视其使用；不安全装束；对易燃、易爆等危险物品处理错误。

以杜邦公司为例，该公司在对生产中不安全行为观察的基础上，将人的不安全行为表现归纳为个人防护装备不当、人员位置问题、人员反应、工具选用与分配错误、违反程序或秩序五大类，并发现造成事故的原因中，30%属于人员位置问题，28%属于工具选用与分配错误问题，14%属于人员反应问题，12%属于个人防护装备不当问题，12%属于违反程序或秩序问题，另有4%属于其他类问题。当然，这一比例在不同企业中可能各有不同。

（3）按照不安全行为的后果划分

按照引发的后果，可以将不安全行为划分为引发事故的不安全行为、扩大事故损失的不安全行为、没有造成事故的不安全行为三种类型。引发事故的不安全行为通常能得到管理者和行为人的注意，而没有造成事故的不安全行为往往被忽略，甚至因该行为的结果符合任务要求得到奖励或默许而被强化。扩大事故损失的不安全行为则在应急处置中应予以关注。

3. 不安全行为的原因

不安全行为的发生是一系列原因的最终结果，包括组织层面劳动组织安排、考核奖惩要求等因素，作业层面的环境条件、作业程序等因素，群体层面的团队文化、人际关系等因素，个人层面的知识技能、个性特点、生理状态，以及心理状态因素。因此，预防人的不安全行为也是一个系统工程。

9.1.2　基于行为的安全管理理念及方法

1. 基于行为的安全管理的理念

基于行为的安全（behavior-based safety，BBS）是一种以安全行为为基准的行为观察方法，通过确定危险行为与安全行为之间的区别，在生产作业现场对员工行为进行观察和处理，达到增强员工主动应对能力、纠正员工不安全行为、发展培训员工安全行为、促进安全氛围形成、提高安全绩效的目的。

BBS的基本理念包括：

1）所有的伤害及职业疾病都是可以避免的。

2）将安全放在优先考虑的位置，不能因成本、品质、士气或生产等因素而将安全搁置。

3）安全观察的目的是使不安全行为得到纠正，而非惩罚不安全行为的发出者。

4）不安全行为的原因虽不能通过观察得知，但应通过与被观察者的沟通去了解。

5）安全行为同样需要被关注，对安全行为加以鼓励，能强化这类行为重复出现。

进行安全观察本身就在向他人传递一定的安全理念。因此，在观察前，负责人应先制定对自己责任范围内员工安全绩效较高的标准，并使每个人都了解这些标准，然后运用这些标准主动识别、纠正不安全行为。如果一个负责人对安全可接受的标准很低，意味着安全在他意识里并不重要，如果他对不安全行为保持沉默、不予纠正，就会使员工认为这些不安全行为是被允许的、是可接受的，从而带来整个小组或部门的安全绩效不断下降。

2. 基于行为安全的管理方法

基于行为安全的管理方法就是在BBS的理念下，采用系统的方法，在作业过程中对作业者的行为进行观察与稽核，及时发现可能导致危险及伤害的行为，通过与作业人员的沟通，修正不安全行为，分析原因，促进现场安全。

此处介绍一个基于行为安全的管理方法的范例，就是杜邦公司提出的安全训练观察计划（safety training observation program，STOP）。通过实施该项计划，杜邦公司大幅度地减少了损失工作日的伤害发生。STOP 为各种工作场所中安全管理人员用系统的方法发现安全问题、帮助员工提高安全意识、改变行为达到安全目的，以及与员工就安全问题进行沟通提供了范本，被国内外很多企业在安全管理、医护安全操作培训中广泛应用。

9.1.3 安全训练观察计划的程序和技术

安全行为观察
程序的要点

行为观察强调观察对象必须是可直接观察的外在行为，而不是行为发出者的动机或其他需要猜测的理由等内在心理状态。但了解员工这些心理状态有助于改进其行为和安全管理，因此，在安全观察中，还强调与员工的沟通，通过沟通，一方面传达组织的观念和态度，另一方面为员工即时修正其不安全行为、做出安全承诺提供心理基础。

安全行为观察作为一项日常安全管理制度是一个有计划的过程，而非随意地走走看看。实施安全行为观察需要遵循一定的程序并掌握一定的技术。

1. 安全行为观察的基本程序

安全行为观察基本程序包括决定、停止、观察、采取行动及报告。决定是指决定将安全观察作为一项工作事项进行准备和安排，包括确定观察人员、观察区域、观察时间和观察对象；停止是指专门停留在接近员工的地方，专心、仔细地观察员工行为，获得员工行为完整的信息，而非边走边看、走马观花；观察是指运用周详、系统的方法观察员工，通常需要借助观察列表，根据列表对员工行为详细稽核，既关注其不安全行为，也关注其安全行为；采取行动是指在观察过程中所采取的一些和被观察者有关的行动，如和被观察者沟通，对其安全行为进行鼓励或指出其不安全的行为；报告是指在观察结束后，将观察结果及采取的行动进行记录。

2. 安全行为观察各阶段技术

在行为观察的每一个步骤都需要一些特殊的技术来使这项工作做得更好。

（1）决定阶段

在决定阶段，观察者最主要的工作是准备一张观察表，并设定行为标准。一张观察表帮助观察者明确要观察的行为以防止发生遗漏，在开始观察前先浏览全表，提醒自己要找到哪些行为。在做完观察并和员工谈话完成后，在观察表上适当的地方打"√"。观察表上所列行为可以是对安全行为的表述，也可以是对不安全行为的表述。

表 9-1 是杜邦公司使用的一张行为检核表，表中列出了五类不安全行为及其表现。

表 9-1　行为检核表

完全安全请在右边的方框中打√，有任何不安全行为在其左边的方框中打√	
人员的反应	完全安全□
□　调整或穿戴上个人防护装备	
□　突然改变工作位置	
□　重新安排工作	
□　停止或离开作业	
□　装上接地线	
□　进行上锁	

（续）

完全安全请在右边的方框中打√，有任何不安全行为在其左边的方框中打√

个人防护装备	完全安全□

- □ 头部
- □ 眼部及脸
- □ 耳部
- □ 呼吸系统
- □ 臂部及手
- □ 躯干
- □ 腿部及脚

人员的位置	完全安全□

- □ 碰撞到物体
- □ 被物体砸到
- □ 陷于物体之内、之上或之间
- □ 跌倒、坠落
- □ 接触极高、低的温度
- □ 接触电流
- □ 吸入有害物质
- □ 吞食有害物质
- □ 过度荷重
- □ 反复的动作
- □ 不良的位置/固定的姿势

工具与设备	完全安全□

- □ 使用不正确的工具或设备
- □ 不当使用工具或设备
- □ 所使用的工具或设备状况不良

程序与秩序	完全安全□

- □ 程序不适合
- □ 程序不被知道/了解
- □ 程序未被遵守
- □ 程序标准不适合
- □ 程序标准不被知道/了解
- □ 程序标准未被遵守

　　图 9-1 提供了一份在设备与工具、安全装置使用方面所要观察得更详细的安全行为列表的样例。观察者观察这些行为在员工中的表现情况后填写相应内容。

　　图 9-1 所示的安全行为检查表只是提供了所需观察行为的参照，观察人员还需对员工的实际行为是否达到安全行为要求、是否属于不安全行为设定一个判断标准。这个判断标准一方面来自相关规程、标准，另一方面来自每个观察员的内在判断，即安全观察员对该标准的把握。涉及安全行为，观察员应设定一个较高的安全标准，也就意味着对员工在安全绩效方面有较高的要求。例如，对"对有害条件采取正确防护"一项，如果一名员工在将有腐蚀性液体倒入混合槽时，按要求使用了面罩、防护服、防护手套，却没有穿防护鞋，观察员对其行为应做何

判断呢？如果观察员所持标准较低，他有可能容忍这样的行为，因为这位员工看起来使用了大多数防护装备，但如果腐蚀性液体溢撒到地面，就有可能伤及操作者的双脚。因此观察员较低的行为标准意味着对不安全行为有条件的容忍，也就意味着对安全标准的放弃，"观察"程序将对不安全行为起到推波助澜的作用。

观察者：_____ 日期：_____ 时间：_____		安全的	令人担忧的
设备与工具	正确使用混合槽（合适的温度）		
	正确使用叉车		
	在货栈内工作时使用警示灯		
	重置过程中正确使用工具		
	切断蒸汽管道前将蒸汽关闭并排空管道		
	正确使用梯子		
	正确使用手动工具		
安全装置	正确使用安全带		
	正确使用个人锁和集体锁		
	脱轨锁设定在正确位置		
	眼部防护得当		
	正确使用手套		
	鞋类穿着符合要求		
	防护服材料达到 A 级或 B 级		
总体安全	正确消除设备污染		
	对有害条件采取正确防护		
	电路铺设和运行正确		
总分			

观察到的其他事项和建议：

说明：如果所有员工都遵守该项安全要求，在该项后填写"是"，有任何人未遵守该项安全要求，在该项后填写"否"。

图 9-1　安全行为观察表样例

（2）停止阶段

当观察者在停下来接近观察对象时，可能会发现这样的情况：有些员工在发现观察者出现时，会突然改变自己原有的行为，如将挂在颈部的防护口罩快速戴好、从不安全的位置上快速退下来等。这些变化往往表明行为者原有行为存在不规范之处，是发现不安全行为的重要线索。观察者不能因员工已做出改变而忽略这些行为，相反还应就此和员工进行沟通。一方面，员工出于害怕被发现而匆忙做出的反应可能是导致伤害发生的原因，另一方面，对这类行为的关注可以避免员工认为只要不被观察人员发现就没关系，从而形成不利于安全的行为动机。

（3）观察阶段

观察阶段是观察者通过观察了解所在责任区域安全绩效的重要环节。在这一环节，最重要的是专心地观察应观察的所有人员，始终将观察的重心放在人及其行为上，既要观察不安全的行为，也要注意那些安全的行为。专注的态度和良好的观察习惯将使观察的技巧和效果得到提高。例如，当观察员工如何使用个人防护装备时，漫不经心会导致对被观察者是否佩戴某一防护用品产生模糊的印象，甚至产生完全相反的记忆；在观察习惯上，应根据事先列好的该作业所需防护装备清单，然后对被观察者进行从上而下的观察，首先查看被观察者的头部是否受到保护，再依顺序确认身体每一部分是否均受到保护，以防遗漏。

（4）行动阶段

这一阶段，观察者要就观察到的现象与被观察者进行沟通，包括对不安全行为进行纠正和对安全行为表示赞许，并予以强化。

纠正观察到的不安全行为被大多数观察者认可，但在纠正时如果表达不当，很容易引起员工的对抗，或表面服从，监督人员一走依然故我。不适宜的交流包括使用恐吓或指责的语气、不给对方表达的机会、全盘否定，以及无视好的行为。相反，积极的交流表现为对好的行为予以肯定，不因不安全行为而否定所有行为。在指出对方的不安全行为时，也需要首先激发对方的积极情绪，然后就不安全行为展开讨论，使行为者主动认识不安全行为的后果，如以"如果（一旦）……将……？"的问句引发行为者的思考，从而引发真正的改变，而非单纯的制止或强制。在交流中，还应尽可能了解员工不安全行为的动机，也许在员工不安全行为的背后是因为存在不适宜的设备、程序或不完善的管理制度。

对安全行为是否也需要被特别指出存在不同的观点。有人认为如果观察者对安全行为也需要与被观察者进行互动，这会造成对员工正常工作的干扰，也有人认为对员工的安全行为加以反应，是对其安全行为的一种强化，有利于安全行为模式的形成。从传统管理方式看，管理者总是倾向于关注那些偏离目标的行为，而忽视那些好的行为，将其视作理所当然的事。这种反应在员工的感受中将更有可能被解读为管理者只关心那些破坏目标的行为，而不关心那些促进目标的行为，为安全付出的努力不被重视。因此，忽视安全行为可能不会带来发生事故的直接后果，但会影响员工对组织安全价值观念的认知评价，从而产生长期的不利影响。此外，对安全行为的探讨，还将有利于促进员工对组织安全价值的认同。按照认知失调理论，员工在讨论中公开表达的对安全的积极态度也会影响其随后的行动，使其行动与态度更为一致，以避免认知失调。因此，鼓励安全的作业行为和指出须改善的行为一样重要。当一个人安全的作业行为被强化，他可能会继续执行，但是如果安全的作业行为被忽视，他可能会减少更多积极的行为。

（5）观察记录与观察报告阶段

在对员工行为进行观察并和员工谈话后，观察者需要将相关过程及结果记录下来。观察记录卡也可制作在安全行为核查表的背面。在离开被观察的员工后，观察者应即时填写观察报告，描述观察的结果，以及观察者采取的行动，如鼓励的措施、纠正的行动、为预防不安全行为再度发生采取的行动等。

在记录表中，观察者需要记录观察的日期、作业区，描述观察结果，以及对于观察结果所采取的行动。观察记录卡上通常只填写观察者的姓名，而不显示被观察者的姓名，这是因为观察的目的在于鼓励安全行为、纠正不安全行为，避免伤害，而不是挑出那些破坏规则的人。

观察表上的记录虽然没有必要告知被观察者，但如果被观察者关心卡上的记录，如是否记载了有关他的信息，是否会和他的奖惩有关等，则应当将观察卡出示给员工，并告知并不涉及个人信息，仅是对现场行为的一个记录。

也有研究建议由独立观察者对作业现场进行观察，但并不向被观察者提供直接的反馈，而是将结果反馈给相关的管理者，由管理者根据观察结果独立开展安全改进。

管理层必须用行动来保障所有的观察都能按计划进行。观察数据只可以用作员工会议上改进安全管理的资料信息，而不能作为管理层进行奖惩的依据。观察数据如果承载了太多的压力，就会导致报告出现偏差，破坏观察过程的真实性。如果管理层想要对观察记录上得分低的雇员施加惩罚，或采取类似行动，观察员就会想办法使管理者相信在他的责任区一切都很好，那时，观察过程就变为一场数字游戏，完全偏离原本的目标。

3. 安全行为观察的特点

作业现场的安全行为观察在预防伤害、改善作业区的整体安全及鼓励良好的安全绩效方面，扮演着相当重要的角色，这是因为，指向行为改进的安全行为观察具备以下几个特点：

（1）尊重员工，避免引起猜疑

安全观察不具有任何惩罚性，和公司的惩戒制度有很明确的区别，它尊重员工的知情权，对观察结果采取开放的态度，以避免引起员工的猜疑。例如，在安全观察卡上不记录员工的姓名。在填写安全观察卡时，一般要远离员工，以免他们觉得自己被"登记"，如果他们不确信自己的名字并未被记录，则应当向他们出示观察卡。同时，将观察稽核人员的安全绩效与所辖责任区内员工的安全绩效联系在一起，减少了观察者和被观察者之间的人际冲突。

（2）强调沟通的效应

观察的过程伴随着问题解决的过程，观察员如果希望将观察到的不安全行为加以纠正，并产生长期的影响，就需要和被观察者建立相互信任、尊重的关系。因此，在与被观察者互动的过程中，观察者必须对自己的沟通过程加以自我监察，确保沟通是正面的、有效的。

观察的目的不是要犯错误者得到惩罚，而是及时纠正错误行为。因此，以说教、训斥、恐吓等为主的沟通是无效的，虽然可能带来员工一时被动的顺从，但更可能引发员工不恰当的安全动机。观察者在行动过程中其实仅仅需要在发现问题后，通过沟通使被观察者充分认识到"如果一旦发生意外，会造成什么样的伤害""如何让这项工作做得更安全"这两个问题就可以改变员工的行为，并且是对规则而非管理者的一种主动的顺从。

沟通的另外一个目的是了解被观察者不安全行为的原因，从而采取措施消除和纠正导致人员冒险行为的间接因素。这些原因可能和员工个人有关，如缺乏足够的知识或技能训练、"不会在我身上发生"或"这次不会发生危险"的侥幸认知、喜欢展现个人的独特性、引起他人注意或获得认同的需要和个性、习惯性动作等；也可能和环境及管理有关，如没有提供正确有效的个人防护装备、过去的或其他人的不安全行为没有被纠正，所以相信不安全的作业方式是可以接受的，以及决策者或管理层在实际的管理行为中体现出对产品、效益等高于安全的重视等。

（3）强调对安全行为的鼓励

安全行为观察并非仅为了纠正不安全行为，更在于激发员工的安全动机，追求安全的长期绩效。因此，仅仅传达出对不安全行为的坚决拒绝的态度还不够，还应使被观察者体会到安全行为的重要价值，这就要求观察者尽可能地强调和鼓励员工的安全行为。观察者的正面鼓励犹如员工安全行为的强化剂，使用得当，使被观察者发生认知转化，对于激励员工持续安全行为的动机非常有效。

为了持续提升作业区内的安全绩效，观察者及相关的管理机构还须在采取立即纠正的措施后，与行为者讨论这个行为的危险性，帮助行为者认识到安全行为的终极目标是保证员工个人的安全与健康，而不是保证服从或取悦什么人，更不是为了避免惩罚。将安全行为和员工自身最基本的安全需要相结合，这样即使安全观察人员不在身边，仍然能取得很好的安全绩效。

安全训练观察计划在高危行业相当受欢迎，但也经常受到一些批评，认为该方法倾向于将注意力集中在员工，意味着员工对事故的作用及对个人健康和安全问题负有更大的责任，这不可避免地会削弱对过程安全和重大风险防控等重要问题的关注。因此，基于行为的安全管理应当与组织其他安全管理措施配合使用，发挥对作业现场人员行为的管理作用。

9.2 劳动组织与安全

科学管理学之父泰勒（Taylar）的管理理论是"关于工人和工作系统的哲学"，强调工作的人和工作之间的匹配性。为提高生产效率，他对劳动工具、劳动过程都进行了标准化，并提出按照岗位所需挑选"第一流的工人"。在摒弃将劳动者工具化的今天，做到人—职匹配，使每个人都能从事自己更擅长、更适宜的工作，工作负荷合理，不仅能提高劳动效率、减少差错和事故的发生，也能维持劳动者身心健康，在工作中容易取得成功，保持较高的自我效能感，可有效预防职业倦怠。

9.2.1　工作分析

1. 工作分析的目的

工作分析（job analysis）又称职位分析、岗位分析或职务分析，是根据调查和研究，对特定工作的任务、性质、特点等基本特征的信息进行分析，并提出专门报告的工作程序。

组织目标的实现需要特定的人在特定的岗位上从事一定量的工作，由什么样的人从事什么样的工作、如何完成该工作就成为最基本的问题，由此衍生出一系列问题，比如如何找到合适的人来完成工作、如何安全高效地完成工作、如何令工作者满意、如何改进现有的工作等。解答这些问题的首要环节就是进行工作分析。工作分析的结果可以作为招聘、选拔能够胜任工作的求职者和晋升者，确定合理的工作制度和职责分配，确定培训的需求和内容，考核员工工作绩效，确定薪酬体系，预防职业安全与健康危害的依据。

因此，工作分析是人力资源管理工作的基础，只有在客观、准确的工作分析的基础上，才能进一步建立科学的人员管理体系。

2. 工作分析的内容

工作分析的内容包含三个部分：对工作内容的分析；对岗位、部门和组织结构的分析；对工作主体（员工）的分析。

对工作内容的分析是指对工作全过程及重要的辅助过程的分析，包括工作步骤、工作流程、工作规则、工作环境、工作设备、辅助手段等相关内容的分析。例如，为什么要执行这项工作任务，在什么时间完成该任务，在什么样的环境中工作（工作地点、光线、卫生、危险性等物理因素及组织的劳资、激励等制度环境）、如何完成该任务，所需使用的机器、工具、设备和辅助设施和服务，该任务与其他工作和设备的关系等内容。

对岗位、部门和组织结构的分析是指对岗位的职责及与相关岗位、部门的关系进行分析。对岗位、部门和组织结构的分析包括岗位名称、岗位内容、部门名称、部门职能、工作量及上下级职能的相互关系等内容。

对工作主体（员工）的分析包括对员工年龄、性别、身体特征、知识技能、爱好、经验、态度等各方面的分析，通过分析有助于把握和了解员工的生理和心理特点及适应性，在此基础上，组织可以根据员工特点将其安排到最适合他的工作岗位上，达到人尽其才的目的。

3. 工作分析的结果

通过工作分析最终形成详尽的报告，称为工作说明书。工作说明书的内容可分为工作描述和工作要求两部分。

（1）工作描述

工作描述用来说明某一工作职位的物质特点和环境特点，具体来说包括职位名称、工作活动和工作程序、工作条件、工作待遇。

职位名称是指所从事的工作活动的名称或代号，是组织内部用以对各种工作进行识别、登记、分类，以及确定组织内外各种关系的基础。

工作活动和工作程序应说明所要完成的工作任务、工作职责、职位权限、使用的原材料和机器设备、工作流程、与其他人的工作联系、该职位的上下级汇报关系、接受监督，以及进行监督的性质和内容。

工作条件包括物理条件和社会条件。物理条件要具体说明工作地点的地理位置、室内或室外、温度、光线、湿度、噪声、安全条件；社会条件包括一起工作的人员数量、完成工作所要求的人际交往的程度、各部门之间的关系、服务的相互关系、工作地点内外的文化设施、与完成该工作有关的社会习俗等。

工作待遇应说明工时及工资结构、支付工资的方法、福利待遇、该工作在组织中的正式位置、晋升的机会、工作的季节性、进修的机会等。

（2）工作要求

工作要求又称职位要求，反映任职的资格，用来说明从事某岗位工作的入职人员必须具备的条件，包括一般要求、生理要求和心理要求。一般要求通常要说明对从业人员年龄、性别、学历、专业、工作经验等方面的要求。生理要求要说明完成该工作所需的健康状况、力量和体力、运动的灵活性、感觉器官的灵敏度等。心理要求包括认知能力、组织协调能力、决策能力、创新能力、领导能力、人际交往能力、应急应变能力、特殊能力及人员的性格、气质、兴趣爱好、态度、道德等。

4. 工作分析的方法

工作分析的方法的重点是取得职务分析所需资料。常用的工作分析的方法主要有问卷法、访谈法、专家评价法、关键事件法等。

（1）问卷法

问卷法是工作分析中最常用的一种方法。具体来说，由有关人员事先设计出一套职务分析的问卷，随后再由工作的员工来填写问卷，也可由工作分析人员根据员工表述填写，最后将问卷加以归纳分析，做好详细的记录，并据此写出工作职务描述。

利用问卷法可以用较短的时间从较多的人员那里获得信息，这样员工回答问卷的时间较为宽裕，较少影响工作时间。结构化的问卷所得的结果可以用计算机处理、能对数据进行深入分析。这种方法不利的地方在于问卷的设计需要花费较多时间、人力和物力，费用较高，并且通过问卷只能了解到问卷设计好的问题，回答问题的人可能无法充分表达自己的看法。尤其是难以控制回答者的意愿，如果填写者不认真填写，将严重影响结果的可信度。以下介绍两种常用的工作分析问卷。

1）职位分析问卷。职位分析问卷（position analysis questionnaire，PAQ）是目前最普遍和流行的人员导向职务分析系统。它是 1972 年由普渡大学教授麦考密克（McCormick）、詹纳雷特（Jeanneret）和米查姆（Mecham）设计开发的。2005 年改进的 PAQ 包含 300 个项目，这 300 个项目用来分析完成工作过程中员工活动的特征（工作元素），所有的项目被划分为 8 个维度，每个维度又包含若干小类，见表 9-2。

表 9-2　PAQ 的 8 个维度及包含的小类

维度	小类
监督管理职责	领导能力、监督与管理范围、协调活动
工作环境	工作场所的多元化（语言、文化多元化环境），职位的级别和影响，在组织中的地位、责任、责任等级
认知技能和能力要求	心理知识和理解、文字与数学能力、心理调整和适应能力
与人工作要求	个人与社会方面的概况、必要的沟通、口头沟通、书面沟通、其他形式的沟通、个人沟通与人际关系、工作所需的人员交往类型

（续）

维度	小类
信息和数据要求	信息与数据概要、工作信息可视化/非可视化来源、感知觉、信息的评估、信息系统、信息加工活动
工作输出	工作输出概要、手持工具的使用，其他手持装置的使用，固定装置的使用、设备上控制装置的使用、运输设备和可移动设备、手工作业
身体要求	全身性的活动对力量的要求、对身体的位置与姿态的要求、操作与协调作业、户外体力活动条件、物理危害、其他体力任务、工作时间
更高分析所需的要求	工资或收入、天赋、兴趣和对成就的感受

2）管理人员职务描述问卷。管理人员职务描述问卷（management position description questionnaire，MPDQ）是专门针对管理职位和督导职位的管理人员而设计的工作分析系统，是所有工作分析系统中最有针对性的一种系统。MPDQ是一种结构化的工作分析问卷，由任职人员自己完成，能够提供关于管理职位的多种信息。

问卷中一般信息部分包括：任职者的姓名、头衔和该工作的职能范围、人力资源管理职责、财务职责、下属的数量与类型、每年可支配的财政预算等。问卷中工作信息部分包括工作的三个因子，即管理工作因子、管理绩效因子和工作评价因子。管理工作因子可用于描述管理工作内容，区分不同管理工作，包括：决策、计划与组织、行政、控制、督导、咨询与创新、协作、表现力、商业监测指标；管理绩效因子可用于反映管理工作者的绩效，也可用于确定培训需求，包括：工作管理、商业计划、解决问题、制定决策、沟通、客户/公众关系、人力资源开发、人力资源管理、组织支持和专业知识；工作评价因子用来评价管理类工作的相对价值，即用来衡量某一管理工作（职位）相对其他工作（职位）而言对组织的贡献度，也可用于薪酬的确定，包括：制定决策、解决问题的能力、组织影响力、人力资源管理职能、知识经验和技能等。

（2）访谈法

访谈法又称面谈法，是一种应用最为广泛的职务分析方法。它是指工作分析人员就某一职务或者职位面对面地询问任职者、主管、专家等人对工作的意见和看法。在一般情况下，应用访谈法时可以以标准化的访谈格式做记录，目的是便于控制访谈内容及对同一职务不同任职者的回答相互比较。

通过深度访谈能了解到管理工作中较深层次的内容，如工作态度、工作动机、目标达成的实际过程与理想过程的差异等。成功的访谈首先需要建立起访谈者和被访者之间的良好关系，如信任、坦诚等，才能收集到有用的信息。另外，访谈法因为面对面直接说出自己的观点，可能会增加被访谈者的压力而使他们回避一些重要的问题。因此，运用访谈法应遵循以下几点原则：①所提问题应当是与职务分析的目的有关的问题，访谈内容不能涉及被谈话人的隐私；②所提问题应表达清楚、含义准确，避免使用生僻的专业词汇，便于被访者的理解；③所提问题应符合被访谈者的知识经验范围，不应有超出其职务范围的问题；④访谈者的态度应当中立，不要流露出对某一岗位薪酬的特殊兴趣，也不要对工作方法与组织的改进提出任何批评与建议，更不应对被访者提供的信息进行评价和争论。

访谈一般围绕以下几项核心问题展开：主要工作职责，特殊的工作环境，需要具备的教育程度、专业知识、工作经验和特殊技能，必须达到的目标，在工作中可能会受到的身体伤害及预防措施。访谈者可围绕这些问题对被访谈者进行细致深入的访谈，以便形成对该职务全面、客观的描述。

（3）专家评价法

专家评价法是召集对某项职务有深入了解的人员组成专家小组，对某项职务所需的各项要素或人员特征进行分析，在综合处理专家意见的基础上，形成对该项职务的说明。工作要素法和临界特质分析系统是目前常用的两种团体分析法。

1）工作要素法。工作要素法（job element method，JEM）是由普里默夫（Primoff）开发的一种开放式的、人员导向性的工作分析系统。工作要素是指影响工作者成功完成工作所需的人员特征。

该方法将工作要素分解为不能继续分解的最小活动单位，由主题专家组对工作的要素进行分析。主题专家组首先对收集到的最小的工作要素按内涵进行整合，再将相近的放在一个类别中，在小类别中再形成更高的类别，最终形成工作类属清单。不同的职务在最高级别的工作要素上都包括知识、技术、能力、愿望、兴趣和个性等，但不同的职务在较低级别的要素上可能会有较大的差异。通过比较不同职务在这些较低要素上的差异或通过分析这些要素在不同员工身上表现出的差异，人力资源管理者可以区分出哪些要素是任职者必须具备的，哪些要素能够区分出优秀员工，从而用于员工任职资格的审查、人员的选拔和人员培训，还可以用于评估可能出现的问题，进而及时做出应对或改正。

2）临界特质分析系统。临界特质分析系统（threshold traits analysis system，TTAS）是一个完全以个人特质为导向的工作分析系统。该系统将人们为了基本完成和高效完成某类工作分别至少需要具备的特质分为五类：身体特质、智力特质、学识特质、动机特质和社交特质。

分析团队从等级、权重、实用性三个方面分别对这些特质用量化的方式进行评价。"等级"表示的是某项特质的复杂度要求或者强度要求，分为0、1、2、3共4个等级，等级越低，表示工作任务越明确、越简单。"权重"从重要性和独特性两方面评价该特质对目标工作达到一般或优秀工作绩效的影响程度，用重要性评分和独特性评分的乘积表示。重要性评分为"0"，表示这项特质对完成目标工作职能不重要，评分为"1"，表示很重要。独特性评分为"0"，表示对该特质的要求仅为0等级，独特性评分为"1"，表示对该特质的要求达到1、2或3等级。"实用性"指对某工作而言，要任职者达到该工作需要的等级是否具备可行性。实用性评分为"0"，表示预计低于1%的比例的求职者能达到该特质等级，该特质不实用；实用性评分为"1"，表示预计1%～10%的比例的求职者能达到该特质等级，该特质基本不适用；实用性评分为"2"，表示预计高于10%的比例的求职者能达到该特质等级，那么该特质是实用的。该方法可以帮助人们分析某项特质对履行某一目标工作职能是否必要，是否对员工要求更高，是否可以区分绩效不同的员工。

（4）关键事件法

关键事件法（critical incident method，CIM）是由美国学者弗拉纳根和伯恩斯提出的，它仅通过收集工作中的"关键事件"用于职务分析，大大减少了工作分析的工作量。关键事件是指那些使工作成功或失败的行为特征或事件。

关键事件法要求主管通过平时的观察或书面记录员工所做的事、有关工作成败的关键事件。对每一事件的描述内容，包括：情境（situation），导致事件发生的原因和背景；目标（target），为什么要做这件事；行动（action），员工采取了什么行动；后果（result），这个行动获得了什么结果。这四项连在一起就是 STAR，因此，也称星星法。

关键事件法的优点是工作分析建立在实际事件的基础上，对于员工绩效考核和培训都提供了可参考的实例，并且反映了关键行为的始末，考虑了职务的动态特点和静态特点。缺点在于忽略了个体的平均绩效，特别有效或特别无效的行为可能对情境的依赖性大于工作本身的特性，使结果的推广受到影响。

9.2.2 人员选拔

在对工作充分了解的基础上，管理者还应有相应的办法从众多的应聘者中选出符合岗位要求的人员，达到人职匹配，从而最大限度地发挥人的效能，这也是减少因不适应而造成的人因事故的一种预防性措施。

1. 人员选拔前的准备

（1）制订计划

选拔工作人员包括一系列相互联系的工作，这些工作必须有计划地进行。组织做出选招工作人员的决策后，首先要制订计划，规定以下各方面的内容：①确定人员选拔的职务及需要选拔的人数；②依据工作分析明确人员必须具备的要求，如身体状况、学历要求、性格特点、技能水平、心理素质、安全知识情况、安全管理能力和人际交往能力等；③确定选拔工作开始和完成的时间；④确定执行选拔工作的人员；⑤确定选拔应征者的程序；⑥确定经费预算及来源。

（2）信息沟通

人员选拔是否能顺利完成，首先需要选拔单位和求职者寻找或创造与对方相遇的机会，其次要设法使对方了解自己的需求和能够提供的条件。双方都需要依靠信息媒介进行沟通。因此人员选拔单位在制订选拔工作计划后就应及时利用网络等信息媒介，发布选招通知，求职者向选拔单位提供个人信息。

2. 人员选拔的一般程序

在选拔信息发出，有求职者报名后，就应开始进行选拔工作。从求职者中选出称职的人员，一般需要经历以下过程。

1）审查求职者的资料。以工作分析中确定的任职者应具备的个体身心素质条件作参照，对求职者提供的求职申请表、推荐书及个人履历等资料进行审查。有些工作还需要对求职者进行常规的或特殊的体格检查。通过这个审查，对求职者进行初步筛选，排除明显不符合要求的求职者。

2）对求职者进行测量。使用谈话、问卷、测验等方法对通过初步筛选的求职者进行测量。问卷和测验量表应是经过信度、效度检验而符合要求的。

3）确定录用标准。求职者的资料与测量结果必然是参差不齐的，因此要有一个录取标准。根据标准择优录用，是人员选拔工作的一条重要原则。标准定高还是定低，要看求职者人数多少和测量分数的分布情形。求职者多，就可把标准定得高一些。当测量分数普遍较高时，也可把标准定得高一些。

4）试用及选拔效度检验。人员选拔过程，一般都是到录用这一阶段为止。但实际上选拔工作还没有完成。因为人员选用的目的是要达到人职良好的匹配。因此，人员录用后，还要进一步考查被录用的人员是否真正能够胜任工作。也就是说，被选中的人还需要经历试用阶段。

3. 人员选拔决策

（1）人员选拔的效用问题

心理测量被广泛应用于各种人力资源管理活动，被证明是一种有效的人员选拔方式。但不是所有的选拔方式都有效，也就是说有些选拔方式未能有效预测员工未来的工作绩效，选拔效果不佳。

选拔的效用可以用信号检测理论的概念来类比说明。

信号检测理论（signal detection theory，SDT）假定所检测的信号的实际状态只有两类：有或无，即有信号或无信号。检测者的任务就是在存在噪声的背景下，检测微弱信号是否存在。因此，检测结果也可划分为两类：是或否，即检测到信号或没有检测到信号、只有噪声。结合信号实际的两种情况和检测的两种结果，就可以组合出四种检测事件：击中、虚报、漏报和正确拒绝，如图9-2所示。

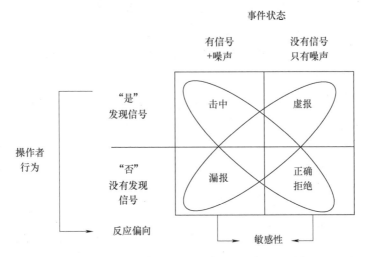

图 9-2 四种检测事件：击中、虚报、漏报和正确拒绝

选拔人员就如同信号检测，击中就是将合适的人员从众多应聘者中选出，雇用了合格的

人；漏报则是未能把合适的人员选出来，没有雇用到合格的人；虚报就是选中了不合格或不合适的人；没有选择不合适的人称为正确拒绝。

增加击中率、减少漏报率显然是人员选拔的目标，这个问题取决于两个因素：一是反应敏感性，二是反应偏向。反应敏感性是对检测工具的要求，在人员选拔中就是对选拔方法的要求。好的选拔方法、科学的测量工具对符合工作所需的特征有更高的检测能力，也就是能很好地区分合适的人选和不合适的人选在测量结果上的差异。反应偏向则是对测量标准的要求，在人员选拔中，这个因素表现于工作分析对人员要求所做的分析和确定的标准，标准低，则有可能增加误报，雇用到不合适的人员，这意味着该员工未来较差的安全绩效，会增加组织的事故风险；标准过高或过窄，则有可能增加漏报，雇用不到合适的人，这不仅是对未来绩效的损失，也意味着不公平的就业机会。

（2）人员选拔的决策方法

人员选拔决策随职务要求和测量数据量的多少而不同。假使某种职务只要求选用具有某种能力的人员，决策过程就比较简单，主要根据求职者此项素质能力测量分数的高低做决策。假使职务要求任职人员具有多种素质能力，并对求职者进行相应的多项测量，每个求职者都获得了多项不同的测量分数，这种情况下，可根据不同情况采用适合的决策方法。

1）复合分数法。复合分数法是把多种测量结合在一起求其与效标的关系，为选人决策提供依据的方法。复合分数法又有几种算法，包括多重相关法、多元回归法等。这些方法的运用过程中，需要专家评定各项测量的权重，有赖于专家的经验与主观的判断。

2）多项截止法。在某些工作中，任职者的某些身心素质要求不能互相补偿，如选拔瓦斯检查员，求职者只要患色盲或平衡觉严重障碍，不管其他素质如何优秀都不能入选。那么人员选拔决策中不能一开始就采用多元回归方法，而应先采用单项或多项截止法（multiple cut off），把那些有任何一项测量低于截止点分数的求职者排除在外。这种方法不需任何计算，易于操作。但有两个问题要注意：一是要为每项测量确立一个截止点分数，并要为确立截止点找依据；二是这种方法只能确定可供选择的求职者范围，而无法为确定优先选择对象提供决策依据。因此，在录用求职者时，最好把多项截止法与多元回归法或单位权重法结合起来，先采用多项截止法把不符合要求的求职者筛选掉，然后采用多元回归法或单位权重法计算剩下的求职者的复合分数。这样就能较好地做出人员选拔的决策。

3）多重筛选法。多重筛选法（multiple hurdle）是把预测因素排成一定的顺序，把筛选过程分成若干阶段，分步筛选求职者的方法。需要经过较长时间和较为复杂的培训后才能做出录用决策的工作，最适合采用这种方法。如选拔安全员等特殊要求的人员时，往往需要采用这种方法。使用这种方法一般是对求职者进行初选，先筛掉那些明显不符合要求的求职者。对留下来的求职者做进一步筛选。多重筛选有两种做法：一是分阶段逐步测定与评价，每一步淘汰一部分人，最后留下每一步审查都通过的求职者；二是确定测量高、低分截止点，高分者录用，低分者筛去，剩下的被暂时接受，经过一定培训后再做进一步筛选。使用多重筛选法的主要优点是用人者可以更有把握地选择到符合要求的人员。

9.2.3　确定工作负荷

在进行生产劳动时，参与工作的每个人都要承担一定的工作量。工作负荷就是指人体在单位时间内承受的工作量，是劳动者工作条件的一个指标，与劳动者的健康、收益和工作态度相关，也是人机系统设计的重要依据。如果工作超过人的能力限度，出现超负荷的情形，就会导致工作压力增加、作业效绩下降、事故或差错发生率增加；在监视、监控作业中，如果信息呈现速度超出人的通道容量，就会出现漏报、误报或反应延迟等情况。长期如此，会损害劳动者的身心健康。如果工作负荷远低于人的能力，劳动者就会因缺乏刺激而降低工作效率，出现差错，还会因工作绩效不高影响收益。

1. 工作负荷的类型

工作负荷可分为体力工作负荷和心理工作负荷两类。

体力工作负荷是指单位时间内人体承受的体力活动工作量，包括动态肌肉用力的工作负荷和静态肌肉用力的工作负荷。如果体力工作负荷过大，就很容易引起劳动者动作姿势的变形；由于精力消耗过大，容易过度疲劳，对环境中的突发情况难以做出及时正确的反应，导致工作的安全性下降，出现差错和事故。由于每个人的体力所能承受的劳动强度不同，所以相同强度的工作对不同体质的人来说体力负荷是不同的，这点在进行人职匹配时应当考虑。

心理工作负荷是指单位时间内人体承受的心理活动工作量，主要反映在监视、监控、决策等不需要明显体力的工作职务中。心理工作负荷取决于工作的单调程度、工作速度、工作要求的精密度、工作要求决策的反应机敏程度、工作要求注意力的集中程度及持续时间、工作的后果。心理工作负荷较高的任务，如飞行器驾驶、军事指挥、核能工厂的操作、医学麻醉、编写计算机程序、科学研究等。加拿大的一项调查表明，超过 1/4 的经理人和医务人员感到自己不能承受工作负荷而承受压力。出现这种情况，个体能力并不是主要的原因，而在于这些工作除对能力的要求外，还要求个体付出大量的时间来完成工作，要在比别人更多的时间里从事更多超出自己能力范围的工作，其承受的心理压力之大是显然的。

2. 工作负荷的效应

无论是体力工作负荷还是心理工作负荷，与个体能力不匹配，就会使个体处于压力状态，对劳动者的身心和行为绩效产生影响。但由于产生负荷的原因不同，体力工作负荷和心理工作负荷对人的影响有不同的表现，人们对两者的测量方式也不同。

3. 体力工作负荷

（1）体力工作负荷的效应及测量

体力工作负荷对人生理方面的影响是全方位的。随着工作负荷的增加，人体的氧运输系统活动水平会提高，出现呼吸加剧、血压升高、体内多种物质（如乳酸、蛋白质、代谢酶等）的含量发生变化，人体内环境的平衡遭受破坏，严重者使人体各系统功能出现衰竭。因此，对从事体力工作负荷高的员工进行工作负荷监测是职业安全与卫生工作的重要内容。

1）生理效应及测量。体力工作负荷导致的生理效应主要从人的呼吸和血液系统的工作状态进行考察。考察的指标有工作阶段的吸氧量、肺通气量和心率，恢复阶段的氧债和恢复心率，以及肌肉活动产生的肌电。

工作状态生理效应测量指标包括吸氧量、肺通气量和心率。吸氧量是指单位时间内人体所吸收的氧气数量；肺通气量是指单位时间内人体呼吸气体交换的次数；心率是指单位时间内心跳的次数。这三个指标是相互联系的，且都与工作负荷大小关系密切。人体工作时需要氧的消耗，体力工作负荷增大时，吸氧量就增大，所需要呼吸的次数就会增加。氧的运输又依靠以心脏为动力的血液循环来实现，吸氧量增加就需要心的输出量和心率提高。在实际工作中，心率的测量更容易实现。因此，在上述三个指标中，心率是最便捷、常用的对体力工作负荷的测量指标。在运动中，如果要达到一定的锻炼效果，每次运动心率就应达到一定的值，这个值一般计算方法为：（220-年龄）×60%，为了不损伤身体，最高心率不宜超过由（220-年龄）×80%计算得到的数值。当心率在这两个值之间时，人体代谢为有氧代谢。在此状态下，人体代谢物主要成分是水和二氧化碳，可以很容易地通过呼吸输出体外，对人体是无害的。

恢复期生理效应测量指标包括氧债和恢复心率。体力工作负荷高时，需要对氧债和恢复心率进行监测。氧债是指负荷停止后，氧气的吸入量不能立即恢复到安静水平，需要额外的氧来偿还体力负荷过程中亏缺的氧。氧债的大小等于恢复期内总吸氧量减去恢复期内的总安静吸氧量。当体力负荷强度较高时，氧需求量大，氧气供应欠缺，人体内的糖分来不及分解，而不得不依靠"无氧供能"，会出现无氧代谢。导致无氧代谢的运动通常是速度过快、爆发力过猛的运动。运动过后，会出现肌肉酸痛，呼吸急促等现象。氧债累积时间越长、程度越严重，对人体的危害就越大，甚者可能会导致人体内脏器官功能的衰竭。负荷结束后，由于氧债的存在，心率也不可能立即恢复到安静心率，这时的心率称为恢复心率。心率恢复状况常用心率恢复率来表示。心率恢复率为负荷心率和恢复心率之差与负荷心率和安静心率之差的比值。随着体力工作负荷的增加，心率恢复率降低，随着恢复时间的延长，心率恢复率逐渐升高。运动后恢复到安静心率时间延长，表示运动所致疲劳程度增加。

还可用肌电测量反映体力工作负荷。工作负荷水平的变化还明显影响到人体肌肉的电活动。在静态肌肉工作负荷情况下，肌肉轻度用力会在肌电图上出现孤立的、有一定间隔和一定频率的单个运动单位电位，并且电位较低，为单纯相；肌肉中等用力时，肌电图上有些区域电位密集，不能分离出单个运动单位电位，而有些区域仍可见到单个运动单位电位，为混合相；当肌肉进行强烈收缩时，肌电图上不同频率和波幅的运动单位电位相互重叠，无法分辨单个电位，为干扰相。

2）生化效应及测量。高体力工作负荷持续时间较长，还会引起人体内部各种生化物质含量的变化，通过对这些生化物质的测量也可以反映工作负荷的大小。例如，在无氧运动中，通过无氧代谢产生非乳酸能和乳酸能，为运动提供能量，并在血液中形成乳酸代谢物。在渐增负荷运动中，血乳酸浓度随运动负荷的递增而增加，当运动强度达到某一负荷时，血乳酸出现急剧增加，这个增加点（乳酸拐点）称为"乳酸阈"，反映了机体的代谢方式由有氧代谢为主过渡到无氧代谢为主。乳酸阈值越高，其有氧工作能力越强，在同样的渐增负荷运动中动用乳酸供能越晚，即在较高的运动负荷时，可以最大限度地利用有氧代谢而不过早地积累乳酸。个体在渐增负荷中乳酸拐点为"个体乳酸阈"，个体乳酸阈能客观和准确地反映机体有氧工作能力的高低。除乳酸外，随着工作负荷的增加，会发生变化的生化物质还有尿液中的蛋白质含量和代谢酶的活性。

3）心理效应及测量。在承受体力工作负荷过程中，劳动者会产生疲劳感、肌肉酸痛感、沉重感等各种主观感受，可以看作体力工作负荷导致的心理效应。

心理效应主要通过各种工作负荷的主观评定量表来测量。目前常用的重要量表有博格（Borg）的"自我感知的劳累评价量表"（简称博格量表）。博格量表用 6 到 20 范围内不同分数表示负荷的程度变化，其中，"7"表示"非常非常轻"，"9"表示"非常轻"，"11"表示"比较轻"，"13"表示"有点儿重"，"15"表示"重"，"17"表示"非常重"，"19"表示"非常非常重"。该量表要求操作者根据承受负荷的主观体验进行估计。研究发现，博格量表分数与操作者负荷呈线性关系，并与劳动者的心率、吸氧量、肌电指标有较高的相关，博格评分值还能将不同动作的负荷较好地区分开来。

与博格"自我感知的劳累评价量表"相似的主观评定量表还有"100 毫米线"评定量表，即给操作者呈现一条 100mm 的线段，两端分别标示负荷"非常非常轻"与"非常非常重"，要求操作者根据主观体验在线段上选择相应位置。

4）行为效应及测量。体力负荷超出劳动者能力范围，会使劳动者的生理和心理发生变化，使操作者的操作效率和准确性降低，无法按照标准完成操作动作，产生事故的隐患。但工作负荷并不一定引发事故，工作负荷与事故的关系需要通过大样本的调查才能得出可靠的结论。

（2）体力工作负荷限制

人体承受的体力工作负荷过大，会对劳动者的生理、心理和行为都产生消极影响，因此需要对体力工作负荷进行限制，使人体负荷处于可接受范围。

一般情况下，人们把个体在正常环境下连续工作 8 小时且不发生过度疲劳的最大工作负荷称为最大可接受工作负荷水平，也称劳动强度的卫生限度。最大可接受工作负荷水平常用能耗量来表示。

4. 心理工作负荷及效应测量

心理工作负荷效应的测量是为了了解心理工作负荷的阈限，预测在特定环境下心理负荷工作能取得的成绩。心理工作负荷效应的测量方法包括生理效应测量（如心率、诱发电位）、行为效应测量，以及心理效应测量。

（1）生理效应测量。心理工作负荷引起的生理变化可以通过大脑诱发电位、瞳孔直径和心率变化来测量。大脑诱发电位是指在大脑受到特定刺激物作用时，在一般脑电图基础上出现的相对较大的电位波动，该电位波动的形式与刺激物的特性有密切关系。研究表明，随着主作业（听觉作业）难度增加，诱发电位的振幅出现系统下降。工作负荷对心率的影响主要表现在窦性心律不齐或心率变异下降，但平均心率不变化。此外，心理工作负荷的生理效应还可以从眼电、肌电、血压等方面测量。例如，研究发现，单纯对不规律音调的计数任务和伴以视觉监测的计数任务所引起的瞬时诱发电位 p300 的振幅相差显著。

（2）行为效应测量。行为效应测量是基于心理工作负荷的资源理论对心理工作负荷效应的测量。无论是单资源理论还是多资源理论，都认为工作要求超出资源供应限制是心理工作负荷的心理机制。随着操作难度增大，所需资源随之增大，剩余资源相应减少，心理工作负荷随之上升，导致操作绩效下降。因此，对心理工作负荷效应的行为效应就可以通过作业测量进行，也就是考察进行多项工作时，各项作业的完成情况。

通过不断改变作业的难度，然后测量每一次操作的绩效，就可以测量工作负荷情况，这种测量方法称为主作业测量。由于工作难度和资源使用并不是同步变化的，因此主作业测量难以确定操作难度、工作负荷和工作绩效之间的关系。

作业测量的另一种方式是辅助作业测量，即在从事主作业时，同时进行另一项辅助作业，通过测定辅助作业的绩效来评定主作业中的工作负荷状况。如果辅助操作作业绩效良好，就可以推论主作业工作负荷较低。常用的辅助作业有：节奏性敲击作业，可用手指敲击时间间隔的变异来反映主作业的工作负荷；随机数呈现作业，随着主作业工作负荷的增加，被试者提出的"随机数"的随机程度将下降。

（3）心理效应测量。

各种有关心理工作负荷的心理效应测量的基础都来自被试者对任务难度的直接估计。前面介绍的博格的"自我感知的劳累评价量表"也可用于心理工作负荷的主观评价。另外，还有配对比较法。配对比较法呈现给被试者某一任务的所有可能的难度，并将这些难度配对，然后要求被试者判断一对儿刺激中哪个更困难，这样可以得到某一个难度与其他所有难度相比的结果。

最初用于飞行员工作负荷的 Cooper-Harper 量表经修订后也用于其他心理工作负荷的测量。该量表根据操作者对工作中存在的困难的判断将心理工作负荷分为 10 个等级，等级越高，工作难度越高。具体操作流程及心理工作负荷分级如图 9-3 所示。

SWAT 量表则是从时间负荷、心理努力负荷和压力负荷三个维度对劳动者自我感知的心理工作负荷进行测量，将心理工作负荷分为三个等级，见表 9-3。

表 9-3　SWAT 量表

负荷程度	时间负荷	心理努力负荷	压力负荷
低负荷	经常有空余时间，工作行为间的干扰或重叠很少	几乎不需要有意识的心理努力来集中注意；行为基本上是自动的	不存在混乱、危险、挫折或焦虑，容易适应
中等负荷	偶尔有空余时间。不同工作行为间有时会出现干扰或重叠	需要适中的有意识的心理努力或专注；因不确定性、不熟悉而产生的行为的复杂性适中；需要一定的注意集中	因混乱、挫折或焦虑导致的压力负荷适中。要令人满意地完成任务需要明显的补偿
高负荷	几乎从无工作空闲。行为间总是出现干扰或重叠	需要广泛的心理努力和专注。行为非常复杂，需要全部注意集中	混乱、挫折或焦虑而导致的压力负荷程度高而强烈。需要极高的果断性和自我控制力

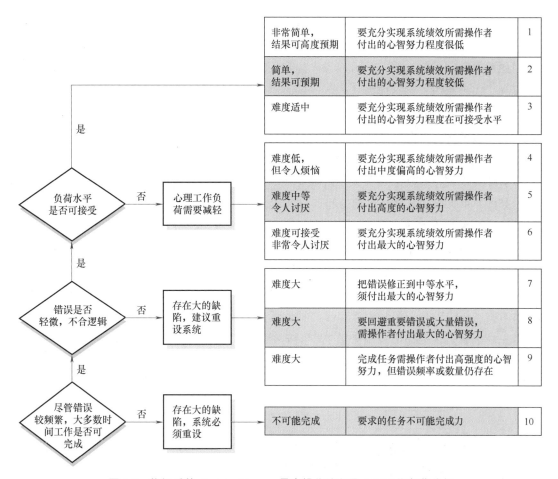

图 9-3　修订后的 Cooper-Harper 量表操作流程及心理工作负荷分级

资料来源：https://skybrary.aero/articles/modified-cooper-harper-scale-mch。

9.3　安全动机的激发

安全管理者通常重视对人员进行安全培训，以提高其安全认知水平和安全操作技能，重视建立一套规章制度，以约束和规范人员的行为，但往往忽略员工对这些培训与规章制度的内在需求，忽略员工将这些外部的知识和约束转化为个体行动的内在力量，使安全管理缺乏有效性。因此，如何将员工"要我安全"这种被动的安全遵守行为转变为"我要安全"这种主动的安全发起行为，成为安全管理研究的热点和安全管理实践的难点。要解决这一问题，要知道个体某种行为的出现受到哪些力量的推动，这些力量是怎样产生的，这就是心理学关于动机和激励的研究所关心的问题。

9.3.1　激励的基本过程

1. 激励的两种定义

什么是激励？美国管理学家贝雷尔森（Berelson）和斯坦尼尔（Steiner）认为"一切内

心要争取的条件、希望、愿望、动力都构成了对人的激励。它是人类活动的一种内心状态。"这时，激励是个体希望通过行动获得某种结果的欲望，是一种内在的心理动力。当有了这样的欲望和动力的时候，就可以说人得到了激励。管理者在实践中常常为了促使员工行为更有利于实现组织目标，而需要采取一定的手段来激发员工行动的欲望。管理者所采取的通过刺激员工需求、使其产生行动动机，并进而产生与组织目标一致的行为的一系列管理手段，也被称为激励。这时，激励是一种管理行为。

2. 激励的心理过程

对管理者来说，激励的过程就是处理好外部刺激与需要、动机、目标和行为之间的关系的过程如图 9-4 所示。需要是激励的起点与基础，是人们积极性的源泉和实质。被管理者的需要是由自身在相应方面的匮乏状态而引起的，但某些匮乏在一定的条件下并不清晰地被个体体验，不会产生当下采取行动去填补该匮乏状态的动机，如马斯洛认为较低层次的需要没有持续的、实质性的满足会影响较高层次的需要对行为的推动作用。需要的产生除了主体层次性的递进外，也会是由于受外部刺激的影响。例如一些回报率较高的抽奖活动可以临时激发主体对奖品需求的体验，从而产生参与抽奖活动的动机。因此，在激励过程中，组织所要做的首先是了解员工的需要或刺激员工产生某种需要，激发他们行为的可能意愿。

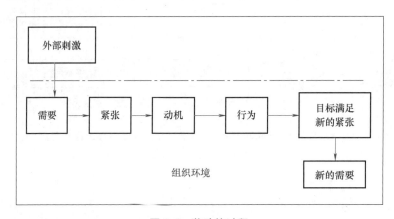

图 9-4 激励的过程

动机是激发、维持、引导行为的动力，是区别于外部刺激的一种心理过程。某些外部刺激可以直接引起某种行为，如听到某种声音，人会做出定向反应，将注意指向该声音，并伴随外部动作，头会转向声音来源的地方。但并不是所有外部刺激或内部需要都能直接引发人特定的行为，如人看到食物的时候并不都会产生进食的行为，甚至在感到饥饿，需要进食的时候看到食物，也不一定进食。在他做出进食或不进食的决定前，会经历一些心理活动，如判断自己对这个物品是否有支配权，或者考虑这个食物是否符合自己的口味，甚至考虑现在进食是否有违某种禁忌等。这些因素是需要以外的影响行为的原因，也是决定行为动机的因素。动机是一系列认知评价、归因判断、情绪体验的结果。因此，管理者在研究被管理者需求的同时，还应研究被管理者产生满足这种需求的内在心理条件，通过设计适当的条件，促进员工将某种需要转化为具体行动的动机，也就是当管理者设计的这些条件符合被管理者对采取行为的内在解释和体验时，才有可能促使被管理者采取实际行动去满足其需要。当然，管理者激励的目标首先是组织目标的实现，但只有组织目标与员工个体目标相一致时，才能最大限度地增强激励的效果。单纯强调组织目标而忽略个人目标，甚至将组织目标的实现和个人目标对立起来的管理手段，都不可能起到激励的作用。被管理者在个人目标实现、需求得到满足这一结果的刺激下，会产生新一阶段的需要，形成激励的循环。

9.3.2　激励理论与安全动机激发

对激励的研究，主要可以分为对激励内容的研究理论和对激励过程的研究理论。从不同的激励理论出发，安全动机激发的措施和手段不同。

1. 内容型激励理论

激励的起点是人的需要，内容型激励理论重在阐述人有哪些需要，哪些需要的满足能激发工作的积极性。

（1）马斯洛需求层次理论

马斯洛提出的需求层次理论是很多需求理论研究的基础。他认为人作为一个有机整体，具有多种需要，包括生理的需要、安全的需要、归属与爱的需要、尊重的需要和自我实现的需要，这些需要对人的影响并不处在同一个水平上，而是有高低层次之分。

在上述五种需要中，生理的需要随着生物进化对人的行为的影响逐渐变弱，被称为低层次的需要，而归属与爱的需要、尊重的需要、自我实现的需要随生物进化而逐渐显现的潜能或需要，对人的行为影响逐渐增强，这类需要被称为高级需要。每个个体都潜藏着这五种不同层次的需要，但在不同的时期表现出来的各种需要的迫切程度是不同的，人的最迫切的需要、没有得到满足的需要才是激励人行动的主要原因和动力。因此，我们不难理解，尽管安全需要也是人的一种基本需要，但如果当前情境下，一些重要的生理需要得不到满足，安全需要的作用就会暂时减弱。例如，在煤矿等高危作业环境中，时常有在工作时间、在巷道里、在机械设备上、在禁入区睡觉的工人，他们因为极度疲倦，对睡眠的极度渴求已经使他们无法清楚地意识身边的危险；在某些作业条件较好、伤害不常发生的工作场所，劳动者的安全需要基本得到满足，这时劳动者即使在认知上了解事故及伤害发生的偶然性，但依然因缺乏紧迫的安全需要而出现违反劳动纪律的行为。这时外部的监管就显得十分重要。

（2）赫茨伯格的双因素理论

赫茨伯格认为人们在工作中体验的满意感和他们的工作积极性之间存在着微妙的关系。20 世纪 50 年代末期，他和同事对匹兹堡附近一些工商业机构的约 200 位专业人士做了一次调查。在调查访问后，他发现，使职工感到满意的都属于工作本身或工作内容方面的；使职工感到不满的，都是属于工作环境或工作条件方面的。他把前者叫作激励因素，后者叫作保健因素。由此，他指出满意和不满意并非共存于单一的连续体中，并不是连续体的两端，而是两种不同性质的态度。满意的对立面是没有满意，但不是不满意，不满意的对立面是没有不满意，但不意味着满意。

只有令人满意的因素才能激发人的积极性，成为激励因素。激励因素包括工作本身、工作带来的成就、挑战性的工作、增加的工作责任，以及成长和发展的机会等，这些因素和工作内容相关，和自身对工作的内在感受有关，且多数与员工的积极情绪相关。组织中存在激励因素能激发员工的满意感，从而做出更多的组织承诺和促进组织目标实现的行动。

消除令人不满意的因素是维持正常工作所必需的，因为这些因素的满足可以避免员工的消极惰怠行为，但不一定激发其工作的积极性，但这些因素一旦得不到满足，就会引发员工的不满情绪。保健因素包括公司政策、管理措施和管理方式、技术监督、上级的监管、人际关系、物质工作条件、工资、福利等，这些因素与工作的氛围和环境有关。也就是说，对工作和工作本身而言，这些因素是外在的。

尽管赫茨伯格的理论受到一定的批评，但也为管理实践提出了新思路。传统的工作激励重在满足员工的物质需要。物质需要的满足是必要的，没有它会导致不满，但是即使获得满足，它的作用也是很有限的、不能持久的。特别是在人们的物质需要基本得到满足的社会，要调动人的积极性，不仅要注意物质利益和工作条件的改善，更重要的是要注意在工作中通过搭建成长、发展、晋升的平台使员工能体验到成就感，通过鼓励和赞美提供精神的动力，而这些都是员工内心的动力。为此，组织必须有对绩效的有效考核机制和奖励机制，和员工的内在需要相结合，从而影响员工的积极性。

通过满足人的需要激发人的工作动机要注意以下几点：

1）人的需要具有差异性。也有针对赫茨伯格的研究指出不同职业和不同阶层的人，对激励因素和保健因素的反应是各不相同的。许多行为科学家认为，不论是有关工作环境的因素还是工作内容的因素，都可能产生激励作用，而不仅是使职工感到满足或消除不满。因此，激励要有针对性。

2）人的需要具有变化性。人的需要随着人的成长、生活的变迁和原有需要的满足而不断变化。需要是动态发展的，影响因素较多。按照马斯洛的需求层次理论，较低层次的需要得到满足后，人会产生满足更高层次需要的动机。因此，针对同一个体的激励不能总是一成不变。

3）未满足的需要更具有激励作用。人的某种需要一旦得到满足，精神上的紧张就会消除，对与满足该需要相关的事物或活动的注意力会下降，失去动力。只有没有得到满足的需要才会转化为行为动机，对行为具有推动力。因此，激励要适时、适度。

4）同一类需要可以通过不同的方式得到满足，如对物质的需要，可以通过工资、奖金等满足，也可以通过增加公共福利、减少家庭开支而满足。因此，激励的形式应该是多样的，单一形式的激励，特别是外部激励，会随着人们对相应刺激的适应而使产生同等满意程度的阈值不断升高，从而失去激励作用。

2. 过程型激励理论

过程型激励理论强调人是怎样受到激励的，这通常涉及人对相应的激励物或激励制度的认知评价。

（1）期望理论

美国心理学家维克托·弗鲁姆（Victor Vroom）在其著作《工作与激励》中提出了激励

的期望理论。该理论认为组织具有帮助人们达成自己目标、满足自己某些方面需要的能力，因此可以通过设置一定的条件来影响人的行为。这些条件通常是以满足组织目标为核心的，促使员工将满足个人需要和满足组织要求结合起来，在实现个人目标的过程中实现组织目标。什么样的条件能激发员工为此而行动呢？弗鲁姆认为，人是理性的人，人们对某项工作积极性的高低取决于他们既定的信仰和对结果的预测，也就是该行动的效价值与达成该目标并得到某种结果的期望概率，可用公式表示如下：

$$M = V \times E \tag{9-1}$$

式中　　M（motivation）——激励力量，是直接推动或使人们采取某一行动的内驱力，是调动一个人的积极性、激发出人的潜力的强度；

　　　　V（valence）——目标效价，是指为满足某种需要必须达到的绩效水平所能带来的效果对个体的吸引力的大小，它反映个人对某一成果或奖酬的重视与渴望程度；

　　E（expectancy）——期望值，是对通过自己的努力和行动能达成目标的可能性或概率大小的估计。

激励的过程如图 9-5 所示。

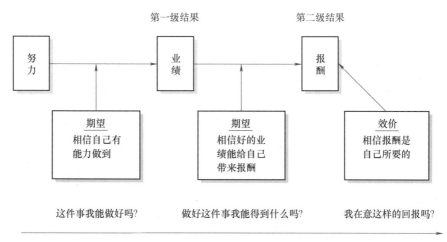

图 9-5　期望理论的激励过程

显然，只有当人们对某一行动结果的效价和期望值同时处于较高水平时，才有可能产生强大的激励作用。因此，运用期望理论激发员工的积极性，需解决好三个方面的问题：

第一，个人努力和工作绩效之间的关系。一方面，工作绩效是否达到组织要求，取决于组织对目标的设定和行为结果的评价，因此组织在鼓励员工争取高水平的工作绩效的同时，也应制定切合实际的目标，并通过培训等方式帮助员工实现目标，否则当个体认为目标太高，即使努力也无法完成时，就会对完成目标失去信心，失去内在的动力。另一方面，如果个人在绩效方面为自己设定了过高的目标，并对实现该目标期望值过高，也容易产生挫折，组织还应通过一定的宣传教育手段，适当控制员工的期望概率和实际概率，避免员工因盲

激励期望
理论的应用

目追求高激励失败而对激励制度产生怀疑或对自己的能力产生怀疑，失去受激励的可能性。

第二，工作绩效与奖励的关系。好的绩效应给予好的回报，无论是物质上还是精神上。因此，组织应建立并使员工了解组织的奖励制度，了解工作绩效和相应回报之间的关系，增强工作绩效与所得报酬之间的关联性。当员工确信可以通过一定的绩效获得合理的回报时，就可能产生工作的热情和积极性。

第三，奖励与需要之间的关系。奖励是组织管理的手段，通常奖励什么、怎么奖励是由组织决定的，但它不应仅仅是组织意愿的表示。相反，激励机制必须充分考虑员工的需要，并将提供的奖励与员工的需要结合起来。如果一个员工获得的组织奖励是自己并不需要的，或某方面的需要已经满足，那么这个奖励就不会对员工产生真正的激励作用。

（2）公平理论

公平理论又称社会比较理论，是美国行为科学家亚当斯（Adams）在《工人关于工资不公平的内心冲突同其生产率的关系》《工资不公平对工作质量的影响》《社会交换中的不公平》等著作中提出来的一种激励理论。该理论侧重于研究工资报酬分配的合理性、公平性及其对职工生产积极性的影响。

公平理论的基本观点是：当一个人做出了成绩并取得了报酬以后，他不仅关心自己的所得报酬的绝对量，而且关心自己所得报酬的相对量。因此，他要进行种种比较来确定自己所获报酬是否合理，比较的结果将直接影响今后工作的积极性。从某种意义上来说，动机的激发过程实际上是人与人进行比较，做出公平与否的判断，并据以指导行为的过程。

一种比较的方法是横向比较，即他要将自己与组织中其他人在双方的"报酬"（包括金钱、工作安排及获得的赏识等）与"投入"（包括教育程度，所做的努力，用于工作的时间、精力和其他无形损耗等）的比值之间做社会比较，只有相等时他才认为公平：

$$\frac{Op}{Ip} = \frac{Oc}{Ic} \tag{9-2}$$

式中　Op——自己对个人所获报酬的感觉；

　　　Oc——自己对他人所获报酬的感觉；

　　　Ip——自己对个人所做投入的感觉；

　　　Ic——自己对他人所做投入的感觉。

这种比较的结果并不总是两边相等，如果比较的结果是 $\frac{Op}{Ip} < \frac{Oc}{Ic}$ 时，即认为个人报酬与产出比小于他人报酬与产出比，就会产生不公平感，员工就可能要求增加自己的收入或减少自己今后的努力，减少到与比较对象相似的程度，来调整这种心理上的失衡感。当然，他也可能要求组织减少比较对象的收入或让其今后加大努力，或者另外再找他人作为比较对象、改变对他人的认识等，以便达到心理上的平衡。无论采取哪种方式，员工都不会产生受到激励的感觉。相反，由比较结果产生的委屈感、不公平感会成为其今后保持良好行为的阻力，降低其工作绩效。

如果比较的结果是 $\frac{Op}{Ip} > \frac{Oc}{Ic}$，员工内心也会产生不公平感，但这时主要是一种对对方的内疚感。为了消除这种内疚感，员工有可能调整自己的行为，如增加投入使自己的收入与投入相宜，或调整对自己的评价，如提高对自己投入的评价或将自己的高产出归因于运气等外因，以减少自己的不安。尽管，这种结果有可能带来员工更为积极的行动，但这种结果是不确定的，取决于个人的归因偏好，而且当组织中有人认为自己的收益产出比高于他人时，就会有人认为自己的收益产出比低于他人，这样就会产生不公平感。

除了横向比较之外，人们也经常做纵向比较，即把自己目前所获得报偿与目前投入的努力的比值，同自己过去所获报偿与过去投入的努力的比值进行比较。只有相等时他才认为公平：

$$\frac{Op}{Ip} = \frac{Oh}{Ih} \tag{9-3}$$

式中　Oh——自己对过去所获报酬的感觉；

　　　Ih——自己对个人过去投入的感觉。

当上式为不等式时，人就会有不公平的感觉，这可能导致工作积极性下降。不公平感的产生绝大多数是由于经过比较认为自己目前的报酬过低而产生的。公平本身是一个相当复杂的问题，其中存在多方面的原因：

第一，比较的基础往往基于个人的主观估计，而非客观数据。当个体进行比较时，所依据的主要是主观的估计，而缺乏对对方投入与收益的详细了解，而大多数人都倾向于对自己的投入估计过高，对别人的投入估计过低，因此在产出相同时往往得出不公正的结论。

第二，每个人对公平所持的标准不同。有人认为公平的分配是按需分配，有人认为是按劳分配，还有人认为是人人均等，这些标准本身存在巨大的矛盾，因此任何单一的奖酬制度都不可能同时符合所有人的观点。

第三，在多数情况下，产出是基于绩效的，但绩效的评定本身就是一个更为复杂的问题，不同的评定办法会得到不同的结果。现在普遍的做法是按工作成果的数量和质量，用可量化的指标来进行测量，尽量做到明确、客观、易于核实。但这种方法重结果、轻过程，员工的投入几乎被忽略不计，无法激励那些付出更多努力的员工。

第四，绩效的评定具有评价者效应，也就是说评定人不同可能会影响评定结果。每个评定者个性不同、所持公平观念和绩效评判标准不同、与被评定者的利益关系不同，绩效评定就有可能出现标准不一、回避矛盾、姑息迁就、固执成见等现象，从而失去其客观性。

尽管公平感是一个有很强的主观性的结果，可能带有个人的偏见，但它实实在在地影响着员工的态度和努力行为。《论语》中有"不患寡而患不均"，意思是不按一定的规则进行合理的分配，必然会引起不公现象，从而产生社会的混乱，强调分配制度的合理性。《韩非子·有度》也有类似的论点，其主旨也是强调政策的执行应严格分明，任何人都不应享有特权。可见，人们对公平的关心首先在于制度的公平，即分配规则、奖惩规则的合理性，其次在于制度或政策执行的公平，即在组织内同一条规则应适用于所有人，无论其职务高低、工龄长短等。特别是在安全管理中，某些高危行业为了杜绝违章行为，对违章行为一经发现，即予以严厉处罚。一旦处理出现不公平现象，如对特殊人员的包庇、从轻处理等，都会引起员工的不满和对相应管理制度的失望，使安全管理工作陷入窘境。因此，管理者应尽可能建立合理的绩效评价制度和合理的分配制度，并通过教育工作引导人们理性的公平观，使员工的主观评价更符合实际，这不仅能减少不公平体验，更能激发员工的积极性。

（3）目标设置理论

目标设置理论是美国马里兰大学管理学兼心理学教授洛克（Locke）于1967年提出的一种激励理论，已经成为当前工业与组织心理学、人力资源管理和组织行为学中被认为最有效且使用最广泛的一种管理理论。

1）目标激励的过程。什么是目标呢？"目标是我们意识中希望得到的东西"（洛克），或"活动的目的或靶子"（温伯克）。

洛克等在研究中发现，外来的刺激（如奖励、工作反馈、监督的压力）都是通过影响员工的目标进而影响其动机的。目标本身就具有激励作用，目标能把人的需要转变为动机，使人们的行为朝着一定的方向努力，并将自己的行为结果与既定的目标相对照，及时进行调整和修正，从而能实现目标。目标通过四种机制影响行为绩效：①目标引导注意和努力，使其指向目标行为而脱离非目标活动；②目标决定努力付出的多少，高目标比低目标要付出更多的努力；③目标影响行为的持久性，如果允许工作者控制工作时间，困难目标延长了努力时间，然而在平衡了工作时间和努力程度之后会缩短努力时间；④目标通过唤醒、发现、目标任务知识和策略的使用来间接地影响行为。

在个体受目标激励、从设定目标到完成目标的过程中，有众多因素影响着这一进程，包括目标的性质，任务复杂度、能力、自我效能、员工对目标的接受等。图9-6是洛克和莱瑟姆（Latham）目标设置与绩效模型的简化模型。

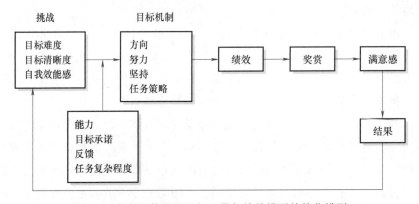

图9-6　洛克和莱瑟姆目标设置与绩效模型的简化模型

该模型把目标看作一种激励因素，人们在目标的引导下通过一定的努力、采取行动而产生绩效，并由此获得来自内部或外部的奖赏，带来内心的满意感。积极的结果带动人们接下来提出新的、更高的目标，从而也将自己的绩效水平提升到更高的层次。在实现目标的过程中，人们可能需要将目前的状态和目标反复比较，如果目前的水平还达不到目标的要求，就不会感到满足。但只要他们对目标做出了承诺，并相信通过努力可以达到目标，他们就会继续努力工作并实现目标。

2）目标设置的条件及对激励的影响。目标能否起到激励的作用，取决于目标设置是否得当。目标设置是指开发、协商和建立对个体形成挑战的目标的过程。在设置目标时，应考虑以下五方面因素：目标清晰度、目标难度、任务的复杂程度、对目标的承诺和反馈的可得性。

目标可以是模糊的，也可以是清晰的，但清晰的目标使人们更清楚要怎么做、要付出多大的努力。切斯利和洛克（Cheslley 和 Locke）发现，只有在使用了适宜策略的情况下，任务难度与被试者的绩效才显著相关。完成复杂的任务需要足够的时间，从设定目标到实现目标，复杂的任务需要更长的时间。员工需要更多的时间不断改进自己的方案和行动，组织也需要更多的时间在完成复杂的任务前对员工进行充分的培训，以使他们通过足够的学习和练习，掌握完成任务所需的知识和技能。当人们认为目标能够达到且有意义时，就会持之以恒地为目标努力，即实现对目标的承诺。

范·德·瓦雷（Van De Walle）专门就反馈的意义进行了研究，认为反馈和目标类型有关。成绩目标定向者把反馈看作对个人价值和能力水平的评价，注重他人评价和社会比较的结果，否定性反馈对他们无疑是沉重的打击，由于害怕暴露自身的不足，他们可能拒绝寻求反馈；而掌握目标定向者却把反馈看作取得进步，纠正错误，以及尝试用多种方法解决问题的途径。他们关注反馈具有的能改进成绩的信息价值，因而更愿意寻求反馈。

目标设置理论的核心是促进个体成功地实现目标，只有目标的实现才能对员工产生激励。因此，组织应充分考虑影响目标实现的各种因素，并帮助员工扫清那些影响他们成功的障碍。

3. 行为塑造理论

（1）行为主义视角的激励

激励理论认为是满意带来行为的激励，而行为主义认为是操作带来满意的结果。因此，直接用可控制的方法对人的行为而不是对看不见的意识进行研究，用以预测和控制人的行为是行为主义学派的基本立场。

在经历了华生（Watson）、桑代克（Thorndike）的早期研究后，斯金纳（Skinner）提出操作条件反射理论，将行为主义从理论和应用上都提高到了一个前所未有的水平。斯金纳运用一系列强化程序训练个体学会新的行为，因而其理论也被称为行为塑造理论。行为塑造理论严格讲不能称为激励理论，因为行为主义排斥一切内在的、主观存在的东西，包括需要、动机、情绪、人格等，而这些正是激励理论的基本内容。行为塑造理论通过运用奖励或惩罚来控制行为产生和消失的环境，从而控制行为出现的频率，并且对奖励的运用更甚于对惩罚的运用。因此，更多人愿意相信是这些奖励满足了人的某些需要，从而激发他们不断重复能带来奖励的行为，从而将行为塑造理论或强化理论也视作一种激励理论。在斯金纳看来，某种行为的习得，无非是学习者在自己的行为和行为结果之间建立了稳固的联系，由于某一特定行为结果的存在，而使相应的行为反复出现。所以即使是在行为主义理论当中，经典条件反射理论可简化为 S-R 模型，而操作条件发射理论则简化为 R-S 模型。

（2）行为塑造的基本过程

行为塑造模式的核心是"操作"和"强化"。在斯金纳的实验中，动物为任何目的进行的任何随机活动，都可以看作以某种方式对环境的"操作"，奖励这些活动即产生了操作条性反射，通过一次次的奖励，便可对动物的行为定型。

1）强化、正强化、负强化。在条件作用中，凡能使个体操作性反应频率增加的一切安排都称为"强化"，凡能增强某个反应发生概率的刺激物，叫作强化物。

在增加行为频率的强化中，存在两种情况：正强化和负强化。正强化是指该程序（刺激）的出现有助于反应频率的增加，如因加班而获得丰厚的奖金会导向更多的加班行为。负强化是指该程序（刺激）的消失有助于反应频率的增加，如在带有安全报警装置的汽车上，为消除令人烦恼的报警声，驾驶人会增加使用安全带行为，并将该行为固定为上车后的第一件事。

操作条件反射理论的基本概念

2）消退。经过强化形成的行为还是会发生变化的，随着对原先可接受的行为强化的撤销，该行为出现的频率就会下降，并逐渐消退，这称为消退。例如，某企业曾对职工加班加点完成生产定额给予奖酬，但长期加班活动严重损害了职工的健康，并成为事故的诱因，经研究该企业决定不再给加班行为予以奖酬，从而使职工的加班行为逐渐减少。

3）强化与惩罚。强化与惩罚有很大的不同。严格来说，惩罚并不属于强化。强化都是为了增加某种行为出现的频率，而惩罚是为了减少某种行为出现的频率。惩罚与负强化也是不同的。负强化是先提供一种令操作者不快的刺激物，操作者为了消除这种不快而出现预期的行为，它的目的仍然是建立一种预期的行为。惩罚是个体先表现出不符合预期的行为，为消除这种行为再次出现而对个体施加令其不快的刺激，中止不好的行为，目的是减少一种不被认可的行为，但不必然导致好的行为的出现，如果员工出现违反规章制度的行为而接受经济处罚或被通报批评，那么今后有可能习得违章时避免被发现的侥幸心理和行为，因而不一定是对安全行为的促进。

（3）行为强化的要点

尽管强化理论受到众多的学术批评，最主要的批评集中在其对人类个体思想和意识的抛弃和机械化的强化程序，但在管理实践中，合理设计强化程序和强化物，适度运用强化，将个体行为引向组织目标的实现，还是会产生很好的实际效果的。以下是在运用行为强化理论时应注意的几点事项：

1）提供有针对性的强化物。如同行为主义者研究所证明的，即使是在动物当中，小白鼠的特性不同于鸽子、鹌鹑不同于猴子，并不是如斯金纳所说："鸽子、老鼠、猴子，哪个是哪个？这无关紧要。"个体身上的某些特性使有些强化程序生效，而有些强化没有作用。因此，管理者应根据个体的特性结合需要理论，对不同的人的行为施以不同的强化。强化理论有助于引导人们的行为，使职工有一个最好的机会在各种明确规定的备选方案中进行选择。

2）合理分解目标，强化过程行为。行为塑造理论是通过对行为系列强化的累计达到最终目标的实现的，因此在设计强化程序时，应合理设置目标，并将目标进行分解，努力使之明确、具体，对每一阶段中符合目标的关键行为予以强化。在分解目标的过程中，要考虑目标之间的内在关联性，避免将目标随意分割。特别是在现代培训中，有大量运用计算机手段采取程序化教学的学习活动，学习者自己控制学习的进度，通过机器的测试及时了解学习的结果，非常符合成人学习的一些需要，但学习者往往缺乏对学习内容的整体思考，制约了学习对工作实践的指导价值。

3）及时反馈。所谓及时反馈，就是通过某种形式和途径及时将工作结果告诉行动者。反馈也能起到强化作用，一个人在实施了某种行为以后，总会关注行为的后果，如是否促进目标的实现、是否获得他人的好评、是否能带来需要的满足，反馈为其获得这些信息提供了帮助。对有些个体来讲，即使是领导者表示"已注意到这种行为"这样简单的反馈，也能起到正强化的作用。因此，在安全管理中，不能把眼睛总是盯在抓不安全行为上，还应及时表示对安全行为的肯定和鼓励。当然，有些研究也指出，延迟强化有时能带来比即时强化更好的效果，这需要对被强化者的个性进行分析，如自我控制、成就需要等方面的差异会带来对反馈的不同需求。

4）多种行为控制手段的综合应用。在安全管理中，消除不安全行为和塑造安全行为同样重要，因此应根据实际情形构建包括正强化、负强化、消退和惩罚等多种行为改造手段的体系，将员工的行为引导到既符合组织利益又符合个体利益的轨道上。管理者可以使用某种具有吸引力的结果（如奖金、休假、晋级、认可、表扬等），以表示对职工努力进行安全生产的行为的肯定，从而增强职工进一步遵守安全规程进行安全生产的行为。也需要使被管理者明确不遵守安全规程可能会受到批评，得不到安全奖励等消极后果，员工为了避免此种不期望的结果而认真按操作规程进行安全作业。对已经发生的不安全行为应该用带有强制性、威慑性的手段做出反应，如批评、行政处分、经济处罚等，消极后果及不愉快的情绪体验可促使员工停止这种不安全行为。另外，还可以通过取消现有的令人愉快和满意的条件，以表示对某种不符合要求的行为的否定，从而削弱该行为出现的次数，如对没有按规定标准进行的作业不纳入绩效统计。当然，在各种手段中，应以正强化为主，适度使用负强化，谨慎使用惩罚，尽量避免消极情绪对人的影响。

4. 综合型激励理论

无论是强调内在需要的理论，还是强调外部环境的强化理论，都只能解释行为的一部分，综合型激励理论在实践中是更为有效的途径。波特和劳勒（Porter 和 Lawler）于 1968 年将行为主义的外在激励和认知派的内在激励综合起来，提出了新的综合型激励模式，其基本模式如图 9-7 所示。

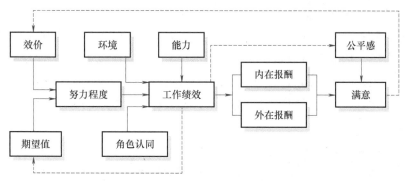

图 9-7　综合型激励的基本模式

1）这种模式区分了两种不同的报酬：①外在报酬，包括工资、地位、提升、安全感等；②内在报酬，即一个人由于工作成绩良好而给予自己的报酬，如感到对社会做出了贡献，对自我存在意义及能力的肯定等。按照马斯洛的需要层次论，外在报酬往往满足的是一些低层次的需要。由于一个人的成绩，特别是非定量化的成绩往往难以精确衡量，而工资、地位、提升等的取得也包含多种因素的考虑，不完全取决于个人成绩；内在报酬对应的是一些高层次的需要的满足，而且与工作成绩是直接相关的。

2）这种模式重新确定了报酬、绩效和满足之间的关系。和需要理论认为满足带来绩效不同，他们认为员工不同的绩效决定了不同的奖酬，不同的奖酬又在员工中产生不同的满意程度。因此，满意是奖酬的结果，奖酬又是以绩效为前提的，人们对绩效与奖励的满足程度反过来又影响以后的激励价值。管理者的职责应当是促使员工达到一定的绩效水平，并通过对相应的绩效提供令人满意的奖酬而激励更高的绩效。为此，作为管理者首先要科学合理地使用人力资源，把人才放在最能胜任的岗位上，使其有能力完成任务。其次，管理者还应创造适宜的工作条件，为选好的人才创造必要的条件以使其充分发挥才干。此外，还应帮助员工提高角色感知，通过必要的培训教育使员工充分了解该角色、该岗位或者该项任务对他的具体要求，也就是说，让员工充分把握好岗位的目的和要求。

与弗鲁姆期望理论相似，他们指出人们对某一作业的努力程度，是由完成该作业时所获得的激励价值和个人感到做出努力后可能获得奖励的期望概率所决定的。结果对个体的激励价值越高，对获得该结果期望概率越高，则个体完成作业的努力程度越大。

绩效、奖酬、满意的关系也不是线性关联的，会受到多种因素的调节，如个人的努力程度、个体的品质、能力，以及个体对自己工作作用的知觉、对奖酬的公正感受等。奖酬是否引起满意感，取决于员工认为他所获得的报酬是否公正。当他认为符合公正原则时，会对获得的报酬感到满意，否则即使他自己获得的报酬并不少，也会产生不满。因此，在一个组织内部，并不是设置了激励目标、采取了激励手段，就一定能获得所需的行动和努力，并使员工满意。要形成激励到努力的良性循环，还需处理好员工与工作、环境与工作、工作绩效、绩效与奖酬、奖酬内容、奖酬分配、绩效考核、领导作风及个人心理期望等多方面的建设与调整工作。

9.3.3 安全激励中存在的问题与改进

安全管理中普遍采用目标管理，对达到组织要求的安全绩效进行奖励。但是传统的安全奖励制度常常使一些靠运气的人得到好处，导致工人们越来越不肯准确地报告事故。因为受伤的可能性比较低，因此即使只是靠运气也并不一定受伤，所以如果安全奖励只是基于一定的时间范围内不发生事故，那么这些靠运气的人就能得到和一直遵守安全规程的员工一样的奖励，特别是如果这个奖励是以班组为基础的，那么那些不起眼的事故就更加不可能被小组上报。

为了避免这些缺点，安全奖励和激励应该以安全生产过程为基础。例如，在日常观察记录中现场安全记录良好、没有发生工时损失事故等，就都可以得到适当的奖励。管理者通过安全奖励向那些安全作业的员工、为安全做出突出贡献的员工表达谢意，是对大家取得成功的鼓舞。以下两条是安全奖励应遵守的两条法则：

安全奖励法则1：对工作中的安全行为，以及与保持安全有关的行为（如做好观察工作、开好安全会议、设定安全目标等）进行奖励。

安全奖励法则 2：安全奖励和激励的尺度要小。奖励应有效激发员工的服从行为，但如果过大则可能引发员工对违章行为隐瞒不报的动机。

管理者应通过组织内部的安全会议、海报、告示等向员工宣传解释组织的安全奖励体系。表 9-4 给出了各种可供选择的安全奖励，管理者可以从中选出若干种奖励组成安全奖励体系，如把社会奖励和薪酬奖励结合，就是个不错的选择。

表 9-4　可供选择的安全奖酬设计

奖酬的要点	简单的或现有的安全奖酬	社会奖励程序	分层安全奖励程序	与传统奖酬整合的安全奖酬	安全刺激因素
奖赏方法	按人或项目、时间实施固定奖励	通常在职工大会上给予公开的表彰或写便条表达感谢	对指南上所列的行为或事件对照相应的层级分层奖励	提高福利或每年发放绩效奖励	对符合标准的行为提供奖酬、奖金或休假
奖赏标准	为每一个单独的计划预先制定标准	通常不事先确定	对每一层的行为结果的奖赏给出指导性原则	安全标准作为年度目标的一部分提出	预先制定客观的评价标准
参与者	个人或小组	个人或小组	个人或小组	通常是人事管理部门	个人或小组
注意事项	简单的计划必须经常变化以保持新鲜感，使奖赏富有意义，当前的安全奖赏要分配合理、形式多样，提高安全绩效获得安全奖励的可能性	很难保证所有层次和不同岗位都同样包括进来	提供形式丰富、覆盖范围广泛的奖励，提高对安全绩效进行奖励的概率	要求评估人员熟悉安全活动	通常要求管理人员和其他相关人员在他们的职权范围内对安全行为进行观察与评价，资金主要源于人员奖赏结余资金

9.4 | 组织行为与安全

组织是社会环境中的一个重要组成部分，组织行为对组织中人的行为有重要影响。组织的行为都是围绕组织目标的实现进行的，安全也是组织目标之一。组织行为对安全的影响，既包括对员工行为的直接影响，也包括以态度、情感为中介对员工行为的安全性产生的间接影响。组织行为不仅直接影响个体的行为，还通过对组织当中的团队或管理部门的影响间接地影响个体的行为。组织行为主要表现为组织对组织结构的设计、组织文化的创造和维系，组织变革等。组织安全文化的介绍参见本书 6.3 节，本节主要介绍组织设计与安全的关系。

9.4.1　组织设计的内容和作用

组织设计是组织行为的一项重要内容。所谓组织设计，主要是指对组织结构的评估和选择。其中，组织结构是指对工作如何进行分工、分组及协调合作。

管理者在进行组织设计时，必须考虑六方面问题：工作专门化、部门化、命令链、控制跨度、集权与分权和正规化。经过对这些方面的精心选择建立起的组织结构有助于组织对员工的行为进行解释和预测、澄清员工所关心的问题，有助于员工明确工作的内容、减少不确定行为，从而对员工的态度和行为产生影响。如果组织正规化、专门化程度很高，命令链很牢固，授权程度较低，控制跨度较窄，员工的自主性就较小，这种组织控制严格，员工行为的变化范围很小；反之，组织可以给员工提供较大的活动自由，员工的活动内容相对丰富得多。

9.4.2 专门化与安全

1. 工作专门化的概念

工作专门化是指组织中把工作任务划分成若干步骤来完成的细化程度。具体到工作中，每个人只完成工作的若干步骤，而不是完成一项工作的全部。每个人所完成的步骤都是专门的、重复的。

2. 工作专门化的利弊

工作专门化的优点在于专门的、重复的工作能提高员工的技能，也节约了组织的培训成本，特别是对高度精细、复杂的工作来说，更是如此。亚当·斯密（Adam Smith）认为组织中分工越细，组织效率越高，创造的财富越多。专门化一度被认为是提高生产率的不二选择。在20世纪50年代以前，对工作专门化的重视达到顶峰。在今天，工作专门化依然非常普遍。不仅在生产制造企业，如汽车制造、电子产品制造等企业实现工作专门化，在一些服务业，工作专门化也是工作设计的基本形式。例如，在医疗服务行业，医生们各执一科，工作甚至细分到特定的疾病；在服务业，特别是在电商时代，从接收订单到送达顾客即便不过几米的距离，但其中的分工却细化到需要多个专门的环节来共同完成。

20世纪60年代以后，事情逐渐发生了变化。在某些工作领域，随着工作专门化程度越来越高，其弊端日渐显现。专门化的工作往往需要很少的技能，且单调重复，使员工对工作产生厌烦情绪，疲劳感、压力感加重，导致出现低质量、低生产率、高流动率和缺勤率等结果，专门化所带来的经济优势逐渐减退。可见，在工作专门化达到一定程度之前，在专门化所具有的经济性因素的影响下，生产率随专门化程度的提高而提高，但在工作专门化超过一定程度之后，在专门化所产生的非经济性因素的影响下，生产率随专门化程度的提高而降低，如图9-8所示。

工作专门化虽然降低了操作技能的要求，使人的生理负荷降低了，但操作者的责任并没

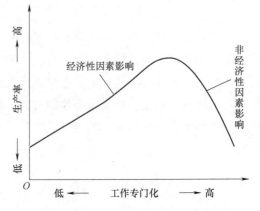

图9-8 工作专门化的经济性和非经济性

有降低。现代化的人机系统以人的监视作业为主，操作者的任务只是根据机器显示的信号做出判断，然后再给机器发送指令。如果操作者遗漏信号或对信号反应错误，做出错误的操作指令，那么有时后果是不堪设想的。例如，箭船发射、核电站运行、化工厂作业等，虽然操作者的体力负荷小，但心理负荷大，工作单调。由于监视目标出现的时间不确定，所以工人必须始终保持警戒，造成操作者较大的心理压力，很容易感到疲劳。信号间隔时间越长，人就越不能及时发现信号，一旦出现紧急情况，惊慌失措中难免做出错误反应，导致事故发生。

工作专门化造成的人员流动也使专门化造就高技能的优势得到削弱。一些接受过较高教育的人，对专门化的工作很快就会产生厌倦，去寻找新的工作，组织必须对新进入的员工进行培训。

3. 克服工作专门化缺陷的途径

组织在依靠工作专门化提高生产率的情况下，必须寻找有效的方法解决工作专门化带来的问题。

首先，在不得不实行专门化的工作岗位上，组织可以选拔与安置那些喜欢做简单、重复工作的人去做专门化的工作。有些人希望工作对智力的要求低一点，能够提供安全感；有些人对新奇的事情没有好奇或尝试的欲望；有些人希望学习一种简单但精湛的技能；有些人对变化感到不安，渴望维持现状。这样的人都比与他们相反的人能更长久地在专门化的工作岗位上工作。

其次，组织还可以在工作设计上做些改变。如果要避免工作专门化造成的疲劳、单调对安全的影响，可以横向地增加员工的工作内容，即工作扩大化。工作扩大化就是增加员工的工作程序，使工作本身多样化。这样，员工在工作中就不断处于注意转移、收集信息并做出反应、调整工作姿势等变化中，降低了单调感。例如，原来的工作只要求员工将产品运输到目的地，员工一直处于驾驶机车的状态，扩大化后的工作可以增加检查和核对运输物的数量，并指挥货物的装载和卸载。在工作扩大时，要考虑增加了的工作对员工负荷的影响，以及新增加的工作与原有工作的相似程度。如果扩大后的工作造成负荷骤然增强，或者新增的工作与原有工作非常相似，只是数量上的增加，可能会使工作扩大化的结果适得其反。正如有的员工所说："我原来有一件不喜欢的工作，现在有三件不喜欢的工作。"

如果要避免工作专门化造成的对工作的心理疲劳、厌倦感，就应当丰富工作内容。丰富工作内容是对工作内容的一种纵向的增加，即增加工作的决策权、挑战性。可以通过以下方式来实现：

1）任务组合。把零散的任务组合在一起，组成新的、内容更多的工作单位，使工作的技术要求增加。

2）构建自然的工作单位。一个个体代表一个获得正式承认的工作单位进行工作。例如，销售代表、安全巡视员等。这样做的目的是增加员工的自治感和责任感，从而改变对工作的态度。

3）与客户直接建立关系。让员工与他们的产品的使用者建立联系，这些使用者可能是组织外部的，也可能是组织内部不同部门的。员工除需要具备完成自己的工作的技能，还需要具备与人沟通的技能，并使员工获得更直接的反馈，有助于他们对自己的工作做出评价。

4）使员工拥有产品所有权。对关注个人绩效高于平均绩效的员工，或者奖酬给予个人绩效而非平均绩效更能激励员工的条件下，使员工拥有产品所有权的工作设计不仅能丰富工作内容，还能增强他们的自豪感和成就感。

5）直接反馈。让员工直接成为信息反馈的第一个接收者，而不是通过管理者了解自己的工作，也是专门化工作中丰富工作内容的一种方法。员工在第一时间了解自己的工作绩效，使他们有更充分的时间在其他错误出现之前发现和纠正自己的错误，而不再像过去那样被动地接受检查。当然，这需要组织提供给他们检查自己工作的时间和标准及辅助设备。

4. 安全技能的专门化与全员化

安全存在于具体的事务、具体的操作中，因此安全不应该是某类人员的特定技能，安全也不应当是一个专门的岗位或工作，而是每个从事特定活动的人员都应当掌握的安全知识和技能，既包括安全的一般知识、技能，也包括由本部门、本岗位中存在的危险的独特性产生的特殊的安全知识和技能。杜邦公司的安全理念认为，对员工来讲，安全是雇用的前提，每个员工都需要具备安全作业的能力，要有安全的绩效；对管理者来讲，各级主管都要进行安全检查，必然要求具备安全管理的能力。

9.4.3 正规化与安全

1. 正规化的表现

组织的正规化是指组织中的工作实行标准化的程度。标准化体现在组织制定的规则和工作程序上。规则规定员工的哪些行为是可以接受的，哪些行为是不可以接受的。程序是指管理者和员工在执行任务和处理问题时，必须遵守的预先确定的步骤序列，往往是一些规则在执行过程中的顺序。标准化的目的是使人的工作结果保持稳定。

不同的组织或组织内部不同的部门，对标准化的要求有较大的差异。如以生产制造、简单服务为主要任务的组织或部门，较多采用标准化或正规化的管理，员工在工作内容、工作时间、工作手段方面只有很小的自主权，规则倾向于覆盖工作中涉及的所有任务，既统一又详细。对于规则和程序不一致的行为，要有严格而明确的处理规则。在以策划、决策为主要任务的组织或部门，对标准化的要求较低，组织只在认为不得已的情况下制定规则，在发现规则和程序与人的行为常常不一致的情况时，倾向于按照人的需要修改规则和程序。

2. 安全对正规化的需要

安全是组织的重要目标之一，但不同的组织所要解决的安全问题类型不同，组织内部也不是所有部门都面临同样的安全压力。因此，在不同组织或组织的不同部门，有关安全的规则或程序可能是不同的，但安全规则或操作程序是任何组织都必需的，因此安全规则或确保安全的操作程序通常是正规化、标准化的。

在组织内部，通常有细致、周密的安全生产管理条例，特别是在生产型组织当中，安全操作规程是确保组织目标实现的重要保障。安全操作规程通常细化到具体的岗位。例如，机电企业的安全操作规程有钣金电焊工安全操作规程、电气装配钳工安全操作规程、电工仪表修理安全操作规程、空气压缩安全操作规程、热工仪表工安全操作规程等；煤矿安全操作规程有煤矿测井安全生产操作规程、带式机安全操作规程、矿灯安全操作规程、单体支护工安全操作规程、凿岩工安全操作规程、凿岩爆破工安全操作规程等。

当前很多组织也采用了一定的国际标准来加强管理。常用的管理标准体系有 ISO 9000 质量管理系列标准，ISO 14000 国际环境管理系列标准和 OHSAS 18000 职业健康安全管理体系。

9.4.4　命令链、控制跨度、权力分配与安全

组织的命令链、控制跨度和权力分配是三个相关程度较高的组织特征。传统的机械型组织命令链清晰、控制跨度较窄，强调权威的作用，权力比较集中。现代组织常常采取有机的组织设计，命令链被弱化，控制跨度变宽，机械组织中原属高层的很多权力在有机组织中被分解到基层。命令链、控制跨度和权力分配都体现了一个组织中上下级之间的工作关系及上下级之间联系的方式。组织在这些方面的特点对员工的安全行为的影响机制也大致相同。

需要注意的是，某种特征的组织结构与员工的态度及其行为并不是简单的一一对应关系。不同特点的人对组织有不同的需求，在适合他们特点的工作环境中工作，其工作满意感会更高。因此，员工与组织对组织结构的看法并不相同，他们用一套自己的测量方式来看待周围的一切，然后形成隐含的组织结构模式。最根本的问题是要了解员工对他们的组织是如何认识的，这比组织结构的客观特征本身更有助于预测员工的行为。

安全生产工作不仅包括事故预防，还包括对紧急情况的应急处置和救援，特别是在突发情况下现场及时科学的处置直接关系后果的严重程度，这时清晰的命令链和明确的权力分配就显得尤为重要。

复　习　题

1. 安全观察的目的是什么？

2. 安全观察的各阶段及其注意事项有哪些？

3. 工作分析对人力资源管理有何意义？列举几种工作分析中收集信息的工具。

4. 什么是人员选拔的效用问题？

5. 人员选拔中如何做出是否录用的决策？

6. 心理工作负荷效应如何测量？

7. 简述双因素理论的内容。

8. 简述期望理论的内容。

9. 简述目标的激励作用和过程。

10. 比较需要理论和行为强化理论在行为改变方面的作用机制的不同。

11. 从激励的综合模型看，调节动机与绩效关系的因素有哪些？

12. 工作专门化带来的非经济性影响有哪些？

13. 工作专门化对员工行为有何影响？如何克服其不利影响？

第 10 章
事故案例的心理分析

10.1 认知错误与事故

案例1 视觉错误事故

某电业局外线检修工，在监督人不到位的情况下，登杆前看错线路电杆的识别标记和名称，误带电登杆，结果触电死亡。

案例2 听觉错误事故

某电工给用户张某接电源时，叫张某看住已拉开的总刀闸开关，并告知他不可离开此处，防止他人合闸，自己到远处安装线路。施工中他发现缺"瓷插保险"，于是大声喊叫张某"拿瓷插"，张某误听成要合闸，就随手合闸，造成电工触电事故。

案例3 理解失误事故

北方某工厂冬季搞基建，由于有冻土在挖基础时要先进行爆破。现场施工员在往炮眼里放好炸药并联好炮线后，突然想起引爆电路电源处拉下的闸刀忘记安排人看护，就对旁边上岗不久的新工人说："去看闸"。这位新工人未搞懂"看闸"的意思，就忙跑到配电板处，看到闸刀开着就上前将闸刀合上。随即爆破现场"轰"的一声炸药被引爆，导致多人伤亡。这是一起理解失误引起的事故。

10.2 注意分散与事故

案例1 某建筑工地高处坠落事故

（1）事故经过

某日下午5时，某建筑施工工地，临时工小赵在搭设脚手架时，从3m高处坠落，造成腿骨骨折。

（2）心理原因分析

班前会上班长安排工作，并强调要注意安全，其中小赵被安排负责搭设某处脚手架。会刚开完，他急切地向班长请假说，他正在谈对象，今天搭设完脚手架后，要和女朋友约会。班长批准了他的请假，可就在任务即将要完毕时出现了上述事故。事故调查时，小赵说，在脚手架快完成搭设时他走神了，想着和女朋友见面的事。

案例 2　某厂一起行车起吊物撞人事故

（1）事故经过

某日 11 时 30 分左右，某工厂车间在起吊装有设备的大木箱过程中，发生一起木箱撞挤伤人的事故。

（2）心理原因分析

当日上午，某厂车间运来一装有上吨重设备的木箱，因距下货处有 20m，需行车超吊。行车驾驶人在按响警铃后未看下边是否有人就快速度启动行车，结果将正在地面作业的某工人撞至墙边挤致重伤。调查表明，该行车驾驶人工龄已 11 年，文化程度高中，属持证上岗。事故发生时临近中午，正是孩子放学的时候，该驾驶人想着抓紧干完活好去接孩子，注意分散再加上心急，造成了这起事故。

10.3 | 情绪、压力与事故

案例 1　某煤矿冒顶致一人死亡事故心理原因分析

（1）事故经过

某矿炮采工作面一名采煤工，在放顶回柱时遇顶板垮落被砸遇难。事故当日夜班零时许，一名老工人和另外两名青年工人正在该矿一采煤面放顶回柱子（柱子为金属摩擦支柱）。当时只剩下最后一根柱子未完成。由于该柱受压很大，用回柱绞车拉了几次未拉动，于是老工人提议先清理柱子的底部，然后再用回柱绞车拉动。这时，该班班长过来查看工作进度，在得知他们几人很长时间未能完工后很恼火，便说："你们几个真没用，给我拿锤来！"几位工人都说："劲（顶板压力）很大，用锤打危险！"班长不听劝阻，并说："你们都闪开！"于是他猛地一锤砸下去，柱子落下，但顶板随即冒落下来，这位班长被砸在下面，当即身亡。

（2）心理原因分析

1）个人生活事件及其对情绪的影响：一是死者一个月前被任命为生产班长，俗话说"新官上任三把火"，他上任后也时时在想提高产量，凸显自己的业绩；二是该班长的妻子几天前生了一个男孩，由于农村普遍存在重男轻女思想，一家人都非常高兴，他也表现得情绪很高涨。上班前他已向区队领导请好假，准备上完这最后一班就回家庆贺。"双喜临门"的兴奋，使他笼罩在一种"被胜利冲昏头脑"的气氛之中。可以分析，情绪过于高涨，致使其注意广度下降，思维及判断能力降低，警觉性下降。这是导致事故的主要心理因素。

2）个性心理因素。该班长年龄 24 岁、工龄 3 年，常以冒险行为炫耀自己的勇气，工作热情虽高，但时常违章作业，这是他此次不安全行为的个性心理基础。另外，该单位有重生产轻安全的倾向，生产任务压得很重，这也可能是他冒险作业的心理原因。

案例 2　某单位一起电气烧伤事故心理原因分析

（1）事故经过

某日下午 4 时许，电工甲、乙两人受单位领导指派，前去处理某综合办公楼意外停电故障。电工甲负责去变电所拉闸停电，乙直接去故障现场的一个小型配电室进行现场检查。当电工甲拉完闸回来后，两人便打开现场开关柜准备检修，当电工乙用工具试拆线路时，突然冒出一团火球，当场将乙的右手烧伤，险些造成重大人身触电伤亡事故。

（2）心理原因分析

当事电工甲、乙两人均属于持证上岗的正式职工，并且按规定参加了安全培训，成绩合格，平时在工作中也很注意安全，没有明显的违章行为记录。其中，电工甲 32 岁，高中文化，从事电工工作 10 年；电工乙 40 岁，大专文化，从事电工工作 20 年。但电工甲最近一段时间与妻子产生了严重的矛盾冲突，事发前一天几乎吵了一夜，其妻子甚至提出离婚，导致电工甲情绪十分低落。调查结果表明，电工甲在变电所拉闸停电时，误将与维修无关的另一路电停掉，而真正需要维修的综合办公楼这一路并未拉闸断电，所以造成事故。由此可以分析，此次事故主要是由于电工甲情绪低落造成的感知失误及注意分散所致。

案例 3　某煤矿一起冒险空顶作业致一人遇难事故

（1）事故经过

某煤矿一回采工作面运输顺槽里端放顶线位置，一名工人在回撤支护材料从里侧后退过程中，被突然冒落的矸石击中头部，当场身亡。事故当日，遇难者上早班，属于整修班，领导安排他和另外两名工人掐削转载运输机和回撤巷道支架。领任务后，他对另外两名工人说："今天我们要抓紧点儿，干完活我得休班回家。"可是工作期间赶上变电所检修，耽误了半个小时，到完成掐削转载运输机时已接近中午 12 点，这时他有些着急，还有支架需要回撤。在掐削转载运输机时，碰倒了一架工字钢棚子，他在没有重新扶棚支护（对后路倒棚不做处理，不支护顶板）的情况下，空顶作业冒险进入里侧回料，在把第一架棚回掉后退时，由于顶板活动，原倒棚位置顶板冒落，击中其头部，致使其当场死亡。

（2）心理原因分析

遇难者 50 岁，工龄 30 多年，家中母亲已 70 多岁，体弱多病，两个孩子读书（一个上大学，一个上高中），一年学费就占去其年收入的大半，而且妻子患有严重慢性病，家境较困难，虽然自己也年高体衰，但为了增加收入仍坚持在井下工作。可以说该工人工作时背负多重压力，而这多重压力使他心力交瘁，时常精神恍惚。这次事故前的作业由于急于休班回家，注意力已不在当下。

另外，再深入分析可知，事故当日，他已准备好上井后回家休班，因此担心作业未完拖延下班；再就是他体力不太好，一班下来体力消耗得差不多了，如果重新把碰倒的棚子扶好，一是耽误时间，二是要花费不小的力气，对他来说这两点都是不乐意干的事，这应是他空顶冒险作业的心理原因。

这次事故给他的家庭造成了巨大灾难和痛苦。由于他的遇难，母亲悲痛欲绝，妻子因悲伤病情加重。为了支撑家庭，正在上高中的孩子失学出去打工，失去了继续学习的机会。

案例 4　一起处理拒爆不当致两人重伤事故

（1）事故经过

某煤矿两名爆破工在处理拒爆时发生爆炸事故，导致一名矿工左眼失明，另一名矿工一眼失明另一眼弱视。当日早班刚上班不久，某掘进工区进行采煤切眼掘进，有一夜班未处理完的拒爆炮眼，在进行打眼施工前，矿工乙劝告放炮员甲先点选炮眼再打眼，但是甲抱起煤电钻直接操作，结果钻头打滑，打入拒爆炮眼中，结果两人同时被爆炸物击中倒下，经送医治疗，最终两人均致重伤。

（2）心理原因分析

放炮员甲从事放炮工作已有很多年，工作认真，技术过硬，从未出过差错。他家住农村，两个男孩上学，父母年迈多病，妻子一人务农并操持家务，家境贫困，借债不少。早班前，家中来电话说妻子病了，已经住院，让他马上回家。甲上班前已请好假，并把行李装好提前送到矿井门口一商店内，准备下班后马上回家。可以分析，他如此冒失地工作实际上是为节省时间，尽早完工升井回家，这应是他不先点眼位再打眼冒险行为的心理背景。事故发生的当班他情绪明显低落，家境本来就十分困难，妻子又生病住院，对他来说犹如雪上加霜，在多重负性压力下，他的感知、判断和思维能力都会明显下降，而且难免分心，这也很容易地导致动作失误。可以说，以上导致该事故的各种心理因素均源于他所面临的多重心理压力，特别是妻子生病住院的消息更是一个急性压力源。

10.4 生理因素与事故

1. 疲劳、睡眠不足与事故

案例 1　一起绞车过卷致操作者遇难事故

（1）事故经过

某煤矿一夜班凌晨 3 时许，在一采区斜巷发生一起绞车过卷挤人事故，致一人遇难。该巷坡度大、距离长，事故当班（夜班）人员出勤少，联络巷提升作业只安排了一名绞车驾驶人和两名信号把钩工（上下车场各一名）。凌晨 3 时许，下车场信号把钩工挂上钩头后，发出开车信号，上车场把钩工将信号转发给绞车驾驶人。绞车驾驶人听到提升信号后开动绞车开始提升，而后该驾驶人抑制不住困意就打起了瞌睡。当矿车提升到上车场时，该驾驶人仍未醒来，因而未采取刹车操作。这时，上车场把钩工发现此种情况大喊"停车！"，但绞车驾驶人并未惊醒，致绞车过卷，最终酿成了将自己挤死的悲剧。

（2）原因分析

事故的主要原因是死者过度疲劳和睡眠不足。该绞车驾驶人家在农村，当时正值麦收大忙时节，他兼顾麦收劳作和矿上作业，基本没有休息，连续的劳作使他身体极度疲劳，再加上人体生理节律这时也到了一昼夜的最低点，以致信号把钩工大喊都未能将其唤醒。

案例 2　某矿一青年绞车工瞌睡致设备损坏事故

某煤矿掘进工区一青年绞车工，早班前由于前一夜无节制的娱乐活动导致严重睡眠不足。上班后，他在斜巷顶盘开绞车拉矸石，启动绞车后打了瞌睡。当矿车拉至上顶盘时，他才猛然惊醒，慌乱中竟致手足无措，未能紧急停车，以致矿车爬上滚筒，烧坏电动机，造成设备损坏事故。该事故主要原因除了瞌睡状态的意识昏沉和惊慌下的行为混乱外，还有该青年绞车工刚上岗不久，操作不熟练也是重要原因。

2. 饮酒所致事故

某单位进行茶炉房建筑施工，在浇筑3m高圈梁时，为省事没有搭设脚手架。施工员老张中午喝了不少酒，下午上班后，他站在圈梁模板上浇筑混凝土，在作业中动作不稳、摇摇晃晃，结果一下子踏空模板坠落在地，摔成脊椎粉碎骨折，后虽经治疗但落下终身残疾，丧失劳动能力。

事故原因是酒后人的心理行为控制力下降。

10.5 不良事故心理

1. 侥幸心理

案例1　某矿建单位顺槽施工冒顶致两人死亡事故

（1）事故经过

某煤矿基建单位一掘进队在运输顺槽施工中发生了一起冒顶事故，致死亡2人。该巷道掘进支护采用工字钢梯形支护。在发生事故的巷道，施工中遇断层，工作面基本是岩石。当日零时，安全检查员巡查时发现已空顶2m，并且巷道掘进高度之上顶板冒落高1m，于是要求立即支护后才能进尺。但在对顶板进行充填挂网、背板处理的过程中，施工人员并未将其刹实甚至存有大的空隙，这留下随时会发生继续冒顶的危险。在这种情况下，当班又进尺两架棚，又经两个班施工共8架5m长的顶棚。晚8点班，施工人员在放完第一茬炮后，经检查棚梁并未倒塌，于是又怀着侥幸心理继续作业。晚上9点30分，随着第二茬炮一声脆响，8架棚梁被风化后离层的两块巨石砸倒，一名35岁和一名27岁的矿工当即遇难身亡。

（2）心理原因分析

该事故主要心理原因是侥幸心理。工人对过断层掘进冒顶事故多发并非不知，遇难的两位矿工工龄也有很多年，但当发现施工的8架棚虽支护不良存有隐患却并未出现顶板冒落时，侥幸心理在几个班次一再继续，长达20多个小时，造成了侥幸再侥幸最后不幸的结局。

案例2　一电解铝厂职工烫伤事故

（1）事故经过

某日，一电解铝厂电解车间阳极工张某进行转接阳极母线的操作，他左脚站在电解槽旁边地面上，右脚踏在电解槽内液体电解质壳面上，双手用力往上托母线。突然，他右脚"踩"破壳面，陷入滚烫的电解质液体内，造成烫伤。

（2）心理原因分析

操作规程规定，操作者双脚都应踩在槽沿板外侧地面，或者一只脚踩地面、另一只脚踩在电解槽的槽沿板上。但是，这样不方便操作者用力。通常情况下电解槽里电解质液体表面上有一层较坚硬的结壳（按操作规定应打破结壳），踏上去虽违章但一般不会出事。于是，该张某怀着侥幸心理将一只脚踩在硬壳上，但这次操作，偏偏该处硬壳不够坚硬，导致事故发生。

万幸的事，由于张某按照规定穿了劳保皮鞋和劳保裤，而且心理上提防着可能踩破壳面，加之反应灵敏，迅速提脚，踩破壳面的同时，壳面上的铝氧粉首先接触的是皮鞋及小腿，一定程度上起到了隔离缓冲"保护"作用，所以才只是造成右脚背及小腿部分烫伤。否则，高温电解质液体将很快导致操作者身体更大范围的烫伤，甚至终身残疾。

2. 冒险逞能心理

案例 1　一铝厂设备损坏事故

（1）事故经过

某日，铝厂铸造车间天车工张某，在操作天车从抬包车上吊下铝水抬包的作业中，将吊钩上挂着的电子秤一起掉进了铝水抬包内，烧坏电子秤，造成经济损失 10000 多元，还影响了正常的生产秩序。

（2）心理原因分析

天车操作工张某是由别的岗位转换过来当天车工的，上岗前没有接受充分的安全教育和技术训练，处于师带徒的实习阶段。按规定，没有师傅监护是不能操作的。但是，张某好胜逞能，这一天他的师傅迟到未到岗，他想利用这样的机会表现一下自己的"本事"，就自告奋勇独立操作。现场的领导为了不耽误生产，就默许了张某的行为。但由于没有操作经验，将吊钩上挂着的电子秤一起降落掉入铝水抬包内。

案例 2　某煤矿建井工程施工放炮事故

（1）事故经过

某建井工程处一个掘进班正在进行运输大巷的掘进施工，已经打完炮眼，开始装药。这时有个工人对放炮员老王说："王师傅，你放炮多年，经验丰富，今天是你退休前的最后一天，拿出你的绝活让我们开开眼界吧"，王师傅答应了。炮装好后，其他人开始撤出，这时王某喊了几声"放炮了"，就躲到扒装机后面扭动了放炮器。结果他本人被崩出的石块砸成重伤并致终身残疾，而其他人由于刚撤出不到 30m，有两人也被飞来的岩石砸成重伤，造成一起严重人身事故。

（2）心理原因分析

放炮员老王属典型的冒险倾向性格，平时就常有冒险行为，喜逞能，好表现自己，因事故曾受过多次轻伤。这一次事故是一起典型的因冒险逞能心理导致的事故。

3. 麻痹、好奇心理

案例 1　某煤矿一电工触电遇难事故

（1）事故经过

某矿一电工在维修井下绞车电气开关故障时，触电身亡。当日 14 时 30 分，当时采区一提升小绞车发生故障，无法启动。小绞车驾驶人请电工维修。该电工停下绞车上级电源，并上好闭锁，然后他打开绞车电源开关开始检修。然而，他并没有完全把电气维修的规程继续执行下去，打开绞车电源开关后未执行"用专用验电笔验电，并放电后再进行维修"的规定，而是直接用手验电准备维修，导致触电身亡。

（2）心理原因分析

本事故直接原因是电工违章冒险作业行为，而在行为的背后是受害者的麻痹心理。该电工受过安全技术培训，电工工龄有十多年，自称技术高超，但他的麻痹心理严重，常有不按规程作业的做法，也有过侥幸逃脱事故发生的经历。从这次维修前他停掉上级电源并加上闭锁的做法看，说明他在执行规程上是有些自觉性的。但由于他存在麻痹轻视心理，还是没有将规程严格地、一丝不苟地执行下去。这是造成此悲剧的主要心理因素。

案例2　因短路电弧导致重度烧伤的事故

（1）事故经过

某煤矿回采工作面一实习电工带电操作，形成短路性电弧，造成重度烧伤事故。当日早班，该实习生与其带徒师傅一起检修电器开关，为生产做准备，检修完毕后，设备达到完好状态。师傅为教其学习维修技术，又再次打开开关进行演示，并告知他整定方法。同时，师傅教育他要严格执行安全规程的要求，严禁带电作业，不得有半点马虎。这时，师傅有其他事暂时离开，并告知他不可乱动。但师傅走后，该实习电工好奇心切，又打开电气开关，想学习师傅进行测量作业。然而，在设备带电的情况下用万用表测量元件时造成短路，产生电弧，将张某面部及身体裸露部位严重烧伤，酿成不幸后果。

（2）心理原因分析

受伤者为技校刚毕业的实习电工，性格外向，做事粗心，好冒险，好奇心强，喜表现自己。可以分析，本事故的主要心理因素是受伤者的好奇心理和特殊性格。

10.6 应急心理与应急反应

案例1　惊慌导致仓库火灾处置失误

某商场仓库中布匹被照明灯具烤燃，这时有三个人值班，他们及时发现了火情，于是紧急行动。其中，一人拨打火警电话，但拨了半小时竟没拨通！原来他反复拨出的是四位号码"8119"；另一人拿灭火器灭火，但弄了半小时却打不开；第三人一看火越着越大，去仓库门口打开通风道，似乎想让风把火吹灭，结果小火迅速燃成大火。最后整个商场被烧得面目全非，经济损失数千万元。

案例2　惊慌导致逃生方向错误

一煤矿采煤工作面顶板即将发生大冒顶，发出巨大声响，工人们大声呼叫快速撤离，大家都迅速跑向安全处，但这时却有一名工人情急之下反而朝冒顶方向跑去，结果被掉落的顶板埋压，丧失了生命。

案例3　惊慌导致错误操作

某工地一木工，因私自接电锯电源开关时不慎触电倒地，电工发现后惊慌失措，忘记了必须立即切断电源和用不导电的绝缘物件救助触电者等规定，而是立即伸手去拉触电木工，导致该电工也触电身亡。

以上3个案例有一个共同特征，就是当事者遇到紧急情况时出现了惊慌失措的现象。人在惊慌的心理状态下所致的感知、思维和行为混乱是事故发生的直接原因。

复 习 题

1. 事故的原因有哪些? 人为因素在其中的作用如何?

2. 在什么情况下会出现安全心理问题?

3. 安全心理问题如何影响员工的安全行为?

4. 如何进行安全管理? 如何减少安全心理问题?

参 考 文 献

[1] 白云静，郑希耕，葛小佳，等. 行为遗传学：从宏观到微观的生命研究 [J]. 心理科学进展，2005 (3)：305-313.

[2] 陈建武，毕春波，廖海江，等. 作业疲劳测量方法对比研究 [J]. 中国安全生产科学技术，2011，7 (5)：63-66.

[3] 曹庆仁，丁文祥. 数字革命与竞争国际化 [N]. 中国青年报，2000-11-20 (15).

[4] 曹庆仁，李凯，李静林. 管理者行为对矿工不安全行为的影响关系研究 [J]. 管理科学，2011，24 (6)：69-78.

[5] 陈红. 中国煤矿重大事故中的不安全行为研究 [M]. 北京：科学出版社，2006.

[6] 迈尔斯. 社会心理学：第 9 版 [M]. 黄希庭，译. 北京：人民邮电出版社，2015.

[7] 陈沅江，刘影，田森. 职业卫生与防护 [M]. 2 版. 北京：机械工业出版社，2018.

[8] 戴立操，黄曙东，张力. 组织人因失误分析 [J]. 人类工效学，2005 (2)：42-45.

[9] 党晶. 制造业中疲劳因素对作业效能影响的测评研究 [D]. 太原：中北大学，2013.

[10] 丁立，杨锋，陈守平，等. 手动作业疲劳的力学评价方法研究 [J]. 航天医学与医学工程，2006，19 (5)：363-367.

[11] 傅小兰. 情绪心理学 [M]. 上海：华东师范大学出版社，2015.

[12] 高娟，游旭群. 安全氛围及其对影响机制研究 [J]. 宁夏大学学报（人文社会科学版），2007，29 (3)：48-53.

[13] 胡淑燕，郑钢铁. 基于 EEG 频谱特征的驾驶员疲劳监测研究 [J]. 中国安全生产科学技术，2010，6 (3)：90-94.

[14] 黄希庭，李伯约，张志杰. 时间认知分段综合模型的探讨 [J]. 西南师范大学学报（人文社会科学版），2003，29 (2)：5-9.

[15] 侯玉波. 社会心理学 [M]. 3 版. 北京：北京大学出版社，2013.

[16] 胡家祥. 马斯洛需要层次论的多维解读 [J]. 哲学研究，2015 (8)：104-108.

[17] 姬蕾. 人格测量问卷中答题时间规律的实验研究和应用 [D]. 西安：第四军医大学，2006.

[18] 姜媛，林崇德. 情绪测量的自我报告法述评 [J]. 首都师范大学学报（社会科学版），2010，197 (6)：126-139.

[19] 金龙哲，宋存义. 安全科学原理 [M]. 北京：化学工业出版社，2004.

[20] 靳怀. 地震灾难心理救援机制构建研究 [D]. 成都：电子科技大学，2011.

[21] 粟晗. 基于人因安全的轿运行业职业适应性研究 [D]. 广州：华南理工大学，2017.

[22] 居婕，杨高升，陈朵. 建筑工人性格因素对安全行为影响的实证研究 [J]. 土木工程与管理学报，

2014，31（2）：105-109.

[23] 格里格，津巴多. 心理学与生活 [M]. 王垒，译. 北京：人民邮电出版社，2003.

[24] 李林，郭秀艳. 错觉研究：从狭义到广义的演进 [J]. 心理学探新，2005（2）：39-43.

[25] 栗继祖. 煤矿安全心理测评技术与应用 [M]. 北京：煤炭工业出版社，2007.

[26] 栗继祖. 矿山安全行为控制集成技术研究 [D]. 太原：太原理工大学，2010.

[27] 栗继祖. 安全心理学 [M]. 徐州：中国矿业大学出版社，2012.

[28] 栗继祖，陈新国，撖动. ABC 分析法在煤矿安全管理中的应用研究 [J]. 中国安全科学学报，2014，24（7）：140-145.

[29] 栗继祖，王茜. 工作心理负荷与安全生产 [J]. 现代职业安全，2017（6）：101-103.

[30] 廖坤静，吴展嘉. 基于层级分析法的航海人员驾驶疲劳因子分析 [J]. 中国安全科学学报，2007，17（4）：56-61.

[31] 刘健，陈剑，廖文，等. 基于风险偏好差异性假设的动态决策过程研究 [J]. 管理科学学报，2016，19（4）：1-15.

[32] 刘晓陵，金瑜. 行为遗传学研究之新进展 [J]. 心理学探新，2005（2）：17-21.

[33] 陆柏，傅贵，付亮. 安全文化与安全氛围的理论比较 [J]. 煤矿安全，2006，37（5）：66-70.

[34] 罗云. 员工安全行为管理 [M]. 北京：化学工业出版社，2012.

[35] 吕志强. 人机工程学 [M]. 北京：中国机械出版社，2006.

[36] 毛海峰. 安全管理心理学 [M]. 北京：化学工业出版社，2004.

[37] 毛海峰. 有意违章行为动因分析与控制对策探讨 [J]. 中国安全科学学报，2003，13（2）：19-21.

[38] 孟昭兰. 情绪心理学 [M]. 北京：北京大学出版社，2005.

[39] 钮艳，杨春，夏虞斌，等. 基于受限行为约束策略的桌面计算系统交互性能测量方法 [J]. 计算机研究与发展，2011，48（2）：338-345.

[40] 彭聃龄. 普通心理学 [M]. 北京：北京师范大学出版社，2019.

[41] 齐瓦孔达. 社会认知：洞悉人心的科学 [M]. 周治金，朱新秤，等译. 北京：人民邮电出版社，2013.

[42] 钱铭怡，戚健利. 大学生羞耻和内疚差异的对比研究 [J]. 心理学报，2002，34（6）：626-633.

[43] 邵辉，邵小晗. 安全心理学 [M]. 北京：化学工业出版社，2018.

[44] 沈剑，李红霞. 矿工作业疲劳对煤矿险兆事件的影响机理：基于情感耗竭中介变量的分析 [J]. 安全与环境学报，2019，19（2）：527-534.

[45] 沈政，林庶芝. 生理心理学 [M]. 3 版. 北京：北京大学出版社，2014.

[46] 施臻彦，葛列众，胡晓晴. 驾驶分心行为的测量方法及其应用研究进展 [J]. 人类工效学，2010，16（3）：70-74.

[47] 史忠植. 认知科学 [M]. 合肥：中国科学技术大学出版社，2008.

[48] 疏祥林，杨柳青. 驾驶员的个性心理特征对汽车行驶安全的影响研究 [J]. 现代交通技术，2006（3）：68-71.

[49] 孙露莹，陈琳，段锦云. 决策过程中的建议采纳：策略、影响及未来展望 [J]. 心理科学进展，2017，25（1）：169-179.

[50] 谭波，吴超. 2000—2010 年安全行为学研究进展及其分析 [J]. 中国安全科学学报，2011，21（12）：17-26.

[51] 唐存莲. 企业绩效考核方式及其选择 [J]. 人才资源开发，2020（12）：90-92.

[52] 王国法. 煤矿智能化（初级阶段）研究与实践 [J]. 煤炭科学技术, 2019, 47 (8)：1-36.

[53] 王生. 肌肉疲劳过程肌电变化实验观察 [J]. 铁道劳动安全卫生与环保, 1996, 23 (3)：160-162.

[54] 麦独孤. 社会心理学导论 [M]. 俞国良, 译. 杭州：浙江教育出版社, 1997.

[55] 吴宝沛, 张雷. 厌恶与道德判断的关系 [J]. 心理科学进展, 2012, 20 (2)：309-316.

[56] 徐凯宏, 王述洋, 宋春明. 合理构建视频显示终端（VDT）作业疲劳工间休息制度 [J]. 中国安全科学学报, 2009, 19 (4)：26-31.

[57] 徐晓坤, 王玲玲, 钱星, 等. 社会情绪的神经基础 [J]. 心理科学进展, 2005, 13 (4)：517-524.

[58] 许正权. 煤矿生产事故的行为致因路径及其防控对策 [J]. 中国安全科学学报, 2010 (9)：127-131.

[59] 陈向明. 质的研究方法与社会科学研究 [M]. 北京：教育科学出版社, 2000.

[60] 杨利, 肖波. 癫痫发作中的意识障碍和行为功能测量方法 [J]. 神经损伤与功能重建, 2011, 6 (3)：220-223.

[61] 杨柳. 基于脑电数据分析的驾驶行为研究 [D]. 北京：北京交通大学, 2019.

[62] 杨艳杰. 生理心理学 [M]. 北京：人民卫生出版社, 2018.

[63] 杨治良. 信号检测论的应用 [J]. 心理科学, 1989 (5)：44-49.

[64] 易欣, 葛列众, 刘宏燕. 正负性情绪的自主神经反应及应用 [J]. 心理科学进展, 2015, 23 (1)：72-84.

[65] 殷明. 智力、个性、职业测验 [M]. 北京：中国青年出版社, 1991.

[66] 禹敏, 李月皎, 栗继祖, 等. 行为安全管理在煤矿安全生产管理中的应用研究 [J]. 中国煤炭, 2016, 42 (3)：102-109.

[67] 于跃, 栗继祖, 冯国瑞, 等. BBS 对采煤工安全心理的改善 [J]. 煤矿安全, 2017, 48 (5)：244-248.

[68] 乐国安, 董颖红. 情绪的基本结构：争论、应用及其前瞻 [J]. 南开学报（哲学社会科学版）, 2013 (1)：140-150.

[69] 詹承烈, 梁友信, 胡冰霜. 实用劳动人事心理学 [M]. 北京：人民卫生出版社, 2002.

[70] 张涵, 王峰. 基于矿工不安全行为的煤矿生产事故分析及对策 [J]. 煤炭工程, 2019, 51 (8)：177-180.

[71] 张宏, 孙延芳. 建筑业企业项目经理的压力管理研究 [M]. 北京：中国建筑工业出版社, 2018.

[72] 张丽娟. 破窗理论与腐败犯罪的预防 [D]. 济南：山东大学, 2013.

[73] 张美兰, 车宏生. 目标设置理论及其新进展 [J]. 心理科学进展, 1999 (2)：35-403.

[74] 张萍, 卢家楣, 张敏. 心境对未来事件发生概率判断的影响 [J]. 心理科学, 2012, 35 (1)：100-104.

[75] 张玮. 安全氛围的结构及其作用机制研究 [D]. 杭州：浙江大学, 2008.

[76] 张文新, 王美萍, 曹丛. 发展行为遗传学简介 [J]. 心理科学进展, 2012, 20 (9)：1329-1336.

[77] 张向葵, 冯晓航, MATSUMOTO D. 自豪感的概念、功能及其影响因素 [J]. 心理科学, 2009, 32 (6)：1398-1340.

[78] 张银晗. 理查德·塞勒行为经济学思想研究 [D]. 武汉：武汉大学, 2018.

[79] 张祖怀. 基于人体生理信号的驾驶疲劳研究方法及其应用 [D]. 哈尔滨：哈尔滨工业大学, 2006.

[80] 周文斌, 马学忠. 安全管理中的侥幸心理：表现、成因与干预 [J]. 中国人力资源开发, 2014 (17)：37-42.